U0142258

交流電機控制與仿真技術

第二版

帶你掌握電動車與變頻技術核心算法

—————— 葉志鈞 著

五南圖書出版公司 印行

本書獻予我的父母
葉錦豐 先生 與 徐瑞甜 女士
感謝您們無言的辛勤耕耘，讓我成長茁壯。

再版序言

　　本書自 2023 年六月初版以來，受到相當多海內外讀者的支持，從書籍的銷量與銷售速度可以得知，本書內容似乎相當契合了當今世界產業的發展方向，而在科技日新月異的時代，我們正面臨著一個歷史性的轉折，那就是電動車時代的來臨。隨著電動車的普及和自動化技術的進步，交流電機將逐步取代傳統的內燃機成為汽車的主要動力源。然而，要實現這一目標，仍需克服眾多挑戰，其中最關鍵的一個問題便是如何將理論與實務有效地融合

　　在長期的研究與實務經驗中，筆者發現交流電機控制領域的教學與應用之間仍然存在一道不可忽視的鴻溝，讓許多人面對這門抽象的技術仍處於一知半解的狀態，多年前，筆者曾經就是這樣的學生，由於對理論知識的一知半解，在面對實務問題時，仍然傾向使用試誤法，而非使用直覺性的物理知識與控制系統思維來解決交流電機的實務問題。

　　在工業界經過多年的理論實踐與反思後，筆者創作本書，旨在為讀者提供一個全面且富實踐性的交流電機控制學習指南。學習交流電機控制這門技術若要有所成效，則必須藉助實驗平台進行理論驗證，但實際上取得實驗平台通常有困難，因此需要依賴計算機仿真，因此本書除了詳細剖析交流電機的原理、運作機制以及控制策略外，還包含了大量的 MATLAB/SIMULINK 電腦仿真範例程式供讀者使用，幫助讀者在理論與實務之間建立橋樑，並培養物理直覺與控制系統思維框架，為電動車時代的技術創新鋪路，此外，隨著工業 4.0 和智能製造的快速發展，交流電機在自動化設備和智能系統中的應用將日益廣泛，因此，掌握交流電機控制與仿真技術在這個時代變得愈來愈重要。

　　本書從基本原理出發，深入淺出地介紹了交流電機控制與仿真技術的各個方面，經過精心策劃和編撰，以確保讀者能夠全面理解和掌握交流電機控制相關技術。

　　在第一章中，我們首先回顧了交流電機控制技術的發展歷程，並對比了電機與傳統內燃機的優勢。接著，透過探討電機驅動的負載類型、交流電機驅動器性能指標、核心技術以及市場概況，我們為讀者勾勒出交流電機控制技術與市場的全貌。

　　在第二、三章中，我們深入探討了三相交流馬達空間向量模型及磁場導向控制技術，力求為讀者打造一個完整的理論體系。隨後，在第四章中，我們將重點放在PWM變頻器模型的研究，仔細探討了各種不同的弦波調變（SPWM）技術，幫助讀者更好地理解和運用這一技術。

　　到了第五章，我們討論了眾多交流電機控制的相關議題，包括無感測器技術、參數自學習技術、弱磁控制技術、標么系統、控制器設計技術等。這些內容將使讀者更深入地了解交流電機控制的各個技術層面。

　　最後，在第六章中，我們將視野擴展到直流無刷馬達（BLDC）控制技術，探討直流無刷馬達最廣為使用的120度控制法，為讀者提供一個更加全面的技術視角。

　　我們深知，在交流電機控制技術的領域中，理論與實務之間存在著一道看似難以跨越的鴻溝，然而，本書正是為了幫助讀者逐步跨越這道障礙而誕生的，透過閱讀本書並操作每章節所提供的範例程式，讀者將能夠逐步掌握交流電機控制與仿真技術的核心理念，並學會如何將這些理念運用於實際應用。

　　無論您是一位電機專業的學生、教師，還是工程師，都將從本書中獲得寶貴的知識和實踐經驗，並期望能為廣大工程師、學者和愛好者提供實用的知識和技能，以攜手共創電動車時代的美好未來，成就一個更環保、更高效的世界。

　　希望本書能為您的學習和工作帶來實質性的幫助，若有不足之處，敬請讀者指正。

目錄

第五章　其它控制議題　201

範例程式檔

　　筆者已將本書的範例程式上傳至 GitHub，各位可以使用 git 在終端機下鍵入以下指令下載本書所有 MATLAB/SIMULINK 範例程式。

指令碼：
```
$ git clone
https://github.com/RealJackYeh/AC_motor_control_and_simulation
```

　　或是到筆者的 GitHub 空間：
https://github.com/RealJackYeh/ AC_motor_control_and_simulation
下載範例程式 ZIP 檔。

注意：
筆者使用的 MATLAB 版本為 R2022b，請各位讀者使用適合的 MATLAB 版本或是使用 MATLAB 線上版（免費）來開啓本書範例程式。

簡中 / 繁中專有名詞對照表

英文名詞	簡中用語	繁中用語
Bandwidth	带宽	頻寬
Bode plot	伯德图	波德圖
Transfer function	传递函数	轉移函數
Open loop	开环	開回路
Close loop	闭环	閉回路
Digital	数字	數位
Analog	模拟	類比
Sampling	采样	取樣
Signal	信号	訊號
Overshoot	超调量	最大超越量
Robustness	鲁棒性	強健性
Sensor/Transducer	传感器	感測器
Phase margin	相位裕度	相位邊限
Gain margin	增益裕度	增益邊限
Feedback	反馈	回授
Vector	矢量	向量

CHAPTER 1

導　論

要有勇氣去追隨你的心和直覺，它們總是知道你真正想要成為什麼。

—— 賈伯斯

1.1　交流電機驅動器的發展歷程

　　當今世界，約有 60% 的電能被用在電機上，而其中的 80% 又被用於感應電機，由於缺乏可用的控制理論[1]，早期感應電機是無法被有效控制的，感應電機的「磁場導向控制理論」（說明：磁場導向控制又被稱作向量控制）最早是由達姆施塔特工業大學的 K. Hasse[2] 及西門子公司的 F. Blaschke[3] 分別在 1969 年及 1972 年所提出提出，Hasse 提出的是「間接磁場導向控制」；Blaschke 提出的是「直接磁場導向控制」，從此交流馬達驅動器開始有機會取代直流馬達驅動器，然而當時雖然理論已經完備，但當時的計算機與功率半導體技術還尚未成熟，無法實現，因此真正將交流電機驅動器商品化是在 80 年代，而在交流電機驅動器尚未商品化前，分激式直流電機是高性能電機驅動的主流，分激式直流電機的特點是其磁場與轉矩能被解耦合分開獨立控制，利用控制理論能進行高性能與高精度控制，但直流電機先天上具有換向器與碳刷，而換向器與碳刷需要定期更換成為其一大缺點，另外由於直流馬達是藉由換向器與碳刷進行物理換向，碳刷換向時會產生火花，因此直流馬達並無法用於許多易燃與易爆的應用場合。

　　然而雖然直流馬達具有先天的限制，但其控制特性相當優異，即磁場與轉矩能被解耦合分開控制，因此「磁場導向控制理論」的目的也是讓三相感應電機的磁場跟轉矩可以分別被獨立控制，達到如同分激式直流電機的控制效果，

而得益於磁場導向控制理論的提出與計算機與電力電子技術的持續發展，由直流電機轉向交流電機的趨勢將會繼續，預計未來交流電機的應用將會更加廣泛。

1.2　電機驅動的負載類型

電機是當今世界能夠將電能轉換成機械能的代表性動力源，它的應用場合包羅萬向，如 CNC 工具機、注塑機、壓鑄機、抽水機與風機、起重機、電動車、紡織機、高速列車、工廠輸送帶、攪拌機、造紙機、電梯、軋鋼機、鋼板卷繞機等 [4]，無一不需要使用電機來提供動力來達到自動化、省力與節能的目的。

綜觀各種電機的應用場合，我們可以簡單將其歸類為以下三種負載類型

■ 恆轉矩負載

所謂恆轉矩負載是指負載轉矩不隨轉速而改變，在任何轉速下負載轉矩基本為恆定，起動轉矩要求較高，常需要較高的過載能力（150% 或以上），如生產線輸送帶、攪拌機、電動車、高速列車、注塑機、壓鑄機等。

■ 恆功率負載

恆功率負載的典型代表就是卷繞機，卷繞機的工作特點如下 [5]：

要求被卷物的張力須為恆定，否則將影響被卷物的材質或損壞被卷物，為了使張力保持恆定，則被捲物的線速度 v 也須為恆定，卷繞功率 P_t 可以表示為

$$P_t = F_t \times v = 定值$$

因此卷繞機為恆功率負載。

然而對卷繞機而言，在運行過程中需克服卷物的張力 F_t，作用半徑為被卷物的卷繞半徑，因此負載轉矩 T_L 可以表示成

$$T_L = F_t \times r$$

當卷繞開始時，卷繞半徑很小，因此負載轉矩 T_L 也很小，但為了保持被捲物的線速度 v 為恆定，馬達轉速很高，當被捲物的半徑 r 愈來愈大，負載轉矩 T_L 也慢慢變大，由於被捲物的線速度與馬達轉速 ω_m、卷繞半徑 r 的關係為

$$v = r \times \omega_m$$

因此此時馬達的轉速會下降以維持被捲物的線速度為定值。當卷繞結束時，此時的卷繞半徑為最大，馬達轉速則降至最小。

典型的恆功率負載為造紙機、塑膠薄膜卷取機、鋼板卷繞機、工具機主軸馬達（Spindle）等。

■ 風機、水泵負載

風機、水泵負載 [5]，又稱變轉矩負載（variable torque load），負載轉矩會隨轉速而改變，因為其負載介質為流體（空氣與液體），根據流體力學原理，負載轉矩與轉速的二次方成正比，而驅動負載的電機所需能量與轉速的三次方成正比。典型的風機、水泵負載為抽水機、抽風機與鼓風機。

Tips：

早期當電機驅動器尚未盛行時，風機與水泵並未使用電機變速驅動，而是使用電機定速驅動並用擋風板來調整流量，因此造成相當大的能量損耗，當導入電機驅動器後，風機與水泵的效率通常都有 50% 以上的顯著提升。

1.3　交流電機驅動器性能指標

在此筆者介紹二個常用於評估交流驅動器的性能指標：控速範圍與控速精度 [4]。控速範圍定義如下：以馬達額定轉速為基準，其額定轉速與定轉矩區可以達到的最低轉速的比值，例如若一交流驅動器的永磁同步馬達控制模式的可控速範圍為 1000：1，則對於一個額定轉速為 3000（rpm）永磁同步馬達而言，使用該驅動器可以運轉的馬達最低轉速為 3（rpm），假設該驅動器的控

速精度為 ±0.1%，則代表在控速範圍內，其轉速誤差百分比皆能滿足控速精度要求，轉速誤差百分比定義如下：

$$轉速誤差百分比 = \left| \frac{命令轉速 - 實際轉速}{額定轉速} \right| \times 100\%$$

以日系指標 Y 廠商的高性能變頻器來說，其規格如下：

控制模式	控速範圍	控速精度
感應馬達帶轉速回授控制	1500：1	±0.02%
感應馬達速度無感測器控制	200：1	±0.2%
永磁同步馬達帶轉速回授控制	1500：1	±0.02%
永磁同步馬達速度無感測器控制	100:1	±0.2%

1.4　交流馬達驅動器全球市場概況

　　截至 2023 年全球交流電機驅動器（又稱作變頻器）的市場規模已達到 235 億美元，到 2028 年預測將達到 287 億美元，2023 年至 2028 年的年複合成長率為 6.1%[6]；而截至 2022 年，全球伺服電機與驅動器的市場規模已經達到 122 億美元，到 2028 年全球市場規模預測將達到 162 億美元，2023 年至 2028 年的年複合成長率為 4.7%[7]。若考慮使用交流驅動器的電動車市場規模，它將由 2020 年的 960 億美元，暴增到 2030 年的 9900 億美元與 2040 年的 1 兆 9800 億美元，已經遠勝千億美元的 PC 與手機產業。

　　愈來愈多的工業與民生需求是推動交流電機驅動器市場增長的主要因素之一。新興國家對高效電機與工業生產設備的需求正在增加，高鐵的發展也需要變頻器來控制電機、泵與風扇的速度，這也進一步促進了市場增長，對於製造業，變頻器也廣泛的運用在各種生產設備以提高生產率；對於電動車市場，交流馬達與交流電機驅動器更扮演了取代傳統內燃機的關鍵性角色，作為電動車動力的核心組件，可以預料交流電機驅動器又即將迎來市場新一波強勁的成長動能。

1.5　電機相較於傳統內燃機的優勢

　　目前電動汽車已經逐漸取代燃油汽車，此趨勢未來也將會加速進行，絕大部分電動車所使用的動力源主要爲永磁同步電機與感應電機，其中永磁同步電機也須仰賴磁場導向控制方法才能夠被有效控制，而相較於傳統的內燃機，電機驅動有以下幾個優勢 [7]：

- 效率：電動馬達的能源轉換效率通常要高於內燃機。內燃機的能源轉換效率通常在 20% 至 40% 之間，而電動馬達的效率可以高達 90% 甚至更高。這意味著電動馬達在將能源轉換爲動力時，會產生更少的能量損失。

- 維護成本：電動馬達通常具有更簡單的機械結構，因此維護成本相對較低。內燃機需要定期更換機油、濾芯、火星塞等部件，而電動馬達則不需要這些維護項目。

- 環保：電動馬達不會產生廢氣排放，因此對環境影響較小。相比之下，內燃機會產生二氧化碳、一氧化碳、氮氧化物等有害氣體，對環境和人類健康造成負面影響。

- 能源來源：電動馬達可以利用各種可再生能源（如太陽能、風能、水能等）進行充電，這有助於減少對化石燃料的依賴。而內燃機則依賴於石油等化石燃料，這些資源有限且價格波動較大。

- 噪音：電動馬達的運行噪音通常要低於內燃機，這使得它們在需要低噪音的場合（如住宅區、醫院等）更受歡迎。

- 性能：電動馬達具有良好的扭矩特性，可以在很低的轉速下提供高扭矩輸出。這使得電動馬達在起步、加速和爬坡等方面具有優越的性能。

- 控制性能：電動馬達可以透過調節電源頻率和電壓實現精確的控制，這使得電動馬達在速度、扭矩和位置控制方面具有優越的性能。與之相比，內燃機的控制性能通常較差，無法實現同樣精確的控制。

- 能量回收：電動馬達在制動時可以實現能量回收，即將動能轉換爲電能重新儲存起來。這有助於提高能源利用效率，降低運行成本。內燃機則無法實現能量回收功能。

- 可調性：電動馬達可以通過簡單地改變電源輸入的參數來調整功率、轉速和

轉矩。而內燃機的可調性通常較差，要實現相同的調整可能需要較為複雜的機械設計。

- 體積與重量：電動馬達通常具有較小的體積和重量（說明：即較大的功率密度），相對於其能輸出的功率而言。這使得電動馬達在需要輕巧和緊湊的應用場景中更具吸引力。

　　綜合以上所述，電動馬達相對於傳統內燃機具有諸多優勢，包括更高的效率、較低的維護成本、環保、多樣化的能源來源、低噪音、優越的性能、精確的控制性能、能量回收、可調性以及較小的體積和重量。

1.6　交流電機控制關鍵技術

　　到 2023 年為止，「磁場導向控制技術」已超過 50 年的歷史，時至今日，雖然國內如匯川、台達電等自動化大廠在變頻器產品已經深耕多年，並且其產品性價比也已經得到國內外市場的認可，但從筆者的經驗來說，若同時將國內與歐美日的指標廠商的產品作綜合比較後，可以歸納以下幾點：

1. 歐美日的交流電機驅動技術已由人工操作發展成為智能化控制技術，安裝後需要調整的控制參數相當少，並且擁有控制參數的自調適技術，相較於此，國內的變頻產品仍處於人工操作階段，需要調整的參數較多。

2. 歐美日的交流電機驅動器產品對死區及相關非線性特性的補償的相當全面與完整，使其低速控制性能優於國內產品。

3. 工業產品與消費性產品的主要差異就是穩定性，歐美日的變頻產品的穩定度（含抗干擾性）優於國內的變頻產品，國外大廠對於工業產品對環境耐受度作了相當深入的研究與優化。

4. 歐美日的交流電機驅動器產品的研發不斷往水平與垂直整合，國外大廠往往會將上游的功率半導體元器件與交流電機驅動器進行整合與一體設計，讓產品的體積更小、散熱性更好，也會往水平整合，像是整合馬達設計與各種通訊協定，並提早進行相關專利布局。

　　以上是筆者從個人的技術角度與經驗所歸納的差異點，筆者認為可以透過以下方法進行改善：

➢ 對交流電機驅動系統，包括交流電機、PWM 變頻器與控制回路，進行完整的建模與研究，並充分考慮非線性特性。

➢ 對交流電機磁場導向控制的所需的關鍵算法進行完整研究、建模與測試，所需的關鍵算法如下：

- 磁場導向控制（FOC）算法
- 無速度感測器（Speed sensorless）算法
- 弱磁控制（Flux weakening）算法
- 死區（Deadtime）與非線性（Nonlinearities）補償算法
- 馬達參數自學習（Autotuning）算法
- 控制回路最佳化與自適應算法

➢ 對不同文獻所提出的交流電機控制算法的工程實用價值進行評估與研究。

➢ 使用電腦軟體（如MATLAB/SIMULINK）建立交流電機控制算法模擬系統。

➢ 建立硬體在線回路（HIL）模擬系統，HIL 可以提供比電腦數值模擬更貼近真實物理系統響應。

➢ 建立 CAE 虛擬原型，使用有限元素分析軟體建立馬達與功率轉換器的虛擬原型，可以進行 熱流、振動、噪音、電磁相容等測試，使用 CAE 使產品模型進行模擬測試，減少測試成本，最終擺脫實體機器，完成產品性能測試。

➢ 對真實系統與電腦模擬系統進行對照檢驗（說明：讓電腦模型只含有足夠重現系統特性的資料，摒棄掉其它無關的細節），以建立高可信度且合理的電腦模型。

➢ 使用電腦模擬系統（包含算法模擬系統、HIL 模擬系統與 CAE 虛擬原型）的目的是最大程度使用電腦來進行產品測試與故障排除，可大幅減少軟硬體測試的成本（人力、材料與時間）。

1.7　結論

　　雖然國內交流電機驅動器市場規模大，但仍然由國外品牌產品占據絕對的優勢地位，其中歐系與日系品牌占據了約 5 成的市場份額，在伺服驅動器市場，歐系與日系品牌更是占據了約 7 成的市場份額，與此同時，國內廠商只能

以價格戰的方式相互爭奪中低端市場，隨著行業技術水平不斷提升以及客戶需求不斷提高，同質化的價格競爭注定無以爲繼，而提升國內產品的技術水平並創造出產品差異化已經成爲了國內產業界的一致訴求。

　　筆者撰寫本書有二個目的：第一個目的是希望爲國內有志於從事交流電機驅動產品研發的朋友們提供一本完整的交流電機控制的學習教材，由於交流電機控制理論相當不易理解，學習者常常會陷於對控制理論一知半解的困境，造成理論跟實務產生了巨大的鴻溝，筆者期待本書能成爲此鴻溝的橋樑，讓理論與實務結合，因此本書搭配工程界廣泛使用的 MATLAB/SIMULINK 數值模擬工具，提供大量的範例程式，讀者可以在研讀完相關理論內容後，使用模擬工具進行系統仿眞，透過手腦並用的學習方式，相信可以幫助各位建立堅實的交流電機控制觀念與解決實際問題的系統性思維。

　　筆者撰寫本書的第二個目的是希望透過本書爲企業研發人員建立自主化知識產權，經筆者觀察，目前國內交流電機驅動產品研發仍缺乏系統化設計思維，大部分企業仍然使用試誤法（trial-and-error）來研製產品，若不提升產品設計的思維與方法，則產品的性能與品質將停滯不前，唯有認清所研發產品的根本性質，才能夠提升自主化創新能力，並建立有效的自主知識產權體系與核心競爭力。

　　筆者衷心希望透過本書可以爲國內產業升級貢獻自己的微薄力量。

參考文獻

[1]（韓）薛承基，電機傳動系統控制，北京：機械工業出版社，2013。

[2] K. Hasse, "On the Dynamics of Speed control of a Static AC Drive with a Squirrel-cage induction machine", PhD dissertation, Tech. Hochsch. Darmstadt, 1969.

[3] F. Blaschke, "The principle of field orientation as applied to the new TRANSVECTOR closed loop control system for rotating field machines," Siemens Rev., vol. 34, pp. 217-220, 1972.

[4] 劉昌煥，交流電機控制：向量控制與直接轉矩控制原理，台北：東華書

局，2001。

[5] 張燕賓，小孫學變頻，北京：中國電力出版社，2010。

[6] 交流驅動器市場：2023-2028 年全球行業趨勢、份額、規模、增長、機遇和預測，取自 https://www.gii.tw/report/imarc1206798-ac-drives-market-global-industry-trends-share-size.html

[7] 伺服電機和伺服驅動器市場：2023-2028 年全球行業趨勢、份額、規模、增長、機遇和預測，取自 https://www.gii.tw/report/imarc1225204-servo-motors-drives-market-global-industry-trends.html

CHAPTER

1

三相交流電機空間向量模型

倘只看書，便變成了書櫥。

—— 魯迅

2.1　直流分激式馬達原理

　　在正式介紹交流電機控制理論之前，我們有必要先了解直流分激式馬達的控制原理，因為交流電機控制的主流方法：「磁場導向控制（Field Oriented Control, FOC）」，即是以直流分激式馬達控制原理為目標發展而成[1, 3, 4]。

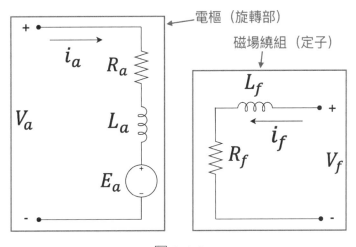

圖 2-1-1

　　直流分激式馬達可以等效成二個獨立電路，分別為電樞電路與磁場繞組電

路，如圖 2-1-1 所示 [1, 2]，磁場繞組電路在馬達內部固定不動，主要功能是為電樞繞組提供穩定且持續的磁場，而電樞電路則為連接轉子的旋轉部，在定子磁場的作用下，當外部提供電壓產生電樞電流時，將與定子磁場發生電磁作用而產生電磁轉矩使馬達旋轉。

電樞電路的電壓方程式可以表示成

$$V_a = R_a i_a + L_a \frac{di_a}{dt} + E_a \qquad (2.1.1)$$

其中，V_a 為電樞電壓，i_a 為電樞電流，E_a 為電樞反電動勢，R_a、L_a 分別為電樞電阻與電樞電感。

而電樞反電動勢 E_a 可以表示成

$$E_a = K_e \lambda_f \omega_m \qquad (2.1.2)$$

其中，K_e 為馬達反電動勢常數，λ_f 為磁場繞組所產生的磁通鏈，ω_m 為馬達機械轉速（單位：rad/s）。

磁場繞組的電壓方程式可以表示成

$$V_f = R_f i_f + L_f \frac{di_f}{dt} \qquad (2.1.3)$$

其中，V_f 為磁場電壓，i_f 為磁場電流，R_f、L_f 為磁場繞組的電阻與電感。在穩態下，磁場繞組的穩態電流 I_f 可以表示成

$$I_f = \frac{V_f}{R_f} \qquad (2.1.4)$$

而磁場繞組所產生的磁通鏈 λ_f 可以表示成

$$\lambda_f = L_f i_f \qquad (2.1.5)$$

直流分激式馬達的電磁轉矩可以表示成

$$T_e = K_t \lambda_f i_a \tag{2.1.6}$$

其中，K_t 為馬達的轉矩常數。

馬達的機械方程式為

$$T_e = K_t \lambda_f i_a = J \frac{d\omega_m}{dt} + B\omega_m + T_L \tag{2.1.7}$$

其中，J 為總轉動慣量，單位為 kg・m^2；B 為摩擦係數，單位為 N・m/(rad/s)；T_L 為負載轉矩，單位為 N・m。分激式直流馬達系統方塊可以表示成圖 2-1-2，圖中 $K = K_e \lambda_f = K_t \lambda_f$，在 MKS 單位下，$K_e = K_t$，$K_e$ 的單位為 V/(rad/s)，K_t 的單位為 Nm/A。

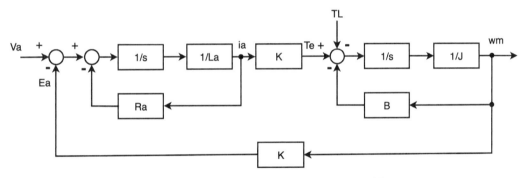

圖 2-1-2　（分激式直流馬達系統方塊[1]）

說明：

對於分激式直流馬達而言，當電樞電流流入反電動勢時，代表功率注入，假設所注入的功率全部轉換成輸出功率，則可以表示為 $E_a i_a = T_e \omega_m$，可以展開為 $K_e \omega_m i_a = K_t i_a \omega_m$，兩邊同除 $\omega_m i_a$，則可以得到 $K_e = K_t$。

　　從直流分激式馬達的物理模型可知，磁場繞組可由一直流電壓 V_f 所激磁，穩態下的激磁電流為 $I_f = \dfrac{V_f}{R_f}$，且磁場繞組所產生的磁通鏈為 $\lambda_f = L_f i_f$，因此控制 i_f 就等於控制磁場 λ_f（即磁通鏈），當磁場 λ_f 固定時，馬達的電磁轉矩

T_e 可以由電樞電流 i_a 來獨立控制，即 $T_e = K_t \lambda_f i_a$，因此直流分激式馬達的磁場與轉矩可分別由磁場電流 i_f 與轉矩電流 i_a 分開控制，這樣的控制特性也是「磁場導向控制（FOC）理論」所追求的目標，「磁場導向控制」可以看成是一套能讓感應馬達（或交流馬達）擁有如同分激式直流馬達一樣的控制特性（磁場與轉矩能被解耦合分開控制）的控制理論。

要讓感應馬達的磁場與轉矩被解耦合獨立控制，若使用三相系統中所推導的感應馬達模型，很難發展出磁場與轉矩的解耦合控制法則，而必須通過空間向量的觀念與方法對感應馬達重新建模，建立感應馬達的空間向量模型，得到空間向量模型後，再根據馬達的空間向量模型推導磁場導向控制（FOC）法則 [1, 3, 4]。

Tips：
參考圖 2-1-2，從控制系統的角度來說，R_a 與 B 可以看作是阻尼元件，R_a 是電氣阻尼元件，而 B 為機械阻尼元件，雖然阻尼元件會降低系統效率，但有助於增加系統穩定性，若沒有阻尼元件，即 $R_a = 0$、$B = 0$，則系統會無衰減的振盪 [1]。

2.2 空間向量表示法

前面提到，若使用三相系統中所推導的感應馬達模型，很難發展出磁場與轉矩的解耦合控制法則，因此若要發展感應馬達磁場與轉矩的解耦合控制法則，我們必須使用空間向量的方法對感應馬達進行建模，建立感應馬達的空間向量模型，得到空間向量模型後，再根據馬達的空間向量模型推導磁場導向控制法則 [1, 4]，所謂的空間向量就是將馬達三相繞組的物理量，如電壓、電流或磁通，合成一個在空間中旋轉的物理量。

使用空間向量之前，須先確保三相繞組的物理量滿足（2.2.1）式（即三相平衡條件）。

$$f_a(t) + f_b(t) + f_c(t) = 0 \qquad (2.2.1)$$

其中 $f_a(t)$、$f_b(t)$ 與 $f_c(t)$ 是馬達三相繞組的物理量。

　　若滿足三相平衡條件（2.2.1 式），則空間向量定義如下：

$$F_{abc} = \frac{2}{3}\left[f_a(t) + af_b(t) + a^2f_c(t)\right] \tag{2.2.2}$$

其中，$a = e^{j\frac{2\pi}{3}}$，$a^2 = e^{j\frac{4\pi}{3}}$。

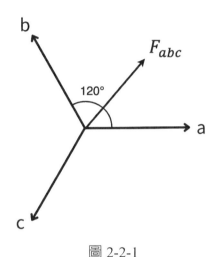

圖 2-2-1

　　（2.2.2）式是將三相繞組各自的弦波物理量分別以空間對稱的方式來合成一個空間向量，換句話說，是將 $f_a(t)$ 放在空間 0° 的位置（圖 2-2-1 的 a 軸）；$f_b(t)$ 放在空間 120° 的位置（圖 2-2-1 的 b 軸）；$f_c(t)$ 放在空間 240° 的位置（圖 2-2-1 的 c 軸），同時 $f_a(t)$、$f_b(t)$ 與 $f_c(t)$ 是隨時間而變的弦波量，因此所合成的空間向量 F_{abc} 將會在空間中旋轉，空間向量旋轉一圈的時間剛好是弦波的一個週期。

Tips：
空間向量是一個實際產生的物理量 [5]，當三相感應馬達的繞組輸入平衡三相電流時，即會產生一個旋轉磁場，旋轉磁場的角頻率 ω_e（即旋轉速度）即為輸入電流的角頻率，此角頻率 ω_e 又被稱為同步速度（synchronous speed），因此（2.2.2）式即是使用數學向量的觀念將此物理現象量化的方法。

　　三相弦波正相序的定義為 a-b-c，代表以 a 相為基準，b 相落後 a 相 120°，c 相落後 b 相 120°。

　　在此我們考慮一組正相序（a-b-c），峰值為 311V，頻率為 50Hz 的平衡三相電壓波形（說明：120° 為 $\dfrac{2\pi}{3}$ rad，240° 為 $\dfrac{4\pi}{3}$ rad）。

$$v_a(t) = 311 \times \sin(2 \times \pi \times 50 \times t)$$
$$v_b(t) = 311 \times \sin(2 \times \pi \times 50 \times t - 120°)$$
$$v_c(t) = 311 \times \sin(2 \times \pi \times 50 \times t - 240°)$$

Tips：
三相弦波正相序的定義為 a-b-c，代表以 a 相為基準，b 相落後 a 相 120°，而 c 相落後 b 相 120°。而負相序的定義為 a-c-b，代表以 a 相為基準，c 相落後 a 相 120°，而 b 相落後 c 相 120°

　　我們可以使用以下的 MATLAB 程式碼將三相正相序電壓波形畫出，如圖 2-2-2。

MATLAB m-file 範例程式 m2_2_1.m：

```
t = linspace(0, 0.05, 100);
va = 220*1.414*sin(2*pi*50*t);
vb = 220*1.414*sin(2*pi*50*t-2*pi/3);
vc = 220*1.414*sin(2*pi*50*t-4*pi/3);
plot(t, va, t, vb, t, vc);
legend('Va', 'Vb', 'Vc')
```

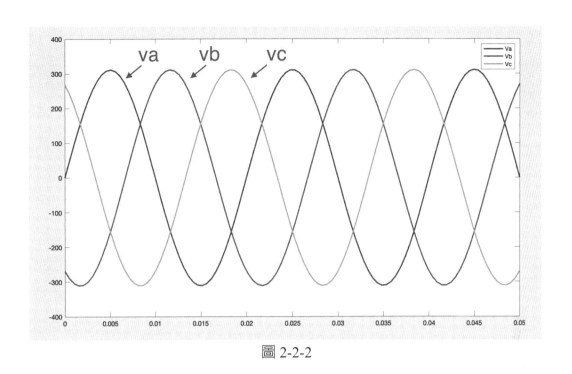

圖 2-2-2

　　我們接下來將 $v_a(t)$、$v_b(t)$ 與 $v_c(t)$ 分別代入（2.2.2）式中的 $f_a(t)$、$f_b(t)$ 與 $f_c(t)$，可以得到電壓向量 V_{abc}。

$$V_{abc} = \frac{2}{3}\Big[v_a(t) + e^{j\frac{2\pi}{3}} \times v_b(t) + e^{j\frac{4\pi}{3}} \times v_c(t) \Big]$$ （2.2.3）

　　空間向量 V_{abc} 在二維空間的表示法，如圖 2-2-3，但此空間向量並非靜止不動，而是以弦波角速度以逆時鐘的方向繞著原點旋轉。（說明：正相序弦波會讓空間向量以逆時鐘的方向旋轉，若是使用負相序弦波，則會讓空間向量以順時鐘的方向旋轉）

　　可以使用以下的 MATLAB 程式碼（範例程式 m2_2_2.m），將這個電壓向量畫出來，如圖 2-2-4。

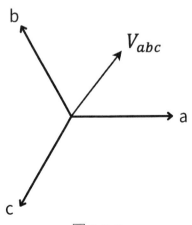

圖 2-2-3

MATLAB m-file 範例程式 m2_2_2.m：

```
t = linspace(0, 0.02, 100);
va = 220*1.414*sin(2*pi*50*t);
vb = 220*1.414*sin(2*pi*50*t-2*pi/3);
vc = 220*1.414*sin(2*pi*50*t-4*pi/3);
vabc = 2/3*(va + exp(1j*2*pi/3)*vb + exp(1j*4*pi/3)*vc);
polarplot(vabc);
hold on
t1 = 0;
va1 = 220*1.414*sin(2*pi*50*t1);
vb1 = 220*1.414*sin(2*pi*50*t1-2*pi/3);
vc1 = 220*1.414*sin(2*pi*50*t1-4*pi/3);
vabc1 = 2/3*(va1 + exp(1j*2*pi/3)*vb1 + exp(1j*4*pi/3)*vc1);
polarplot(vabc1, '-o');
legend('Vabc', 'starting point')
```

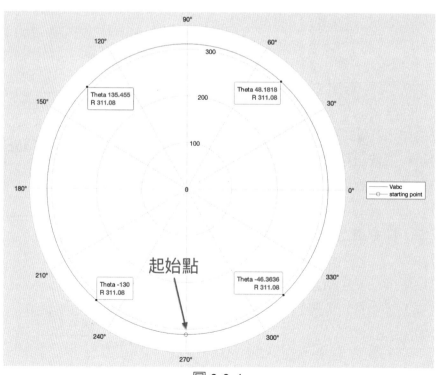

圖 2-2-4

　　從圖 2-2-4 可以得知，利用（2.2.3）式所合成的空間向量 V_{abc}，是一個在空間中旋轉的向量，向量長度為 311，正好與三相弦波的峰值一致，當時間 t = 0 時，空間向量從 –90° 位置出發，逆時鐘旋轉，旋轉一圈的時間正好為弦波週期 0.02 秒（說明：1/50 = 0.02），因此空間向量的角速度 $\omega = 2 \times \pi \times 50 = 314.16$（rad/s），也正好與弦波角速度一致。

Tips：
若使用負相序三相弦波，所合成的空間向量是從 90° 位置出發，順時鐘旋轉一圈，正好與正相序所合成的空間向量相反。

2.3　Clarke 轉換（abc to $\alpha\beta$）

　　每一個空間向量都可以使用二軸靜止座標（α-β）來表示，即實部與虛部的和來表示，如（2.3.1）式：

$$F_{abc} = f_\alpha + jf_\beta \tag{2.3.1}$$

　　我們可以將空間向量及其實部與虛部表現在二維空間座標，如圖 2-3-1。

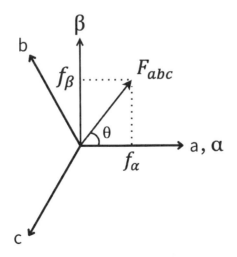

圖 2-3-1

CHAPTER

2

在二軸靜止座標（α-β）平面上，α 軸是與 a 軸重合並且固定不動，β 軸則是垂直於 α 軸並且也固定不動，因此 α 與 β 軸形成一個靜止的垂直座標系，此 α-β 座標系又被稱作二軸靜止參考座標系。

假設 F_{abc} 是一個旋轉的空間向量，在任何時刻，它在 α 與 β 軸都會有相對應的投影量 f_α 與 f_β，利用投影分量 f_α 與 f_β 可以完整描述空間向量 F_{abc} 的大小與位置。

目前我們知道一個空間向量的定義如下：

$$F_{abc} = \frac{2}{3}\left[f_a(t) + e^{j\frac{2\pi}{3}}f_b(t) + e^{j\frac{4\pi}{3}}f_c(t)\right] \tag{2.3.2}$$

而且，我們也知道

$$f_\alpha = \mathrm{Re}\left[\frac{2}{3}\left(f_a(t) + e^{j\frac{2\pi}{3}}f_b(t) + e^{j\frac{4\pi}{3}}f_c(t)\right)\right] \tag{2.3.3}$$

$$f_\beta = \mathrm{Im}\left[\frac{2}{3}\left(f_a(t) + e^{j\frac{2\pi}{3}}f_b(t) + e^{j\frac{4\pi}{3}}f_c(t)\right)\right] \tag{2.3.4}$$

經過推導，可以得到

$$f_\alpha = \frac{2}{3}\left[f_a(t) - \frac{1}{2}f_b(t) - \frac{1}{2}f_c(t)\right] \tag{2.3.5}$$

$$f_\beta = \frac{2}{3}\left[\frac{\sqrt{3}}{2}f_b(t) - \frac{\sqrt{3}}{2}f_c(t)\right] \tag{2.3.6}$$

可以用矩陣型式表示成（說明：以下將 $f_a(t)$、$f_b(t)$、$f_c(t)$ 表示成 f_a、f_b、f_c）

$$\begin{bmatrix} f_\alpha \\ f_\beta \end{bmatrix} = \frac{2}{3}\begin{bmatrix} 1 & \dfrac{-1}{2} & \dfrac{-1}{2} \\ 0 & \dfrac{\sqrt{3}}{2} & \dfrac{-\sqrt{3}}{2} \end{bmatrix}\begin{bmatrix} f_a \\ f_b \\ f_c \end{bmatrix} \tag{2.3.7}$$

（2.3.7）式稱作 Clarke 轉換，為 a-b-c（三軸靜止座標）轉 α-β（二軸靜止座標）

的轉換式，它的反轉換式為

$$
\begin{bmatrix} f_a \\ f_b \\ f_c \end{bmatrix} = \begin{bmatrix} 1 & 0 \\ -\dfrac{1}{2} & \dfrac{\sqrt{3}}{2} \\ -\dfrac{1}{2} & -\dfrac{\sqrt{3}}{2} \end{bmatrix} \begin{bmatrix} f_\alpha \\ f_\beta \end{bmatrix} \tag{2.3.8}
$$

在此我們引入零序分量 f_0 來讓轉換矩陣為方陣，我們可以將（2.3.8）式修改成

$$
\begin{bmatrix} f_\alpha \\ f_\beta \\ f_0 \end{bmatrix} = \frac{2}{3} \begin{bmatrix} 1 & -\dfrac{1}{2} & -\dfrac{1}{2} \\ 0 & \dfrac{\sqrt{3}}{2} & -\dfrac{\sqrt{3}}{2} \\ \dfrac{1}{2} & \dfrac{1}{2} & \dfrac{1}{2} \end{bmatrix} \begin{bmatrix} f_a \\ f_b \\ f_c \end{bmatrix} \tag{2.3.9}
$$

（2.3.9）式的反轉換式為

$$
\begin{bmatrix} f_a \\ f_b \\ f_c \end{bmatrix} = \begin{bmatrix} 1 & 0 & 1 \\ -\dfrac{1}{2} & \dfrac{\sqrt{3}}{2} & 1 \\ -\dfrac{1}{2} & -\dfrac{\sqrt{3}}{2} & 1 \end{bmatrix} \begin{bmatrix} f_\alpha \\ f_\beta \\ f_0 \end{bmatrix} \tag{2.3.10}
$$

Tips：
在正常狀況下，零序分量 f_0 為零，除非三相不平衡，零序分量 f_0 才不為零。

　　因此，我們得到了 Clarke 的轉換式〔（2.3.7）式或（2.3.9）式〕與 Clarke 的反轉換式〔（2.3.8）式或（2.3.10）式〕。

　　最後，我們利用以下 MATLAB 程式（範例程式 m2_3_1.m）來驗證 Clarke 轉換與 Clarke 反轉換的功能，程式先將 a-b-c 三軸的弦波量轉換成 α-β

分量（使用 Clarke 轉換），再將 α-β 分量還原成 a-b-c 三軸分量（使用 Clarke 反轉換），最後將 a-b-c 三軸分量、α-β 分量與還原的 a-b-c 三軸分量分別畫出，如圖 2-3-2，可以發現，透過 Clarke 轉換與 Clarke 反轉換，可以將 a-b-c 三軸分量成功無誤的還原回來，同時也可以觀察到，α 與 β 分量是弦波值，當空間向量旋轉一圈，α 與 β 分量也各自完成一個週期的變化，由於我們使用正相序三相弦波輸入，因此空間向量是從 -90° 出發，因此當時間爲零時，α 分量是從零開始增加，β 分量則是從負的最大值開始減少，透過使用極座標向量投影到 α-β 軸的觀念與方法，各位應該可以逐步建立空間向量投影的幾何觀念。

MATLAB m-file 範例程式 m2_3_1.m：

```
t = linspace(0, 0.02, 100);
va = 220*1.414*sin(2*pi*50*t);
vb = 220*1.414*sin(2*pi*50*t-2*pi/3);
vc = 220*1.414*sin(2*pi*50*t-4*pi/3);
v_alpha = 2/3*(1*va - 0.5*vb - 0.5*vc);
v_beta = 2/3*(sqrt(3)/2*vb - sqrt(3)/2*vc);
v_zero = 2/3*(0.5*va + 0.5*vb + 0.5*vc);
va1 = v_alpha + v_zero;
vb1 = -0.5*v_alpha + sqrt(3)/2*v_beta + v_zero;
vc1 = -0.5*v_alpha - sqrt(3)/2*v_beta + v_zero;
subplot(3,1,1);
plot(t, va, t, vb, t, vc, 'LineWidth', 2);
legend('va', 'vb', 'vc');
title('Original abc');
subplot(3,1,2);
plot(t, v_alpha, t, v_beta, 'LineWidth', 2);
legend('v_\alpha', 'v_\beta');
title('\alpha\beta');
subplot(3,1,3);
```

```
plot(t, va1, t, vb1, t, vc1, 'LineWidth', 2);
legend('va', 'vb', 'vc');
title('abc-\alpha\beta-abc');
```

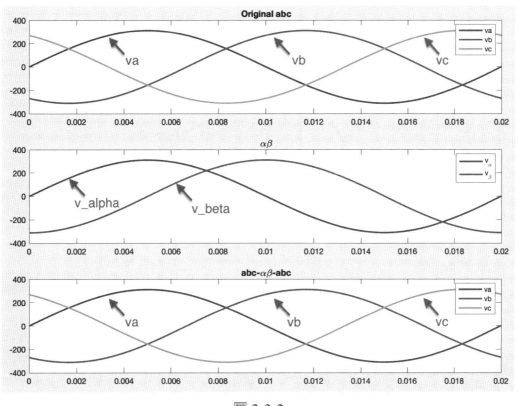

圖 2-3-2

　　爲了能更加深各位對空間向量投影法的理解，我們使用一電壓向量爲各位進行幾何投影，假設有一電壓向量 V_{abc} 爲 311 $\angle$ $-72°$，此時我們可以直觀的使用投影法來得到 a-b-c 三軸與 α-β 二軸的分量，如圖 2-3-3。

　　若角度 θ 爲容易計算的角度，可使用觀察法輕鬆得到 a-b-c 與 α-β 各軸的投影分量，但本例中的角度爲 $-72°$，並非容易計算的角度，因此可以使用以下的 MATLAB 程式（範例程式 m2_3_2.m）來精確得到各軸的分量，如下：

$v_a = 96.13$

$v_\beta = -295.8$

CHAPTER

2

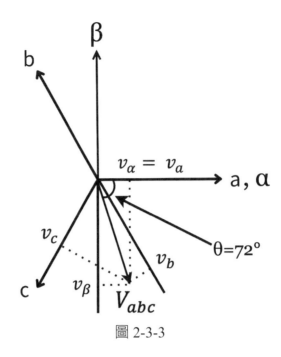

$$v_\alpha = v_a$$

a, α

θ=72°

V_{abc}

圖 2-3-3

$v_a = 96.13$

$v_b = -304.3$

$v_c = 208.15$

MATLAB m-file 範例程式 m2_3_2.m：

```
t1 = 0.001;
va = 220*1.414*sin(2*pi*50*t1);
vb = 220*1.414*sin(2*pi*50*t1-2*pi/3);
vc = 220*1.414*sin(2*pi*50*t1-4*pi/3);
vabc1 = 2/3*(va + exp(1j*2*pi/3)*vb + exp(1j*4*pi/3)*vc);
rho = abs(vabc1);
theta = angle(vabc1)*180/pi;
v_alpha = 2/3*(1*va - 0.5*vb - 0.5*vc);
v_beta = 2/3*(sqrt(3)/2*vb - sqrt(3)/2*vc);
v_zero = 2/3*(0.5*va + 0.5*vb + 0.5*vc);
```

```
va1 = v_alpha + v_zero;
vb1 = -0.5*v_alpha + sqrt(3)/2*v_beta + v_zero;
vc1 = -0.5*v_alpha - sqrt(3)/2*v_beta + v_zero;
fprintf('The space vector Vabc: abs(aVbc) = %6.2f, angle(Vabc) = %6.2f\n',rho,
theta)
fprintf('V_alpha of Vabc is %6.2f, V_beta of Vabc is %6.2f\n',v_alpha, v_
beta)
fprintf('Va of Vabc is %6.2f, Vb of Vabc is %6.2f, Vc of Vabc is %6.2f\n',va1,
vb1, vc1)
```

2.4　Park 轉換（$\alpha\beta$ to dq）

　　Clarke 轉換是將空間向量的 a-b-c 三軸分量（三軸靜止座標系）轉換到 α-β 軸（二軸靜止座標系），但轉換後的 α 與 β 分量仍為弦波值，因為 α 與 β 分量本質上是旋轉的空間向量在某一時刻在 α 與 β 軸的投影量，也造就 α 與 β 分量的弦波角速度 ω 與空間向量的角速度一致（說明：也與三相弦波角速度一致）。

　　讓我們假設一種情況，在時間 $t = 0$ 時，有一個座標軸 d 與 α 軸重疊，座標軸 q 垂直於 d 軸，當 $t > 0$ 後，d-q 軸開始以空間向量相同的方向與角速度 ω 旋轉，則此時我們在 d-q 軸上所看到的投影量 f_d 與 f_q 就是直流量，如圖 2-4-1 所示。

　　Park 轉換就是將 α-β 軸的分量 f_α 與 f_β 轉換到旋轉的 d-q 軸座標的分量 f_d 與 f_q 的座標轉換式。（說明：在此將 d-q 軸旋轉的角速度與空間向量一致）。

　　我們可以使用 d-q 軸座標系將空間向量 F_{abc} 表示成

$$F_{abc} = f_d + jf_q \qquad\qquad (2.4.1)$$

透過幾何關係，可以將（2.4.1）式表示成

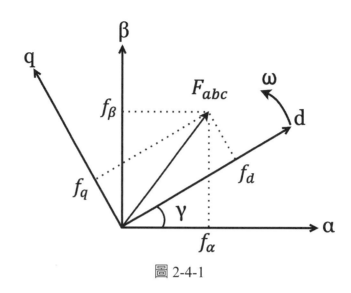

圖 2-4-1

$$F_{abc} = [f_\alpha \cos(\gamma) + f_\beta \sin(\gamma)] + j[f_\beta \cos(\gamma) - f_\alpha \sin(\gamma)] \quad （2.4.2）$$

因此，我們可以得到 Park 轉換式

$$F_{abc} = \begin{bmatrix} f_d \\ f_q \end{bmatrix} = \begin{bmatrix} \cos(\gamma) & \sin(\gamma) \\ -\sin(\gamma) & \cos(\gamma) \end{bmatrix} \begin{bmatrix} f_\alpha \\ f_\beta \end{bmatrix} \quad （2.4.3）$$

Park 反轉換式為

$$F_{abc} = \begin{bmatrix} f_\alpha \\ f_\beta \end{bmatrix} = \begin{bmatrix} \cos(\gamma) & -\sin(\gamma) \\ \sin(\gamma) & \cos(\gamma) \end{bmatrix} \begin{bmatrix} f_d \\ f_q \end{bmatrix} \quad （2.4.4）$$

　　接下來我們可以使用以下的 MATLAB 程式（範例程式 m2_4_1.m）來練習 Park 轉換式與 Park 反轉換式，並且觀察程式的執行結果。

MATLAB m-file 範例程式 m2_4_1.m：
```
t = linspace(0, 0.02, 100);
va = 220*1.414*sin(2*pi*50*t);
```

```
vb = 220*1.414*sin(2*pi*50*t-2*pi/3);
vc = 220*1.414*sin(2*pi*50*t-4*pi/3);
v_alpha = 2/3*(1*va - 0.5*vb - 0.5*vc);
v_beta = 2/3*(sqrt(3)/2*vb - sqrt(3)/2*vc);
v_zero = 2/3*(0.5*va + 0.5*vb + 0.5*vc);
gamma = 2*pi*50*t;
v_d = cos(gamma).*v_alpha + sin(gamma).*v_beta;
v_q = -sin(gamma).*v_alpha + cos(gamma).*v_beta;
subplot(3,1,1);
plot(t, va, t, vb, t, vc, 'LineWidth', 2);
legend('va', 'vb', 'vc');
title('Original abc');
subplot(3,1,2);
plot(t, v_alpha, t, v_beta, 'LineWidth', 2);
legend('v_\alpha', 'v_\beta');
title('\alpha-\beta');
subplot(3,1,3);
plot(t, v_d, t, v_q, 'LineWidth', 2);
ylim([-350 50])
legend('v_d', 'v_q');
title('d-q');
```

　　範例程式 m2_4_1 的執行結果顯示如圖 2-4-2，從波形可以看出，三相弦波所合成的空間向量 V_{abc} 投影到 d-q 軸的分量為直流量，分別是 $v_d = 0$、$v_q = -311$，要如何解釋這個結果呢？很簡單，當 $t \geq 0$ 時，空間向量 V_{abc} 是從 $-90°$ 出發，但此時 d 軸則是從 α 軸的位置出發，由於 d-q 軸與空間向量 V_{abc} 同步旋轉，因此 d 軸永遠領先空間向量 V_{abc} $90°$，在 $t > 0$ 後，空間向量 V_{abc} 與 d-q 軸二者是以同方向與同速度旋轉，但由於 d 軸永遠領先空間向量 V_{abc} $90°$，因此空間向量 V_{abc} 投影到 d 軸的分量永遠為零，而在 q 軸的投影量則為負的最大值。

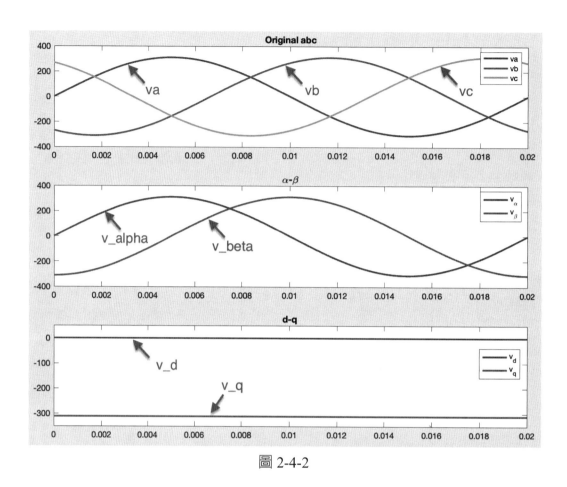

圖 2-4-2

2.5　三相鼠籠式感應馬達空間向量模型

　　對於三相感應馬達來說，單純使用三相系統的狀態變數所得到的馬達模型是時變模型，並且變數間彼此耦合，難以用於控制法則的推導，因此，為了得到非時變且更加簡潔的數學模型，須使用空間向量的方式對三相感應馬達進行建模，而三相感應馬達的空間向量模型的推導過程較為繁雜[1, 4]，在此不加贅述，有興趣的讀者可以參考本章後的參考文獻，一個推導完成的三相鼠籠式感應馬達的空間向量模型可以表示如下[1, 4]：

$$R_s I_{abcs} + L_s \frac{dI_{abcs}}{dt} + L_m \frac{dI_{abcr}}{dt} e^{j\theta_r} + j\omega_r L_m I_{abcr} e^{j\theta_r} = V_{abcs} \qquad (2.5.1)$$

$$R_r I_{abcr} + L_r \frac{dI_{abcr}}{dt} + L_m \frac{dI_{abcs}}{dt} e^{-j\theta_r} - j\omega_r L_m I_{abcs} e^{-j\theta_r} = 0 \qquad (2.5.2)$$

其中，R_s、R_r、L_s、L_r、L_m 分別是馬達定子電阻值、馬達轉子電阻值、馬達定子電感值、馬達轉子電感值與馬達互感值，而 I_{abcs}、I_{abcr} 與 V_{abcs} 分別爲定子電流空間向量、轉子電流空間向量與定子電壓空間向量，定義如下：

$$I_{abcs} = \frac{2}{3}\left[i_{as}(t) + e^{j\frac{2\pi}{3}} \times i_{bs}(t) + e^{j\frac{4\pi}{3}} \times i_{cs}(t) \right] \qquad (2.5.3)$$

$$I_{abcr} = \frac{2}{3}\left[i_{ar}(t) + e^{j\frac{2\pi}{3}} \times i_{br}(t) + e^{j\frac{4\pi}{3}} \times i_{cr}(t) \right] \qquad (2.5.4)$$

$$V_{abcs} = \frac{2}{3}\left[v_{as}(t) + e^{j\frac{2\pi}{3}} \times v_{bs}(t) + e^{j\frac{4\pi}{3}} \times v_{cs}(t) \right] \qquad (2.5.5)$$

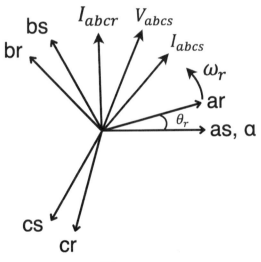

圖 2-5-1

我們可以在二維向量空間平面，將空間向量 I_{abcs}、I_{abcr} 與 V_{abcs} 畫出，如圖 2-5-1 所示，如圖所示，as-bs-cs 是定子靜止 a-b-c 三軸座標（說明：因爲定子是不動的，故稱爲「靜止」三軸座標），對應到定子的三相平衡繞組，相對

於靜止三軸座標，ar-br-cr 是轉子三軸 a-b-c 座標，它是以 ω_r 的速度旋轉，I_{abcs} 與 V_{abcs} 是由 as-bs-cs 三軸的電流與電壓所合成的空間向量；而 I_{abcr} 則是由 ar-br-cr 三軸的電流所合成的空間向量。

此時，我們將二軸（d^a-q^a）任意旋轉座標引入，若二軸（d^a-q^a）任意旋轉座標以 ω 的角速度旋轉，d^a 軸與 as 軸的夾角爲 θ，在二軸（d^a-q^a）任意旋轉座標系下，空間向量 I_{abcs}、I_{abcr} 與 V_{abcs} 可以表示爲 I_{abcs}^a、I_{abcr}^a 與 V_{abcs}^a（說明：上標 a 代表任意旋轉座標系），它們具有以下關係 [1, 4]：

$$I_{abcs} = I_{abcs}^a \, e^{j\theta} \qquad (2.5.6)$$

$$I_{abcr} = I_{abcr}^a \, e^{j(\theta - \theta_r)} \qquad (2.5.7)$$

$$V_{abcs} = V_{abcs}^a \, e^{j\theta} \qquad (2.5.8)$$

說明：

對於 I_{abcr} 來說，它是轉子側所合成的電流空間向量，由於轉子也在旋轉，會產生 θ_r 的角度，因此轉子側的電流空間向量 I_{abcr} 與 I_{abcr}^a 之間的關係爲 $I_{abcr} = I_{abcr}^s \, e^{-j\theta} = I_{abcr} \, e^{j\theta_r} \, e^{-j\theta} = I_{abcr} \, e^{j(\theta_r - \theta)}$，因此可得 $I_{abcr} = I_{abcr}^a \, e^{j(\theta - \theta_r)}$。（說明：$I_{abcr}^s$ 爲 I_{abcr} 在靜止參考座標下的值，上標 s 代表靜止參考座標。）

將（2.5.6）～（2.5.8）式代入（2.5.1）、（2.5.2）式，化簡整理後可以得到以下方程式：

$$R_s I_{abcs}^a + L_s \frac{dI_{abcs}^a}{dt} + j\omega L_s I_{abcs}^a + L_m \frac{dI_{abcr}^a}{dt} + j\omega L_m I_{abcr}^a = V_{abcs}^a \qquad (2.5.9)$$

$$R_r I_{abcr}^a + L_r \frac{dI_{abcr}^a}{dt} + j(\omega - \omega_r) L_r I_{abcr}^a + L_m \frac{dI_{abcs}^a}{dt} + j(\omega - \omega_r) L_m I_{abcr}^a = 0 \qquad (2.5.10)$$

（2.5.9）、（2.5.10）式爲推導完成的三相鼠籠式感應馬達在任意旋轉座標系（d^a-q^a）中的空間向量電壓方程式，其中，（2.5.9）式爲定子空間向量電壓方程式，（2.5.10）式爲轉子空間向量電壓方程式（說明：由於鼠籠式感應馬達的轉子爲短路，故轉子電壓爲零）。

其中，ω 為任意旋轉座標軸（d^a-q^a）的角速度；ω_r 為轉子電氣角速度。（說明：$\omega_r = \dfrac{P}{2}\omega_{rm}$，其中 P 為馬達極數，ω_{rm} 為馬達機械轉速，單位 rad/s）

對於使用任意旋轉座標所表示的空間向量 I^a_{abcs}、I^a_{abcr} 與 V^a_{abcs} 皆可以表示成在任意旋轉座標系的複數型式：

$$I^a_{abcs} = i^a_{ds} + j i^a_{qs} \tag{2.5.11}$$

$$I^a_{abcr} = i^a_{dr} + j i^a_{qr} \tag{2.5.12}$$

$$V^a_{abcs} = v^a_{ds} + j v^a_{qs} \tag{2.5.13}$$

將（2.5.11）～（2.5.13）式代入（2.5.9）與（2.5.10）式中，可以得到如下結果。

$$R_s i^a_{ds} + L_s \frac{di^a_{ds}}{dt} - \omega L_s i^a_{qs} + L_m \frac{di^a_{dr}}{dt} - \omega L_m i^a_{qr} = v^a_{ds} \tag{2.5.14}$$

$$\omega L_s i^a_{ds} + R_s i^a_{qs} + L_s \frac{di^a_{qs}}{dt} + \omega L_m i^a_{dr} + L_m \frac{di^a_{qr}}{dt} = v^a_{qs} \tag{2.5.15}$$

$$L_m \frac{di^a_{ds}}{dt} - (\omega - \omega_r) L_m i^a_{qs} + R_r i^a_{dr} + L_r \frac{di^a_{dr}}{dt} - (\omega - \omega_r) L_r i^a_{qr} = 0 \tag{2.5.16}$$

$$(\omega - \omega_r) L_m i^a_{ds} + L_m \frac{di^a_{qs}}{dt} + (\omega - \omega_r) L_r i^a_{qr} + R_r i^a_{qr} + L_r \frac{di^a_{qr}}{dt} = 0 \tag{2.5.17}$$

（2.5.14）～（2.5.17）式為以（i^a_{ds}、i^a_{qs}、i^a_{dr}、i^a_{qr}）四個狀態變數所表示的三相鼠籠式感應馬達的定子與轉子電壓方程式（說明：v^a_{ds} 與 v^a_{qs} 並非狀態變數，而是輸入訊號），但實務上，我們很難測量到轉子電流，因此（2.5.14）～（2.5.17）式的感應馬達模型並不容易使用，為了克服此問題，我們使用以下的磁通鏈方程式，將轉子電流狀態變數用定子電流與磁通來表示。

$$\Phi^a_{abcs} = L_s I^a_{abcs} + L_m I^a_{abcr} \tag{2.5.18}$$

$$\Phi^a_{abcr} = L_m I^a_{abcs} + L_r I^a_{abcr} \tag{2.5.19}$$

（2.5.18）、（2.5.19）式為定子與轉子磁通鏈空間向量方程式，可以將

它們展開成在任意旋轉座標（dᵃ-qᵃ）下的型式：

$$\phi_{ds}^a = L_s i_{ds}^a + L_m i_{dr}^a \tag{2.5.20}$$

$$\phi_{qs}^a = L_s i_{qs}^a + L_m i_{qr}^a \tag{2.5.21}$$

$$\phi_{dr}^a = L_m i_{ds}^a + L_r i_{dr}^a \tag{2.5.22}$$

$$\phi_{qr}^a = L_m i_{qs}^a + L_r i_{qr}^a \tag{2.5.23}$$

我們可以使用（2.5.22）與（2.5.23）式將轉子電流代換成定子電流與轉子磁通，如下：

$$i_{dr}^a = \frac{\phi_{dr}^a - L_m i_{ds}^a}{L_r} \tag{2.5.24}$$

$$i_{qr}^a = \frac{\phi_{qr}^a - L_m i_{qs}^a}{L_r} \tag{2.5.25}$$

我們可以將（2.5.24）與（2.5.25）式取代（2.5.14）～（2.5.17）式中的 i_{dr}^a 與 i_{qr}^a，可以整理成以下結果。

$$R_s i_{ds}^a + L_\sigma \frac{d i_{ds}^a}{dt} - \omega L_\sigma i_{qs}^a + \frac{L_m}{L_r} \frac{d\phi_{dr}^a}{dt} - \frac{\omega L_m}{L_r} \phi_{qr}^a = v_{ds}^a \tag{2.5.26}$$

$$\omega L_\sigma i_{ds}^a + R_s i_{qs}^a + L_\sigma \frac{d i_{qs}^a}{dt} + \omega \frac{L_m}{L_r} \phi_{dr}^a + \frac{L_m}{L_r} \frac{d\phi_{qr}^a}{dt} = v_{qs}^a \tag{2.5.27}$$

$$-R_r L_m i_{ds}^a + R_r \phi_{dr}^a + L_r \frac{d\phi_{dr}^a}{dt} - (\omega - \omega_r) L_r \phi_{qr}^a = 0 \tag{2.5.28}$$

$$-R_r L_m i_{qs}^a + (\omega - \omega_r) L_r \phi_{dr}^a + R_r \phi_{qr}^a + L_r \frac{d\phi_{qr}^a}{dt} = 0 \tag{2.5.29}$$

其中，$L_\sigma = L_s - \dfrac{L_m^2}{L_r}$。（2.5.26）～（2.5.29）式為以（$i_{ds}^a$、$i_{qs}^a$、$\phi_{dr}^a$、$\phi_{qr}^a$）四個狀態變數所表示的三相鼠籠式感應馬達模型，這也是感應馬達磁場導向控制最常使用的馬達模型。根據（2.5.26）～（2.5.29）式，可以畫出三相鼠籠式感應馬達在任意旋轉座標（dᵃ-qᵃ）下的 d-q 軸等效電路[1, 4]，如圖 2-5-2。

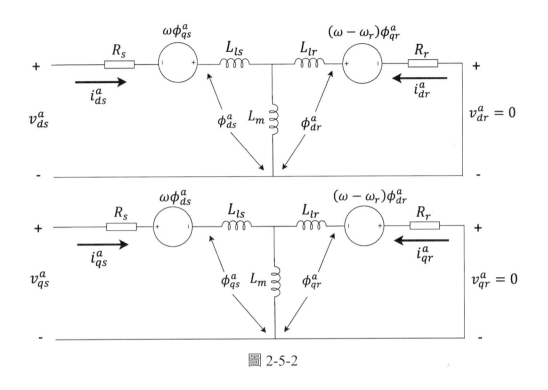

圖 2-5-2

　　要完整描述三相感應馬達的行為模式，我們還需要一個轉矩方程式，三相感應馬達的轉矩方程式可以表示如下：

$$T_e = \frac{3P}{4} \frac{L_m}{L_r} (i_{qs}^a \phi_{dr}^a - i_{ds}^a \phi_{qr}^a) \tag{2.5.30}$$

T_e 為馬達轉軸輸出的電磁轉矩，單位為 N · m，馬達電磁轉矩 T_e 與馬達機械轉速 ω_{rm} 之間的關係可用機械方程式來表示：

$$T_e = J\frac{d\omega_{rm}}{dt} + B\omega_{rm} + T_L \tag{2.5.31}$$

其中，J 為總轉動慣量，單位為 kg · m²；B 為摩擦系數，單位為 N · m/(rad/s)；T_L 為負載轉矩，單位為 N · m。

（注意：馬達模型中所使用的 ω_r 為馬達的電氣角速度，它與馬達機械轉速 ω_{rm}

的關係為$\omega_r = \dfrac{P}{2}\omega_{rm}$，二者單位皆為 rad/s，其中 P 為馬達極數）

綜合以上內容，所得到的（2.5.26）～（2.5.30）式為完整的三相鼠籠式感應馬達在任意旋轉座標（d^a-q^a）下的數學模型，配合機械方程式（2.5.31），可以完整的描述三相鼠籠式感應馬達帶動負載時的動態行為。

■ 使用 MATLAB/SIMULINK 建立感應馬達 Subsystem 模型

在進行 MATLAB/SIMULINK 建模之前，我們需要先將（2.5.26）～（2.5.30）式整理一下，首先，（2.5.26）～（2.5.29）式為任意旋轉座標下的感應馬達電壓模型，因此我們可將 ω 設為 0，即可得到二軸靜止座標下（α-β）的感應馬達電壓模型，此時 $i_{ds}^a = i_{s\alpha}$、$i_{qs}^a = i_{s\beta}$、$\phi_{dr}^a = \phi_{r\alpha}$、$\phi_{qr}^a = \phi_{r\beta}$、$v_{ds}^a = v_{s\alpha}$、$v_{qs}^a = v_{s\beta}$，先將方程式（2.5.28）與（2.5.29）整理如下：

$$\frac{d\phi_{r\alpha}}{dt} = \frac{R_r L_m}{L_r} i_{s\alpha} - \frac{R_r}{L_r}\phi_{r\alpha} - \omega_r \phi_{r\beta} \qquad (2.5.32)$$

$$\frac{d\phi_{r\beta}}{dt} = \frac{R_r L_m}{L_r} i_{s\beta} + \omega_r \phi_{r\alpha} - \frac{R_r}{L_r}\phi_{r\beta} \qquad (2.5.33)$$

請將（2.5.32）與（2.5.33）式代入（2.5.26）與（2.5.27）式，可以得到

$$\frac{di_{s\alpha}}{dt} = K_1 i_{s\alpha} + K_2 \phi_{r\alpha} + K_3 \omega_r \phi_{r\beta} + K_4 v_{s\alpha} \qquad (2.5.34)$$

$$\frac{di_{s\beta}}{dt} = K_1 i_{s\beta} - K_3 \omega_r \phi_{r\alpha} + K_2 \phi_{r\beta} + K_4 v_{s\beta} \qquad (2.5.35)$$

其中，$K_1 = \dfrac{-R_s L_r^2 - R_r L_m^2}{L_r w}$、$K_2 = \dfrac{R_r L_m}{L_r w}$、$K_3 = \dfrac{L_m}{w}$、$K_4 = \dfrac{L_r}{w}$、$w = L_r L_s - L_m^2$（說明：$L_\sigma = \dfrac{w}{L_r}$）。

再將（2.5.32）與（2.5.33）式整理如下：

$$\frac{d\phi_{r\alpha}}{dt} = K_5 i_{s\alpha} + K_6 \phi_{r\alpha} - \omega_r \phi_{r\beta} \qquad (2.5.36)$$

$$\frac{d\phi_{r\beta}}{dt} = K_5 i_{s\beta} + \omega_r \phi_{r\alpha} + K_6 \phi_{r\beta} \qquad (2.5.37)$$

其中，$K_5 = \dfrac{R_r L_m}{L_r}$、$K_6 = -\dfrac{R_r}{L_r}$。

將（2.5.30）與（2.5.31）式整理如下：

$$\frac{d\omega_{rm}}{dt} = \frac{1}{J}(T_e - T_L - B\omega_{rm}) \qquad (2.5.38)$$

$$T_e = \frac{3P}{4}\frac{L_m}{L_r}(i_{s\beta}\phi_{r\alpha} - i_{s\alpha}\phi_{r\beta}) \qquad (2.5.39)$$

其中，$\omega_{rm} = \dfrac{2}{P}\omega_r$，$P$ 為馬達極數。

接下來我們要在 SIMULINK 環境下，使用（2.5.34）～（2.5.39）式建立感應馬達模型（使用 SIMULINK 的 Subsystem 來建構），在實際建立三相鼠籠式感應馬達 SIMULINK 模型之前，我們先使用 MATLAB m-file 建立 SIMU-LINK 感應馬達模型所需要用到的馬達參數[4]，如表 2-5-1 所示。

表 2-5-1　感應馬達參數

馬達參數	值
定子電阻Rs	0.8（Ω）
轉子電阻Rr	0.6（Ω）
定子電感Ls	0.085（H）
轉子電感Lr	0.085（H）
互感Lm	0.082（H）
馬達極數pole	4
轉動慣量J	0.033（kg · m^2）
摩擦系數B	0.00825（N · m · sec/rad）

MATLAB m-file 範例程式 im_params.m：

```
Rs = 0.8;
Rr = 0.6;
Ls = 0.085;
Lr = 0.085;
Lm = 0.082;
pole = 4;
J = 0.033;
B = 0.00825;
w = Ls*Lr - Lm^2;
Lsigma = w/Lr;
K1 = (-Rs*Lr^2-Rr*Lm^2)/(Lr*w);
K2 = (Rr*Lm)/(Lr*w);
K3 = Lm/w;
K4 = Lr/w;
K5 = Rr*Lm/Lr;
K6 = -Rr/Lr;
```

　　各位將 m-file 建立完成後，可以執行此程式，先將馬達參數載入 MAT-LAB 環境。

　　接下來，請使用 SIMULINK 建立如圖 2-5-3 的 Subsystem 模型。

　　建立完成後，選取所有方塊（可以使用 CTRL ＋ A），按滑鼠右鍵並選擇「Create Subsystem from Selection」，即可建立單一 Subsystem 元件，如圖 2-5-4 所示，將其取名爲「im_model_is_phir」後將其存檔。

　　建立好感應馬達模型後，我們還需要建立 Clarke 轉換、Clarke 反轉換、Park 轉換與 Park 反轉換的 SIMULINK Subsystem 模型，以建立完整的感應馬達磁場導向控制系統模擬程式。

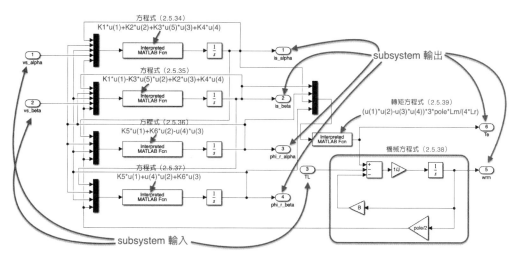

圖 2-5-3 　（範例程式：im_model_is_phir.slx）

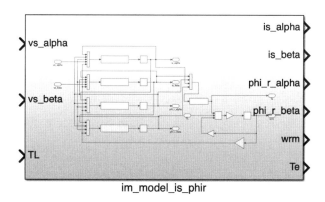

圖 2-5-4 　（範例程式：im_model_is_phir.slx）

■ 建立 Clarke 轉換與 Clarke 反轉換的 SIMULINK Subsystem 模型

　　首先，我們先建立 Clarke 轉換（2.3.7）式，請建立一個空白的 SIMU-LINK 檔案，將方塊建立如圖 2-5-5 所示，建立完成後，選取所有方塊（可以使用 CTRL + A），按滑鼠右鍵並選擇「Create Subsystem from Selection」建立單一 Subsystem 元件，如圖 2-5-6，將其取名為「clarke」後將其存檔。

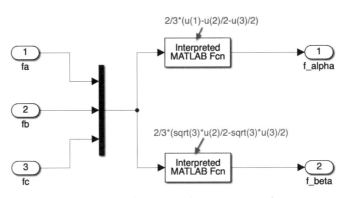

圖 2-5-5   （範例程式：clarke.slx）

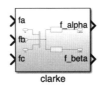

圖 2-5-6   （範例程式：clarke.slx）

接著，我們建立 Clarke 反轉換（2.3.8）式，請建立一個空白的 SIMU-LINK 檔案，將方塊建立如圖 2-5-7 所示，建立完成後，選取所有方塊（可以使用 CTRL + A），按滑鼠右鍵並選擇「Create Subsystem from Selection」建立單一 Subsystem 元件，如圖 2-5-8，將其取名為「inv_clarke」後將其存檔。

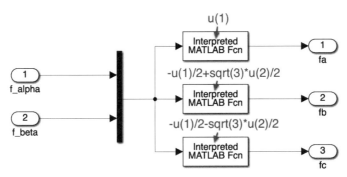

圖 2-5-7   （範例程式：inv_clarke.slx）

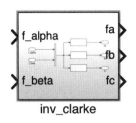

圖 2-5-8　（範例程式：inv_clarke.slx）

■建立 Park 轉換與 Park 反轉換的 SIMULINK Subsystem 模型

接著，我們建立 Park 轉換（2.4.3）式，請建立一個空白的 SIMULINK 檔案，將方塊建立如圖 2-5-9 所示，建立完成後，選取所有方塊（可以使用 CTRL ＋ A），按滑鼠右鍵並選擇「Create Subsystem from Selection」建立單一 Subsystem 元件，如圖 2-5-10，將其取名為「park」後將其存檔。

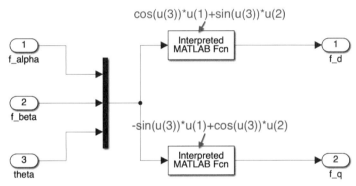

圖 2-5-9　（範例程式：park.slx）

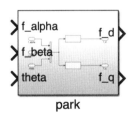

圖 2-5-10　（範例程式：park.slx）

接著，我們建立 Park 反轉換（2.4.4）式，請建立一個空白的 SIMULINK 檔案，將方塊建立如圖 2-5-11 所示，建立完成後，選取所有方塊（可以使用 CTRL + A），按滑鼠右鍵並選擇「Create Subsystem from Selection」建立單一 Subsystem 元件，如圖 2-5-12，將其取名為「inv_clarke」後將其存檔。

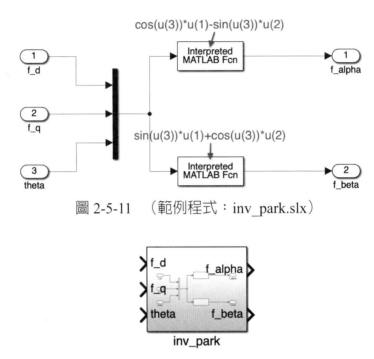

圖 2-5-11　（範例程式：inv_park.slx）

圖 2-5-12　（範例程式：inv_park.slx）

■ 測試座標轉換（Clarke 與 Park）與感應馬達模型

STEP 1：

接下來，我們使用已經建構完成的馬達與座標轉換模型，模擬將三相電壓輸入感應馬達，使馬達運轉的動態行為，將輸入電壓設定成有效值 220 伏特，50Hz 的正相序（a-b-c）的平衡三相電壓，馬達參數與 im_params.m 內容一致，如表 2-5-1，輸入給馬達的負載為定轉矩負載，大小為 8（Nm），且負載在初始狀態即加入，請開啟一個空白的 SIMULINK 檔案，將系統連接如圖 2-5-13 所示。

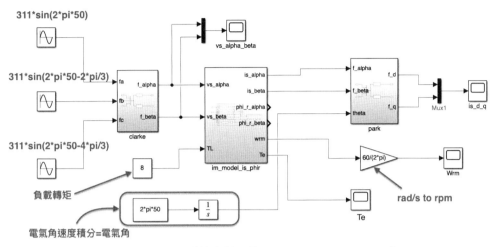

圖 2-5-13　（範例程式：im_model_test1.slx）

STEP 2：

　　將 SIMULINK 方塊建立完成後，將 SIMULINK 模擬求解器設成「Variable-step」的 auto，將最大步距設成 0.0005，將總模擬時間設為 0.5 秒。設定完成後，按下「Run」執行系統模擬。（注意：模擬前請先執行 im_params.m 檔案，否則會欠缺感應馬達參數，無法模擬）

Simulation time

Start time: 0.0	Stop time: 0.5

Solver selection

Type: Variable-step ▼	Solver: auto (Automatic solver selection) ▼

▼ Solver details

Max step size:	0.0005	Relative tolerance:	1e-3
Min step size:	auto	Absolute tolerance:	auto

圖 2-5-14

STEP 3：

　　若順利完成模擬，請先雙擊 vs_alpha_beta 示波器方塊，它會顯示三相輸

入電壓的 Clarke 轉換的結果，我們觀看 0～0.1 秒的波形，如圖 2-5-15，由於我們輸入的三相弦波電壓爲正相序，因此可以看到，v_β 是從負的最大值開始減少，而 v_α 則是從零開始增加，這符合正相序電壓的空間向量的變化方向（說明：可參考圖 2-2-6 的結果），因此所建立的 Clarke 轉換 Subsystem 的功能得到驗證。

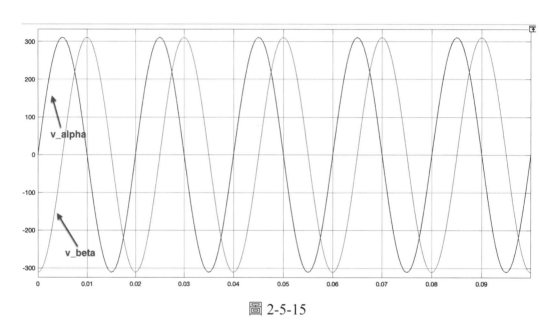

圖 2-5-15

STEP 4：

　　接著，請雙擊 Wrm 示波器方塊，可以看到如圖 2-5-16 的波形，馬達轉速在 0.2 秒後穩定在約 1500rpm 的位置，此時可以將穩態轉速放大，可以發現最後的穩定轉速值約爲 1490rpm，這個轉速是合理的，因爲對於輸入 50Hz 的交流電來說，4 極感應馬達的電氣同步轉速爲 1500（rpm）（說明：同步轉速 $RPM = \dfrac{120 \times f}{極數}$，因此 $120 \times \dfrac{50}{4} = 1500rpm$），但由於感應馬達存在滑差（說明：同步轉速與機械轉速的差值爲滑差轉速），因此機械轉速會略低於同步轉速；再雙擊 Te 示波器方塊，可以發現電磁轉矩的穩態值爲 9.2Nm 左右，略大於負載轉矩 8Nm，這是因爲電磁轉矩還需要克服摩擦力所致。故此模擬結果也間接驗證了所建立的感應馬達 Subsystem 模型運作正常。

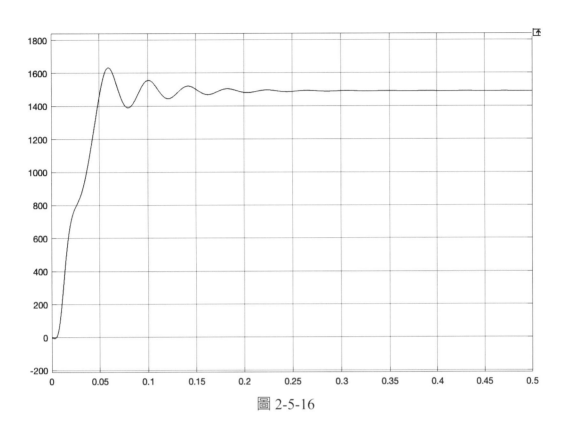

圖 2-5-16

STEP 5：

　　接著請雙擊 is_d_q 示波器方塊觀察經由 Park 轉換後的馬達定子電流，如圖 2-5-17，從波形以可發現，經過約 0.25 秒的暫態階段後，馬達定子電流在同步旋轉座標下〔說明：Park 轉換所輸入的電氣角頻率（50Hz）與輸入電壓同步〕的 d、q 軸分量穩定為直流量，這也代表所建立的 Park 轉換方塊運作正常，在本例中，定子電流的 d 軸分量約為 -11.5 左右，q 軸分量約為 -3.4，計算一下峰值電流約為 12A（說明：$\sqrt{(-11.5)^2 + (-3.4)^2} = 12$），此時我們可以利用 Park 反轉換與 Clark 反轉換來還原定子三相電流，來驗證電流峰值是否為 12A。

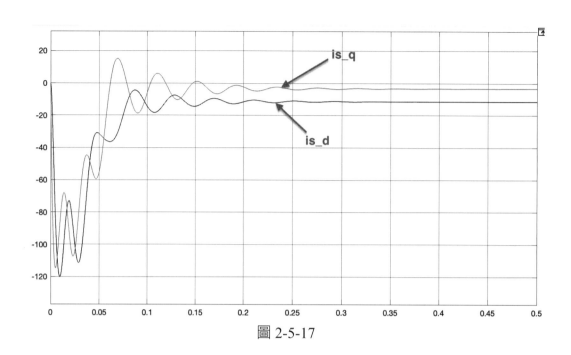

圖 2-5-17

STEP 6：

　　請將先前所建立的 inv_park 與 inv_clarke 加入到 SIMULINK 環境中，如圖 2-5-18，加入完後請再執行一次模擬。

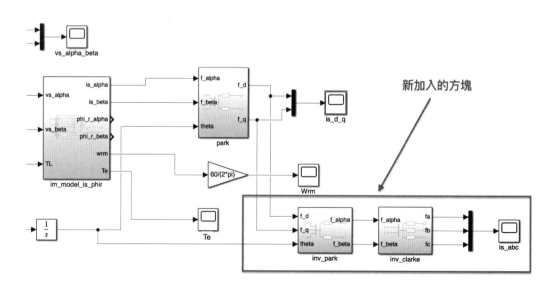

圖 2-5-18　（範例程式：im_model_test1.slx）

　　模擬完成後，雙擊 is_abc 示波器方塊，將穩態的弦波電流放大，如圖 2-5-19，三相電流的峰值約為 12A，與 STEP 5 的計算結果相吻合，這也間接驗證了，我們所建立的 inv_park 與 inv_clarke 方塊運作正常。

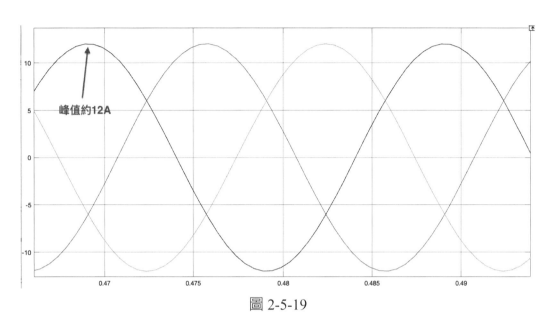

圖 2-5-19

■ 驗證功率因數角 φ

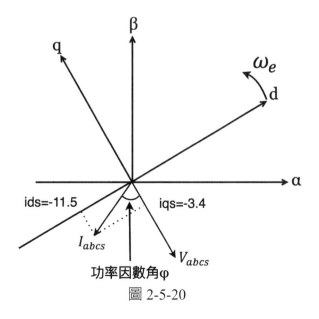

圖 2-5-20

STEP 1：

　　首先，我們可以將定子的三相輸入電壓所合成的空間向量 V_{abcs} 與定子電流空間向量 I_{abcs} 畫在二維座標平面上（說明：下標 s 代表定子物理量），如圖 2-5-20，其中，d-q 軸、定子電壓空間向量 V_{abcs} 與定子電流空間向量 I_{abcs} 三者皆以電氣角速度 ω_e 同步旋轉，但彼此間存在相位差，在 2.2 節，我們驗證過，正相序的電壓空間向量在同步旋轉 d-q 軸的投影量為：d 軸的分量為零，q 軸分量為負的最大值（可參考圖 2-4-2 的結果），如圖 2-5-20 中的 V_{abcs}。在本例中，定子電流空間向量的 d 軸分量約為 –11.5 左右，q 軸分量約為 –3.4，因此將其畫在座標平面，如圖 2-5-20 中的 I_{abcs}，而 V_{abcs} 與 I_{abcs} 之間的夾角就是功率因數角，我們可以利用以下公式算出：

$$\varphi = \tan^{-1}\left(\frac{11.5}{3.4}\right) = 1.28 \text{ rad} = 73° \tag{2.5.40}$$

藉由簡單的三角函數運算，可以得到功率因數角 φ 為 73°。

STEP 2：

　　為了驗證功率因數角的正確性，我們可以在 SIMULINK 程式區再加入一個示波器方塊，觀察 vas（即定子 a 相電壓）與 ias（即定子 a 相電流）的波形，如圖 2-5-21。

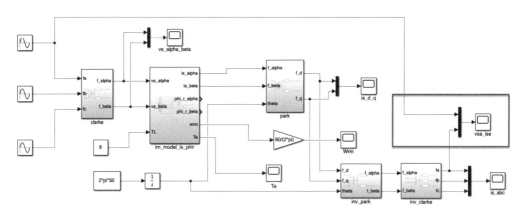

圖 2-5-21 　（範例程式：im_model_test1.slx）

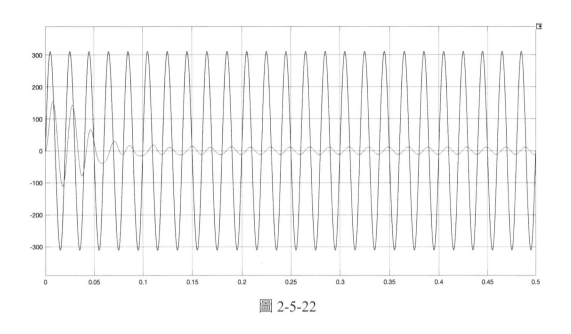

圖 2-5-22

STEP 3：

　　加入方塊後，再執行一次模擬，完成後，雙擊 vsa_isa 示波器方塊，可以看到如圖 2-5-22 的波形。此時，使用滑鼠放大 0.45 秒附近的波形，我們可以發現 vsa 與 isa 在過零點之間的時間差約爲 0.004068 秒（說明：電壓領先電流0.004068 秒），因此，我們利用下式算出電壓與電流之間的相位差，而這個相位差就是功率因數角。

$$電壓與電流之間相位差 = 功率因數角 \varphi$$
$$= 0.004068 \times 2 \times \pi \times 50 = 1.278 \text{ rad} = 73°$$

算出的功率因數角爲 73°，與（2.5.40）式的計算結果吻合，因此完成功率因數角的模擬驗證。

2.6　三相永磁馬達空間向量模型

　　感應馬達（Induction Motor）和永磁同步馬達（Permanent Magnet Synchronous Motor）是兩種不同的交流馬達類型，其主要差別在於馬達轉子上的磁場形式。感應馬達的轉子是由導體製成，當感應馬達的定子上通過交流電時會產生旋轉磁場，轉子中的導體會因此產生感應電流，進而產生反向的磁場，這個反向的磁場與定子產生的磁場相互作用產生轉矩，驅動轉子旋轉。

　　相反地，永磁同步馬達的轉子上有永久磁鐵，並且在轉子產生的磁場與定子磁場精確地同步，因此稱為「同步」馬達。當永磁同步馬達的定子上通過交流電時，透過定子產生的磁場與轉子磁場相互作用，可以驅動轉子旋轉。總體而言，永磁同步馬達因為具有永久磁鐵，可以提供較高的效率和較高的功率密度，通常被使用在高性能和高精度應用中，例如電動車、機器人、工業驅動系統等。而感應馬達則通常用於性能與精度要求不高的應用中，例如家用電器、泵浦、風扇等。

　　若永磁同步馬達的磁鐵貼於轉子表面，此馬達又稱作表面貼磁型永磁同步馬達（SPMSM），若磁鐵置於轉子內部，此馬達則稱作內嵌式永磁同步馬達（IPMSM）。由於永磁同步馬達的轉子磁場轉速 ω_r（說明：此為電氣轉速）與定子磁場轉速 ω_e（說明：此為電氣轉速）同步，因此可將一任意旋轉座標（d^a-q^a 軸）置於轉子，並將 d^a 軸對齊轉子磁極方向，並將此任意旋轉座標的轉速 ω 設定為轉子磁場轉速 ω_r，也代表 $\omega = \omega_r = \omega_e$，則此任意旋轉座標將綁定轉子並與其同步旋轉，因此在永磁同步馬達下的同步旋轉座標系又稱作轉子參考座標系。

　　由於三相永磁同步馬達的空間向量模型的推導過程較為繁雜 [1, 4]，在此不加贅述，一個推導完成的表面貼磁型三相永磁同步馬達（SPMSM）的空間向量模型可以表示如下 [1, 4]：

$$R_s I_{abcs} + L_s \frac{dI_{abcs}}{dt} + j\omega_e \lambda_f e^{j\theta_e} = V_{abcs} \qquad (2.6.1)$$

其中，I_{abcs} 為定子電流空間向量，V_{abcs} 為定子電壓空間向量，λ_f 為轉子（永久磁鐵）在定子繞組所產生的磁通鏈，R_s 為定子電阻值（相電阻），L_s 為定子電感值（相電感）。

　　轉子（永久磁鐵）在定子繞組所產生的磁通鏈 λ_f 可以表示成

$$\lambda_f = L_m I_f \qquad (2.6.2)$$

其中，L_m 為轉子與定子繞組的互感值，由於轉子的永久磁鐵能提供恆定磁場，故可以等效為一個定電流源 I_f，其與定子繞組交互作用產生磁通鏈 λ_f。

由於我們已知：$I_{abcs} = i_{ds}^r + ji_{qs}^r$，$V_{abcs} = v_{ds}^r + jv_{qs}^r$，因此可以將（2.6.1）式展開成 d-q 軸型式如下：

$$v_{ds}^r = R_s i_{ds}^r + L_s \frac{di_{ds}^r}{dt} - \omega_r L_s i_{qs}^r \qquad (2.6.3)$$

$$v_{qs}^r = R_s i_{qs}^r + L_s \frac{di_{qs}^r}{dt} + \omega_r (L_s i_{ds}^r + \lambda_f) \qquad (2.6.4)$$

其中，$L_s = L_{ls} + L_m$，L_{ls} 為定子漏感值，L_m 為定子與轉子的互感值，而 $L_s i_{qs}^r = \lambda_{qs}^r$ 為定子的 q 軸磁通鏈，$L_s i_{ds}^r + \lambda_f$ 則為定子的 d 軸磁通鏈。

另外，表面貼磁型三相永磁同步馬達（SPMSM）的轉矩方程式可以表示成：

$$T_e = \frac{3}{2} \frac{P}{2} \lambda_f i_{qs}^r \qquad (2.6.5)$$

其中，P 為馬達極數。

此外，對於內嵌式三相永磁同步馬達（IPMSM）而言，由於 d、q 軸電感不一致，（2.6.3）、（2.6.4）式的電壓方程式需要改寫成（2.6.6）、（2.6.7）式：

$$v_{ds}^r = R_s i_{ds}^r + L_d \frac{di_{ds}^r}{dt} - \omega_r L_q i_{qs}^r \qquad (2.6.6)$$

$$v_{qs}^r = R_s i_{qs}^r + L_q \frac{di_{qs}^r}{dt} + \omega_r (L_d i_{ds}^r + \lambda_f) \qquad (2.6.7)$$

相較於 SPMSM，由於內嵌式永磁同步馬達（IPMSM）的 d、q 軸電感不一致，因此會產生額外的磁阻轉矩，因此其轉矩方程式須表示為：

$$T_e = \frac{3}{2} \frac{P}{2} \ [\lambda_f i_{qs}^r + (L_d - L_q) i_{ds}^r i_{qs}^r] \qquad （2.6.8）$$

　　內嵌式永磁同步馬達的 q 軸電感會大於 d 軸電感，即 $L_q > L_d$，此特性又稱爲凸極性（Saliency），在 q 軸電流爲正的情況下，施加負的 d 軸電流可以得到正的磁阻轉矩，一般來說，當內嵌式永磁同步馬達操作在 MTPA 模式或弱磁區時，可以得到這個額外的磁阻轉矩。

> **說明：**
> 對表面貼磁型永磁同步馬達（SPMSM）來說，d、q 軸電感相同，即 $L_d = L_q = L_s$

可將（2.6.6）與（2.6.7）式畫成 d-q 軸的等效電路，如圖 2.6.1[1, 6]。

> **Tips：**
> 可以將內嵌式永磁同步馬達的數學模型作爲永磁同步馬達模型的泛用型式，當使用 $L_d = L_q = L_s$ 代入時，可以得到表面貼磁型永磁同步馬達（SPMSM）的數學模型（2.6.3 式與 2.6.4 式）。

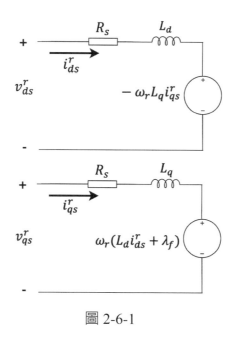

圖 2-6-1

■ 使用 MATLAB/SIMULINK 建立永磁同步馬達模型

接下來我們會使用 MATLAB/SIMULINK 來建立永磁同步馬達模型，我們會使用（2.6.6）與（2.6.7）式來建構內嵌式永磁同步馬達（IPMSM）數學模型，理由是內嵌式永磁馬達模型較具通用性，當我們將參數設定成 $L_d = L_q$ 時，內嵌式永磁馬達模型就會變成表面貼磁型永磁馬達（SPMSM）的型式。

在實際建立 SIMULINK 模型之前，我們先使用 MATLAB m-file 建立 SIMULINK 永磁同步馬達（IPMSM）模型所需要用到的所有參數，如表2-6-1。

表 2-6-1　永磁同步馬達參數 [6]

馬達參數	值
定子電阻Rs	1.2（Ω）
定子d軸電感Ld	0.0057（H）
定子q軸電感Lq	0.0125（H）
磁通鏈λ_f	0.123（Wb）
馬達極數pole	4
轉動慣量J	0.0002（N．m．sec^2/rad）
摩擦系數B	0.0005（N．m．sec^2/rad）

MATLAB m-file 範例程式 pm_params.m：

```
Rs = 1.2;
Ld = 0.0057;
Lq = 0.0125;
Lamda_f = 0.123;
pole = 4;
J = 0.0002;
B = 0.0005;
```

以上我們將電感參數 L_d 與 L_q 設定成不一致，來模擬內置磁鐵型永磁馬達（IPMSM）的行為，各位將 m-file 建立完成後，先執行此程式，將馬達參數

載入 MATLAB 環境。接下來，請使用 SIMULINK 建立如圖 2-6-2 的 Subsystem 模型。

　　建立完成後，選取所有方塊（可以使用 CTRL + A），按滑鼠右鍵並選擇「Create Subsystem from Selection」，即可建立單一 Subsystem 元件，如圖 2-6-3 所示，將其取名為「pm_model_dq」後將其存檔，以上就完成了三相永磁同步馬達的建模工作。

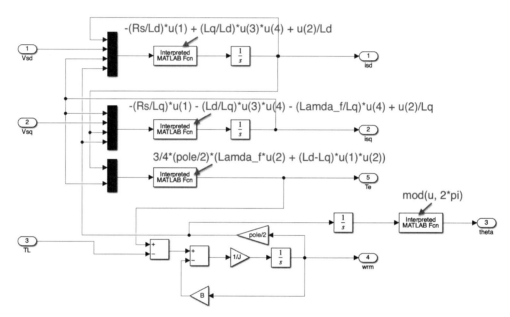

圖 2-6-2　（範例程式：pm_model_dq.slx）

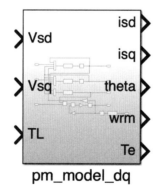

圖 2-6-3　（範例程式：pm_model_dq.slx）

2.7　結論

➤ 現實世界中感應馬達可直接輸入三相交流電運轉（說明：如同 2.5 節的模擬程式），但永磁同步馬達是無法直接使用三相交流電的，因為它需要轉子位置回授才能將 dq 軸電流解耦合，因此需要使用磁場導向控制方法才能順利運作，在下一章中，我們將分別介紹感應馬達與永磁同步馬達的磁場導向控制理論，並且使且 MATLAB/SIMULINK 來進行磁場導向控制系統的模擬。

➤ 圖 2-5-2 與圖 2-6-1 分別為感應馬達與永磁同步馬達的 d-q 軸等效電路，它們是馬達 dq 軸模型的電路型式，具有相當重要的物理內涵，當發展馬達控制與馬達參數自學習算法時，經常會用到它們。

➤ 磁場導向控制所使用的馬達參數值（如表 2.5.1 與表 2-6-1），如定子電阻、轉子電阻、定子電感與轉子電感值等，皆為馬達繞組等效 Y 接後的每相（per phase）值 [1, 4, 6]。

參考文獻

[1]（韓）薛承基，電機傳動系統控制，北京：機械工業出版社，2013。

[2] N. Mohan, T. M. Undeland, and W. P. Robbins, Power Electronics: Converters, Applications and Design, Second ed. New York:Wiley, 1995.

[3] F. Blaschke, "The principle of field orientation as applied to the new TRANSVECTOR closed loop control system for rotating field machines," Siemens Rev., vol. 34, pp. 217-220, 1972.

[4] 劉昌煥，交流電機控制：向量控制與直接轉矩控制原理，台北：東華書局，2001。

[5] 王順忠、陳秋麟，電機機械基本原理：第四版，台北：東華書局，2006。

[6] R. Krishnan, Permanent Magnet Synchronous and Brushless DC Motor Drives, CRC Press, Boca Raton, Florida, 2010.

CHAPTER 3

三相交流馬達磁場導向控制

知人者智，自知者明，勝人者有力，自勝者強。

——老子

3.1. 鼠籠式感應馬達磁場導向控制

磁場導向控制（Field-oriented Control）的目的在於讓三相感應馬達的磁場跟轉矩可以分別被獨立控制[2, 3]，達到如同分激式直流馬達的控制效果，讓我們重新檢視一下在第二章所建立的二軸任意旋轉座標下的三相鼠籠式感應馬達模型[1, 4]：

$$R_s i_{ds}^a + L_\sigma \frac{di_{ds}^a}{dt} - \omega L_\sigma i_{qs}^a + \frac{L_m}{L_r}\frac{d\phi_{dr}^a}{dt} - \frac{\omega L_m}{L_r}\phi_{qr}^a = v_{ds}^a \qquad (3.1.1)$$

$$\omega L_\sigma i_{ds}^a + R_s i_{qs}^a + L_\sigma \frac{di_{qs}^a}{dt} + \omega \frac{L_m}{L_r}\phi_{dr}^a + \frac{L_m}{L_r}\frac{d\phi_{qr}^a}{dt} = v_{qs}^a \qquad (3.1.2)$$

$$-R_r L_m i_{ds}^a + R_r \phi_{dr}^a + L_r \frac{d\phi_{dr}^a}{dt} - (\omega - \omega_r)L_r \phi_{qr}^a = 0 \qquad (3.1.3)$$

$$-R_r L_m i_{qs}^a + (\omega - \omega_r)L_r \phi_{dr}^a + R_r \phi_{qr}^a + L_r \frac{d\phi_{qr}^a}{dt} = 0 \qquad (3.1.4)$$

其中，$L_\sigma = L_s - \frac{L_m^2}{L_r}$。

當二軸任意旋轉座標（d^a-q^a）的轉速 ω 等於同步轉速時，即 $\omega = \omega_e$，（3.1.1）～（3.1.4）式可以寫成：

$$R_s\, i_{ds}^e + L_\sigma \frac{di_{ds}^e}{dt} - \omega_e L_\sigma\, i_{qs}^e + \frac{L_m}{L_r}\frac{d\phi_{dr}^e}{dt} - \frac{\omega L_m}{L_r}\phi_{qr}^e = v_{ds}^e \tag{3.1.5}$$

$$\omega_e L_\sigma\, i_{ds}^e + R_s\, i_{qs}^e + L_\sigma \frac{di_{qs}^e}{dt} + \omega_e \frac{L_m}{L_r}\phi_{dr}^e + \frac{L_m}{L_r}\frac{d\phi_{qr}^e}{dt} = v_{qs}^e \tag{3.1.6}$$

$$-R_r L_m\, i_{ds}^e + R_r\phi_{dr}^e + L_r\frac{d\phi_{dr}^e}{dt} - (\omega_e - \omega_r)L_r\phi_{qr}^e = 0 \tag{3.1.7}$$

$$-R_r L_m\, i_{qs}^e + (\omega_e - \omega_r)L_r\phi_{dr}^e + R_r\phi_{qr}^e + L_r\frac{d\phi_{qr}^e}{dt} = 0 \tag{3.1.8}$$

在（3.1.5）～（3.1.8）式中變數的上標 e 代表在二軸同步旋轉座標（d^e-q^e）下的狀態變數與輸入值，如定子電流、轉子磁通磁鏈與定子電壓，皆為直流量，這是因為我們在一個與它們的空間向量等速旋轉的座標系（d^e-q^e）中觀測它們。

說明：
由於定子電流、定子電壓與轉子磁通磁鏈的空間向量是以同步轉速 ω_e 在空間中旋轉，因此若使用同步旋轉座標來觀測它們，它們就變成直流量。

對於磁場導向控制法則的推導，需先做一個很重要的假設（在此我們使用直接轉子磁場導向控制法 [1, 3, 4]）：

假設在任何時刻我們都可以知道轉子磁通鏈的大小與位置，並且將二軸同步旋轉座標的 d^e 軸對齊轉子磁通鏈，並與其同步旋轉，此時，$\phi_{dr}^e = |\Phi_{abcr}| = \Phi_r$，而此時 $\phi_{qr}^e = 0$。[1, 4-6]

則我們可以將（3.1.5）～（3.1.8）式表示成

$$R_s\, i_{ds}^e + L_\sigma \frac{di_{ds}^e}{dt} - \omega_e L_\sigma\, i_{qs}^e + \frac{L_m}{L_r}\frac{d\phi_{dr}^e}{dt} - \frac{\omega L_m}{L_r}\times 0 = v_{ds}^e \tag{3.1.9}$$

$$\omega_e L_\sigma\, i_{ds}^e + R_s\, i_{qs}^e + L_\sigma \frac{di_{qs}^e}{dt} + \omega_e \frac{L_m}{L_r}\times\phi_{dr}^e + \frac{L_m}{L_r}\times 0 = v_{qs}^e \tag{3.1.10}$$

$$-R_r L_m\, i_{ds}^e + R_r\phi_{dr}^e + L_r\times\frac{d\phi_{dr}^e}{dt} - (\omega_e - \omega_r)L_r\times 0 = 0 \tag{3.1.11}$$

$$-R_r L_m\, i_{qs}^e + (\omega_e - \omega_r)L_r\phi_{dr}^e + R_r\times 0 + L_r\times 0 = 0 \tag{3.1.12}$$

可整理如下

$$\frac{di_{ds}^e}{dt} = \left(-\frac{R_s}{L_\sigma} - \frac{1-\sigma}{\sigma\tau_r}\right)i_{ds}^e + \omega_e\, i_{qs}^e + \frac{1-\sigma}{\sigma\tau_r L_m}\Phi_r + \frac{v_{ds}^e}{L_\sigma} \tag{3.1.13}$$

$$\frac{di_{qs}^e}{dt} = -\frac{R_s}{L_\sigma}\, i_{qs}^e - \omega_e\, i_{ds}^e - \frac{(1-\sigma)}{\sigma\tau_r L_m}\omega_e\,\Phi_r + \frac{v_{qs}^e}{L_\sigma} \tag{3.1.14}$$

$$\frac{d\Phi_r}{dt} = -\frac{R_r}{L_r}\Phi_r + R_r\frac{L_m}{L_r}\, i_{ds}^e \tag{3.1.15}$$

$$-R_r\frac{L_m}{L_r}\, i_{qs}^e + \omega_{sl}\Phi_r = 0 \tag{3.1.16}$$

Tips：

要得到（3.1.13）式，需將（3.1.15）式代入（3.1.9）式，用 $-\dfrac{R_r}{L_r}\Phi_r + R_r\dfrac{L_m}{L_r}\, i_{ds}^e$ 取代 $\dfrac{d\phi_{dr}^e}{dt}$ 項。

說明：

在二軸同步旋轉座標下的狀態變數，如定子電流、定子電壓與轉子磁通磁鏈的穩態值皆為直流量，但暫態值並不是，因此為了考慮磁場導向的暫態控制性能，必須保留狀態變數的微分項。

其中，$\sigma = 1 - \dfrac{L_m^2}{L_s L_r}$、$L_\sigma = \sigma L_s$、$\tau_r = \dfrac{L_r}{R_r}$，$\omega_{sl} = $ 滑差速度 $= \omega_e - \omega_r$。

由於 $\phi_{qr}^e = 0$、$\phi_{dr}^e = \Phi_r$，此時轉矩方程式（2.5.30）可以寫成 [1, 5, 6]

$$T_e = T_e = \frac{3P}{4}\frac{L_m}{L_r}(i_{qs}^e\,\phi_{dr}^e - i_{ds}^e\,\phi_{qr}^e) = \frac{3P}{4}\frac{L_m}{L_r}(i_{qs}^e\Phi_r) \tag{3.1.17}$$

從（3.1.15）式，可以發現轉子磁通鏈 Φ_r 只與定子的 d^e 軸電流 i_{ds}^e 有關，而馬達轉矩方程式（3.1.17）則告訴我們，馬達轉矩正比於轉子磁通鏈 Φ_r 與定子電流 i_{qs}^e 的乘積，若轉子磁通鏈 Φ_r 被穩定控制，則馬達轉矩與定子電流 i_{qs}^e 成正比，因此感應馬達的磁通與轉矩就被成功解耦合，並且可以被獨立控制，達到類似分激式直流馬達的控制性能。

CHAPTER

3

　　因此若要有效的控制感應馬達轉速，前提是轉子磁通鏈 Φ_r 被穩定控制，而控制轉子磁通鏈 Φ_r 需要靠定子電流 i_{ds}^e，因此磁場需要二個控制回路如下：

➢ 轉子磁通鏈 Φ_r 控制回路

➢ 定子電流 i_{ds}^e 控制回路

　　當轉子磁通鏈 Φ_r 被穩定控制，則可以由定子電流 i_{qs} 來控制轉矩，我們可以利用轉速回路所產生的轉矩命令轉換成定子 q 軸電流命令 i_{qs}^{e*} 來作為定子電流 i_{qs}^e 控制回路的命令值，因此轉速控制還需要以下二個控制回路：

➢ 馬達速度 ω_{rm} 控制回路

➢ 定子電流 i_{qs}^e 控制回路

　　因此完整的感應馬達磁場導向控制總共需要 4 個控制回路（d 軸定子電流 i_{ds}^e 控制回路、q 軸定子電流 i_{qs}^e 控制回路、轉子磁通 Φ_r 控制回路與馬達速度 ω_{rm} 控制回路）。

　　接下來我們將依序設計以上各個控制回路（ i_{ds}^e 、 i_{qs}^e 、 Φ_r 與 ω_{rm} ）的控制器參數，設計的原則如下[1]：

➢ 由內而外：先設計內回路，再設計外回路。

➢ 內回路頻寬需高於外回路頻寬至少 5 倍以上。（說明：當內回路頻寬設計成高於外回路頻寬 5 倍以上時，當設計外回路控制器參數時，可以假設內回路轉移函數為 1，以簡化設計）[1]

➢ 以下使用的感應馬達參數如表 3-1-1（與第二章相同），對應的 MATLAB 程式為本節範例程式 im_params.m。

表 3-1-1　感應馬達參數

馬達參數	值
定子電阻Rs	0.8（Ω）
轉子電阻Rr	0.6（Ω）
定子電感Ls	0.085（H）
轉子電感Lr	0.085（H）
互感Lm	0.082（H）
馬達極數pole	4

馬達參數	值
轉動慣量J	0.033（kg · m^2）
摩擦系數B	0.00825（N · m · sec/rad）

MATLAB m-file 範例程式 im_params.m：

```
Rs = 0.8;
Rr = 0.6;
Ls = 0.085;
Lr = 0.085;
Lm = 0.082;
pole = 4;
J = 0.033;
B = 0.00825;
w = Ls*Lr - Lm^2;
Lsigma = w/Lr;
sigma = 1 - Lm^2/(Ls*Lr);
Tr = Lr/Rr;
K1 = (-Rs*Lr^2-Rr*Lm^2)/(Lr*w);
K2 = (Rr*Lm)/(Lr*w);
K3 = Lm/w;
K4 = Lr/w;
K5 = Rr*Lm/Lr;
K6 = -Rr/Lr;
K7 = Lr/Lm;
K8 = -Lr*Rs/Lm;
K9 = -sigma*Lr*Ls/Lm;
```

3.1.1 控制回路設計

■ 設計 d 軸電流 PI 控制器

一般來說，控制回路設計的順序是由內而外，若要建構完整的感應馬達磁場導向控制系統，首先需建立 d^e 與 q^e 軸電流控制回路，因爲它們是磁場與轉速控制回路的內回路，檢視（3.1.13）與（3.1.14）式，發現定子 d 與 q 軸電流的微分方程式存在非線性耦合項，如圖 3-1-1。

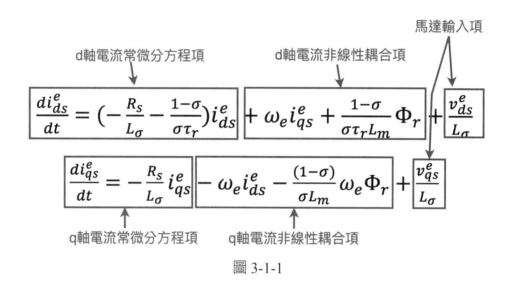

圖 3-1-1

在磁場導向控制中，由於定子電流和轉子磁場之間的相互作用，會產生非線性耦合效應，這些非線性耦合項會影響電流回路的控制性能，理論上，d 軸與 q 軸的非線性耦合項是需要進行補償的，但在實務上，由於我們將使用二個 PI 控制器來分別控制定子的 d 軸與 q 軸電流，而 PI 控制器能夠一定程度的補償這二個非線性項[5]，在此先將其忽略。

> **說明：**
> 實務上若對非線性耦合項進行補償，將可以達到更好的電流響應性能[1, 6]，想了解如何對感應馬達非線性耦合項進行補償，可以參考 3.1.5 節的內容。

　　首先，考慮定子 d 軸電流微分方程式，我們將圖 3-1-1 中的 d 軸電流非線性耦合項忽略後，可得到以下方程式：

$$\frac{di_{ds}^e}{dt} = \left(-\frac{R_s}{L_\sigma} - \frac{1-\sigma}{\sigma\tau_r}\right)i_{ds}^e + v_{ds}^e{}'$$

（3.1.18）

其中，$v_{ds}^e{}' = \dfrac{v_{ds}^e}{L_\sigma}$。我們對（3.1.18）式求拉式轉換，得到

$$I_{ds}^e(s) = V_{ds}^e{}'(s) \times \frac{1}{s - \left(-\dfrac{R_s}{L_\sigma} - \dfrac{1-\sigma}{\sigma\tau_r}\right)}$$

（3.1.19）

可以畫成如圖 3-1-2 的系統方塊圖。

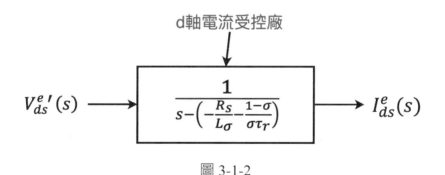

圖 3-1-2

　　我們可以使用 SIMULINK 對圖 3-1-2 的轉移函式進行模擬，如圖 3-1-3，我們輸入一個大小為 1 的步階訊號，模擬時間為 2 秒。

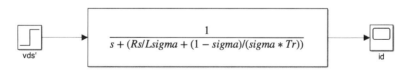

圖 3-1-3　　（範例程式：im_id_model.slx）

　　完成圖 3-1-3 的系統模擬後，雙擊 id 示波器，並且將暫態響應放大，可以看到如圖 3-1-4 的波形。

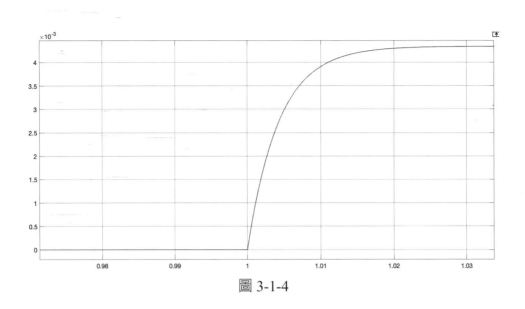

圖 3-1-4

接著我們觀察一下 id 暫態響應的時間常數，我們可以將（3.1.19）式整理如下，並將感應馬達參數值代入。

$$I_{ds}^e(s) = V_{ds}^e{}'(s) \times \frac{1}{s - \left(-\frac{R_s}{L_\sigma} - \frac{1-\sigma}{\sigma\tau_r}\right)} = V_{ds}^e{}'(s) \times \frac{\dfrac{1}{\left(\dfrac{R_s}{L_\sigma} + \dfrac{1-\sigma}{\sigma\tau_r}\right)}}{\dfrac{1}{\left(\dfrac{R_s}{L_\sigma} + \dfrac{1-\sigma}{\sigma\tau_r}\right)}s + 1}$$

$$= V_{ds}^e{}'(s) \times \frac{0.0043}{0.0043s + 1} \qquad\qquad (3.1.20)$$

從（3.1.20）式可以發現系統的時間常數為 0.0043，代表系統暫態需要 5 倍的時間常數時間（5×0.0043=0.0215 秒）才能夠到達穩態，可以從圖 3-1-4 的波形得到驗證。

接著，我們設計一個 d 軸的電流控制器來控制定子的 d 軸電流，在此，我們選擇 PI 控制器來當作 d 軸的電流控制器，加入 PI 控制器後的系統方塊圖如圖 3-1-5 所示。

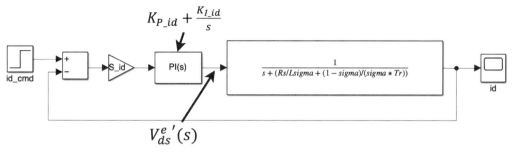

圖 3-1-5　（範例程式：im_id_model_PI.slx）

系統的開回路轉移函數為

$$G_{id\_open} = S_{id} \times \frac{K_{P\_id}\, s + K_{I\_id}}{s} \times \frac{0.0043}{0.0043 + 1}$$

接著利用極零點對消的方法，將 K_{P_id} = 0.0043、K_{I_id} = 1，可以將系統降成一階，假設電流回路頻寬的設計規格為 f_{cc} = 500（Hz）〔說明：對應的 ω_{cc} = 3140（rad/s）〕，我們需要設計 S_{id} 讓閉回路轉移函式為一階低通濾波器，如下：

$$G_{id\_close}(s) = \frac{G_{id\_open}(s)}{1 + G_{id\_open}(s)} = \frac{0.0043 \times S_{id}}{s + 0.0043 \times S_{id}} = \frac{\omega_{cc}}{s + \omega_{cc}} = \frac{3140}{s + 3140}$$

藉由簡單計算，可以得到對應的 S_{id} 為 730232，將以上控制器參數輸入後，再執行一次模擬，可以得到定子 d 軸電流 I^e_{ds} 的響應如圖 3-1-6。

最後合併 S_{id} = 730232 與 PI 控制器參數 K_{P_id} = 0.0043、K_{I_id} = 1，最終得到到 d 軸電流 PI 控制器參數為：

$$K_{P\_id\_final} = 3140 \tag{3.1.21}$$

$$K_{I\_id\_final} = 730232 \tag{3.1.22}$$

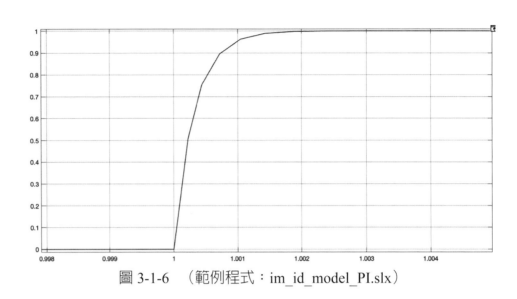

圖 3-1-6　（範例程式：im_id_model_PI.slx）

　　若要得到設計完成之 d 軸電流迴路的頻寬，可以使用以下的 MATLAB 程式，執行程式後，可得到設計完成的d軸電流迴路頻寬爲3134（rad/s）〔說明：與所設計的電流迴路頻寬 3140（rad/s）相當接近，誤差是由於設計時使用 π = 3.14 進行運算以及 MATLAB 運算產生的進位誤差所造成，後續內容會使用 3140（rad/s）作爲 d 軸電流迴路的頻寬規格〕。

MATLAB 範例程式 m3_1_1.m：

```
S_id = 730232; Kp_id=0.0043; Ki_id=1;
PID_id = S_id * tf([Kp_id Ki_id],[1 0]);
plant_id = tf(1, [1  (Rs/Lsigma+(1-sigma)/(sigma*Tr))]);
loop_id = feedback(series(PID_id, plant_id), 1);
bandwidth(loop_id)
```

Tips：

可以透過系統步階響應的上升時間 T_r（輸出穩態值的 10% 到 90% 之間的時間）快速估算系統頻寬值 f_{3dB}，估算式爲 $f_{3dB} \cong \dfrac{0.35}{T_r}$。

■設計 q 軸電流 PI 控制器

接著，使用同樣的方法設計 q 軸的電流控制器，首先，從圖 3-1-1 中，我們將 q 軸電流非線性耦合項忽略後，得到以下方程式：

$$\frac{di_{qs}^e}{dt} = -\frac{R_s}{L_\sigma} i_{qs}^e + v_{qs}^{e\prime} \tag{3.1.23}$$

其中，$v_{qs}^e{}' = \dfrac{v_{qs}^e}{L_\sigma}$。對（3.1.23）式求拉式轉換，可得

$$I_{qs}^e(s) = V_{qs}^e{}'(s) \times \frac{1}{s + \dfrac{R_s}{L_\sigma}} \tag{3.1.24}$$

可以畫成如圖 3-1-7 的系統方塊圖。

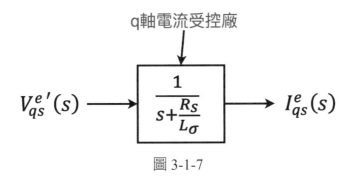

圖 3-1-7

我們可以使用 SIMULINK 對圖 3-1-7 的轉移函式進行模擬，如圖 3-1-8，我們輸入一個大小為 1 的步階訊號，模擬時間為 2 秒。

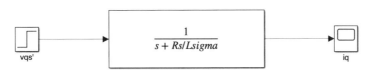

圖 3-1-8　（範例程式：im_iq_model.slx）

　　完成圖 3-1-8 的系統模擬後，雙擊 iq 示波器，並且將暫態響應放大，可以看到如圖 3-1-9 的波形。

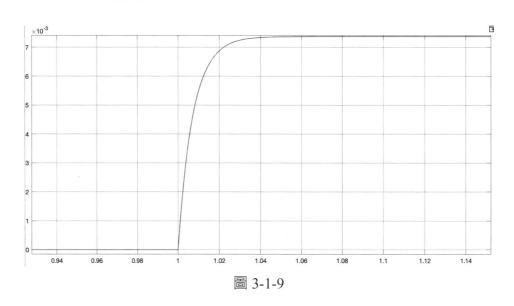

圖 3-1-9

　　接著我們計算一下 iq 暫態響應的時間常數，我們可以將（3.1.24）式整理如下，並將感應馬達參數值代入。

$$I_{qs}^e(s) = V_{qs}^e{}'(s) \times \frac{1}{s + \dfrac{R_s}{L_\sigma}} = V_{qs}^e{}'(s) \times \frac{1}{s + 135.7} = V_{qs}^e{}'(s) \times \frac{0.0074}{0.0074s + 1} \quad （3.1.25）$$

　　從（3.1.25）式可以發現系統的時間常數為 0.0074，代表系統暫態需要 5 倍的時間常數時間（5×0.0074=0.037 秒）才能夠到達穩態值，我們可從圖 3-1-9 的波形可以得到驗證。

　　接著，我們設計一個 q 軸的電流控制器來控制定子的 q 軸電流，在此，我們選擇 PI 控制器來當作 q 軸的電流控制器，加入 PI 控制器後的系統方塊圖如圖 3-1-10 所示。

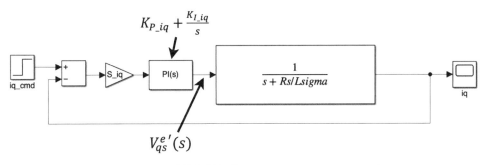

$$K_{P\_iq} + \frac{K_{I\_iq}}{s}$$

$$V_{qs}^{e\,\prime}(s)$$

圖 3-1-10　（範例程式：im_iq_model_PI.slx）

系統的開迴路轉移函數為

$$G_{iq\_open} = S_{iq} \times \frac{K_{P\_iq}\,s + K_{I\_iq}}{s} \times \frac{0.0074}{0.0074s + 1}$$

接著利用極零點對消的方法，將 $K_{P\_iq} = 0.0074$、$K_{I\_iq} = 1$，可以將系統降成一階，假設電流迴路頻寬的設計規格為 $f_{cc} = 500$（Hz）〔說明：對應的 $\omega_{cc} = 3140$（rad/s）〕，我們需要設計 S_{iq} 讓閉迴路轉移函式為一階低通濾波器，如下：

$$G_{iq\_close}(s) = \frac{G_{iq\_open}(s)}{1 + G_{iq\_open}(s)} = \frac{0.0074 \times S_{iq}}{s + 0.0074 \times S_{iq}} = \frac{\omega_{cc}}{s + \omega_{cc}} = \frac{3140}{s + 3140}$$

藉由簡單計算，可以得到對應的 S_{iq} 為 424324，將以上控制器參數輸入後，再執行一次模擬，可以得到定子 q 軸電流 I_{qs}^e 的響應如圖 3-1-11。

最後合併 $S_{iq} = 424324$ 與 PI 控制器參數 $K_{P\_iq} = 0.0074$、$K_{I\_iq} = 1$，最終得到 q 軸電流 PI 控制器參數為：

$$K_{P\_iq\_final} = 3140 \tag{3.1.26}$$

$$K_{I\_iq\_final} = 424324 \tag{3.1.27}$$

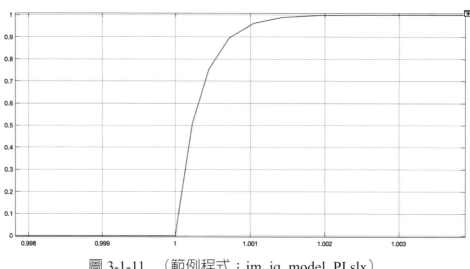

圖 3-1-11　（範例程式：im_iq_model_PI.slx）

　　若想得到設計完成之 q 軸電流回路的頻寬，可以使用以下的 MATLAB 程式，執行程式後得到的 q 軸電流回路頻寬爲 3132（rad/s）〔說明：與所設計的電流回路頻寬 3140（rad/s）相當接近，誤差是由於設計時使用 $\pi = 3.14$ 進行運算以及 MATLAB 運算產生的進位誤差所造成，後續內容會使用 3140（rad/s）作爲 q 軸電流回路的頻寬規格〕

```
MATLAB 範例程式 m3_1_2.m：
S_iq = 424324; Kp_iq=0.0074; Ki_iq=1;
PID_iq = S_iq * tf([Kp_iq Ki_iq],[1 0]);
plant_iq = tf(1, [1 Rs/Lsigma]);
loop_iq = feedback(series(PID_iq, plant_iq), 1);
bandwidth(loop_iq)
```

■設計轉子磁通 PI 控制器

　　接著使用同樣的方法來設計轉子磁通控制器，首先，我們將（3.1.15）式重寫爲

$$\frac{d\Phi_r}{dt} = -\frac{R_r}{L_r}\Phi_r + R_r\frac{L_m}{L_r}i_{ds}^e \qquad (3.1.28)$$

對（3.1.28）式求拉式轉換，得到

$$\Phi_r(s) = i_{ds}^e(s) \times \frac{L_m}{\dfrac{L_r}{R_r}s + 1} \qquad (3.1.29)$$

可以畫成如圖 3-1-12 的系統方塊圖。

轉子磁通受控廠

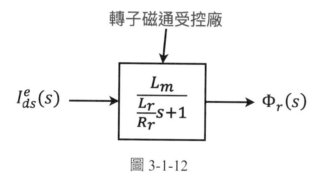

$$I_{ds}^e(s) \longrightarrow \boxed{\frac{L_m}{\frac{L_r}{R_r}s+1}} \longrightarrow \Phi_r(s)$$

圖 3-1-12

　　我們可以使用 SIMULINK 對圖 3-1-12 的轉移函式進行模擬，如圖 3-1-13，我們輸入一個大小為 1 的步階訊號，模擬時間為 2 秒。

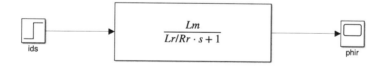

圖 3-1-13　（範例程式：im_phir_model.slx）

　　完成圖 3-1-13 的系統模擬後，雙擊 phir 示波器，可以看到如圖 3-1-14 的波形。

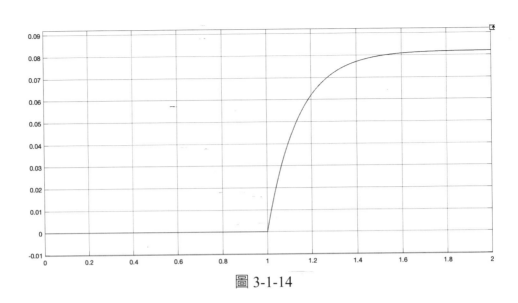

圖 3-1-14

接著我們計算一下轉子磁通暫態響應的時間常數，可將（3.1.29）式整理如下，並將感應馬達參數值代入。

$$\Phi_r(s) = i_{ds}^e(s) \times \frac{L_m}{\dfrac{L_r}{R_r}s + 1} = i_{ds}^e(s) \times \frac{0.0820}{0.1417s + 1} \qquad （3.1.30）$$

從（3.1.30）式可以發現系統的時間常數為 0.1417，因此系統暫態需要 5 倍的時間常數時間（5×0.1417 = 0.7085 秒）才能夠到達穩態值，我們從圖 3-1-14 的波形可以得到驗證。

接著設計一個轉子磁通控制器來控制轉子磁通鏈，在此，我們選擇 PI 控制器來當作轉子磁通控制器，由於個轉子磁通控制回路為 d 軸電流控制回路的外回路，在此假設 d 軸電流控制回路的頻寬高於轉子磁通控制回路頻寬至少 5 倍以上，可將 d 軸電流控制回路轉移函數近似為單位增益 1，因此加入轉子磁通 PI 控制器後的系統方塊圖如圖 3-1-15 所示。

系統的開回路轉移函數為

$$G_{phir\_open} = S_{phir} \times \frac{K_{P\_phir}\,s + K_{I\_phir}}{s} \times \frac{0.0820}{0.1417s + 1}$$

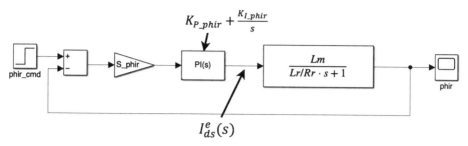

圖 3-1-15   （範例程式：im_phir_model_PI.slx）

　　接著利用極零點對消的方法，將 $K_{P\_phir} = 0.1417$、$K_{I\_phir} = 1$，可以將系統降成一階，假設磁通回路頻寬的設計規格為 $f_{\phi c} = 50$（Hz）〔說明：對應 $\omega_{\phi c} = 314$（rad/s）〕，我們需要設計 S_{phir} 讓閉回路轉移函式為一階低通濾波器，如下：

$$G_{phir\_close}(s) = \frac{G_{phir\_open}(s)}{1 + G_{phir\_open}(s)} = \frac{0.0820 \times S_{phir}}{s + 0.0820 \times S_{phir}} = \frac{\omega_{\phi c}}{s + \omega_{\phi c}} = \frac{314}{s + 314}$$

　　藉由簡單計算，可以得到對應的 S_{phir} 為 3829，將以上控制器參數輸入後，再執行一次模擬，可以得到轉子磁通鏈 Φ_r 的響應如圖 3-1-16。

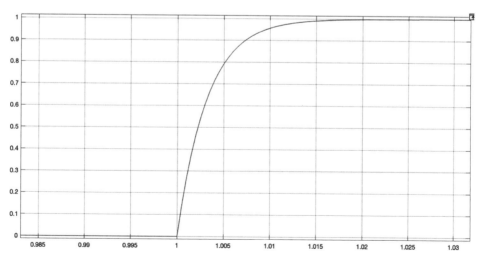

圖 3-1-16   （範例程式：im_phir_model_PI.slx）

最後合併與 PI 控制器參數，$K_{P\_phir} = 0.1417$、$K_{I\_phir} = 1$，最終得到到轉子磁通 PI 控制器參數為：

$$K_{P\_phir\_final} = 542 \qquad (3.1.31)$$

$$K_{I\_phir\_final} = 3829 \qquad (3.1.32)$$

若要得到設計完成之轉子磁通回路的頻寬，可以使用以下的 MATLAB 程式，執行程式後，可得到設計完成的轉子磁通回路頻寬為 313.3（rad/s）〔說明：與所設計的電流回路頻寬 314（rad/s）相當接近，誤差是由於設計時使用 $\pi = 3.14$ 進行運算以及 MATLAB 運算產生的進位誤差所造成，後續內容會使用 314（rad/s）作為轉子磁通回路的頻寬規格〕。

MATLAB 範例程式 m3_1_3.m：

```
S_phir = 3829; Kp_phir=0.1417; Ki_phir=1;
PID_phir = S_phir * tf([Kp_phir Ki_phir],[1 0]);
plant_phir = tf(Lm, [Lr/Rr 1]);
loop_phir = feedback(series(PID_phir, plant_phir), 1);
BW_loop_phir = bandwidth(loop_phir)
```

■ 設計速度 PI 控制器

完成電流與磁通控制回路設計後，最後才進行速度回路的設計，首先，我們可以將（2.5.31）式重寫為

$$T_e' = J\frac{d\omega_{rm}}{dt} + B\omega_{rm} \qquad (3.1.33)$$

其中，$T_e' = T_e - T_L$。我們對（3.1.33）求拉式轉換，得到

$$\omega_{rm}(s) = T_e'(s) \times \frac{1}{Js + B} \qquad (3.1.34)$$

可以畫成如圖 3-1-17 的系統方塊圖。

　　我們可以使用 SIMULINK 對圖 3-1-17 的轉移函式進行模擬，如圖 3-1-18，我們輸入一個大小為 1 的步階訊號，模擬時間為 30 秒。

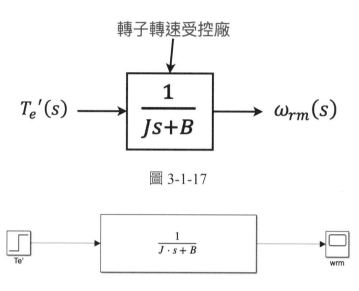

圖 3-1-17

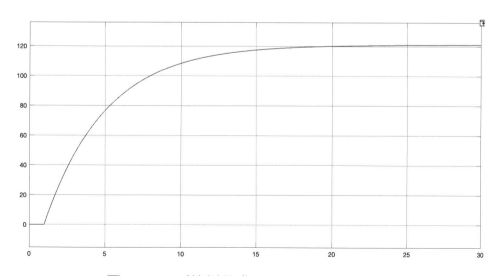

圖 3-1-18　（範例程式：im_wrm_model.slx）

　　完成圖 3-1-18 的系統模擬後，雙擊 wrm 示波器，並且將暫態響應放大，可以看到如圖 3-1-19 的波形（說明：在此假設 $T_L = 0$，因此 $T_e' = T_e$）。

圖 3-1-19　（範例程式：im_wrm_model.slx）

接著我們計算一下轉子速度暫態響應的時間常數，可將（3.1.34）式整理如下，並將機械方程式的參數值代入。

$$\omega_{rm}(s) = T_e{}'(s) \times \frac{1}{Js+B} = T_e{}'(s) \times \frac{1}{0.033s+0.00825} = T_e{}'(s) \times \frac{121.2}{4s+1} \quad （3.1.35）$$

我們從（3.1.35）式可以發現，系統的時間常數為 4，因此系統暫態需要 5 倍的時間常數時間（5×4=20 秒）才能夠到達穩態值，我們從圖 3-1-19 的波形可以得到驗證。

接著設計一個速度控制器來控制馬達轉速，在此我們選擇 PI 控制器來作為速度控制器，加入 PI 控制器後的系統方塊圖如圖 3-1-20 所示[1, 4]。

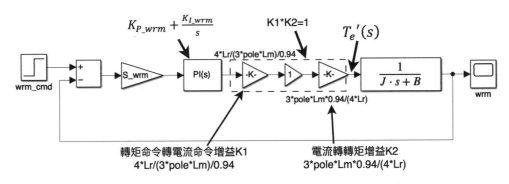

圖 3-1-20 （範例程式：im_wrm_model_PI.slx）

Tips：
增益 K1 與 K2 由來可以參考（3.1.17）式的轉矩方程式。

在此使用的轉子磁通命令為 0.94（Wb），圖 3-1-20 中的增益 K1 為轉矩命令轉電流命令增益，大小為 $\dfrac{4L_r}{3PL_m\phi_r^*}$，q 軸電流迴路轉移函式可以簡化為單位增益 1（說明：q 軸電流迴路頻寬須為速度迴路頻寬至少 5 倍以上，可作此簡化），而 q 軸電流乘上增益 K2 則為電磁轉矩 $T_e{}'(s)$（說明：在此假設 $T_L = 0$，因此 $T_e{}' = T_e$），K2 增益大小為 $\dfrac{3PL_m\phi_r}{4L_r}$，假設轉子磁通 Φ_r 處於穩態，即 $\Phi_r = 0.94$（Wb），而 K1 與 K2 乘積正好為 1，因此圖 3-1-20 的系統開迴路轉移函數為

$$G_{wrm\_open} = S_{wrm} \times \frac{K_{P\_wrm}s + K_{I\_wrm}}{s} \times \frac{121.2}{4s+1}$$

接著利用極零點對消的方法，將 $K_{P\_wrm} = 4$、$K_{I\_wrm} = 1$，可以將系統降成一階，假設速度回路頻寬的設計規格為 $f_{sc} = 50$（Hz）〔說明：對應的 $\omega_{sc} = 50$（Hz）$= 314$（rad/s）〕，我們需要設計 S_{wrm} 讓閉回路轉移函式為一階低通濾波器，如下：

$$G_{wrm\_close}(s) = \frac{G_{wrm\_close}(s)}{1 + G_{wrm\_close}(s)} = \frac{121.2 \times S_{wrm}}{s + 121.2 \times S_{wrm}} = \frac{\omega_{cc}}{s + \omega_{cc}} = \frac{314}{s + 314}$$

藉由簡單計算，可以得到對應的 S_{wrm} 為 2.59，將以上控制器參數輸入後，再執行一次模擬，可以得到轉速 S_{wrm} 的響應如圖 3-1-21。

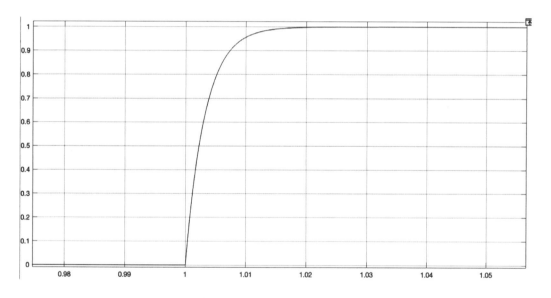

圖 3-1-21　（範例程式：im_wrm_model_PI.slx）

最後合併 $S_{wrm} = 2.59$ 與 PI 控制器參數 $K_{P\_wrm} = 4$、$K_{I\_wrm} = 1$，最終得到轉速 PI 控制器參數為：

$$K_{P\_wrm\_final} = 10.36 \qquad\qquad (3.1.36)$$

$$K_{I\_wrm\_final} = 2.59 \qquad\qquad (3.1.37)$$

若要得到設計完成之速度回路頻寬，可以使用以下的 MATLAB 程式，執行程式後，得到設計完成的速度控制回路的頻寬爲 313.2（rad/s）〔說明：與所設計的電流回路頻寬 314（rad/s）相當接近，誤差是由於設計時使用 $\pi = 3.14$ 進行運算以及 MATLAB 運算產生的進位誤差所造成，後續內容會使用 314（rad/s）作爲速度回路的頻寬規格〕。

MATLAB 範例程式 m3_1_4.m：
```
S_wr = 2.59; Kp_wr=4; Ki_wr=1;
PID_wr = S_wr * tf([Kp_wr Ki_wr],[1 0]);
plant_wr = tf(1, [J B]);
loop_wr = feedback(series(PID_wr, plant_wr), 1);
BW_loop_wr = bandwidth(loop_wr)
```

■ 感應馬達磁場導向之控制回路轉移函數模擬

STEP 1：

完成了感應馬達磁場導向各個控制回路（i_{ds}^{e}、i_{qs}^{e}、Φ_r 與 ω_{rm}）的控制器設計後，我們將所有的控制器參數與回路轉移函數作一次整體的系統模擬，請使用 SIMULINK 建立如圖 3-1-22 的系統方塊圖[4]，如下爲模擬說明：

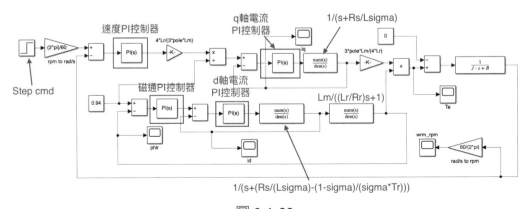

圖 3-1-22

①將所設計的控制回路（i_{ds}^e、i_{qs}^e、Φ_r 與 ω_{rm}）控制器參數輸入模擬程式。

②先將模擬的負載轉矩 T_L 設爲 0（Nm）。

③轉子磁通命令值爲 0.94（Wb），關於如何計算轉子磁通命令，請參考 3.1.2 節的內容。

④使用 1000（rpm）的步階命令作爲轉速命令。

⑤速度回路使用的轉速單位爲 rad/s，轉速命令單位雖爲（rpm），在進入速度回路時會將其乘上 $\dfrac{2\pi}{60}$，轉換成（rad/s）。

⑥轉速 PI 控制器的輸出爲轉矩命令 T_e^*，而在進入 q 軸電流回路之前，轉矩命令須轉換成相對應的 q 軸電流命令 i_{qs}^*，轉矩命令 T_e^* 與 q 軸電流命令 i_{qs}^* 的關係爲（說明：參考 3.1.17 式）

$$i_{qs}^* = \frac{3P}{4} \frac{L_m}{L_r} \frac{T_e^*}{\Phi_r^*} \qquad (3.1.38)$$

其中，Φ_r^* 爲轉子磁通命令。

⑦本模擬系統只考慮三相感應馬達磁場與轉矩解耦合後的轉移函數，並無考慮 d 軸與 q 軸電流回路的非線性耦合項。

STEP 2：

　　將圖 3-1-22 的系統方塊建立完成後，將模擬時間設成 2 秒，按下「Run」執行系統模擬（說明：模擬前請先執行本節的範例程式 im_params.m，載入馬達參數），模擬完成後，雙擊 wrm_rpm 示波器方塊並放大暫態響應，可以看到如圖 3-1-23 的轉速步階響應波形。

STEP 3：

　　如圖 3-1-23 所示，由於內回路頻寬高於外回路 5 倍以上，因此速度步階響應可以相當接近一階系統，且圖 3-1-23 所示的速度步階響應波形相當接近圖 3-1-21 的設計階段的響應波形。

STEP 4：

　　使用速度步階命令是爲了驗證控制系統設計的合理性，在實務上由於硬體規格的限制（驅動器與馬達電壓與電流規格的限制），較少使用速度步階命令

CHAPTER

3

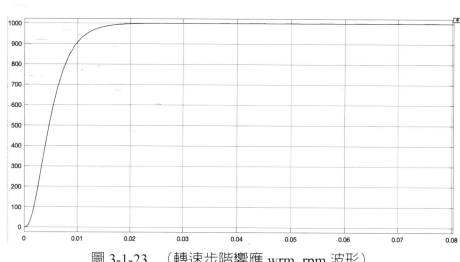

圖 3-1-23　（轉速步階響應 wrm_rpm 波形）

而是使用斜坡命令或是 S 曲線命令來驅動馬達，因此請使用 Signal Builder 方塊取代步階命令，並使用它來產生一個斜坡速度命令（說明：1 秒內從 0 線性增加一到 1000rpm，到達 1000rpm 後，則保持 1000rpm），如圖 3-1-24 所示，並將模擬的負載轉矩 T_L 設為 8（Nm），設置完成後如圖 3-1-25 所示。

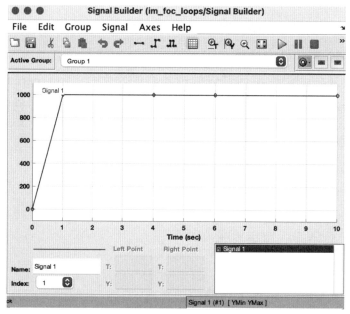

圖 3-1-24　（範例程式：im_foc_loops.slx）

Tips：

某些馬達控制系統會在速度回授路徑增加單位轉換，如 rad/s 轉換為 rpm，但這樣會改變回授增益值，讓回路整體增益改變，同時改變系統頻寬，需要特別留意。

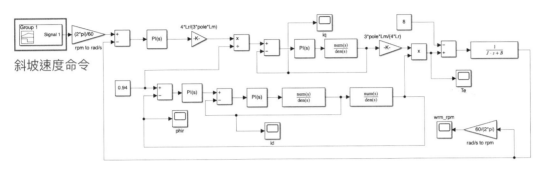

斜坡速度命令

圖 3-1-25

STEP 5：

　　將圖 3-1-25 的系統方塊設置完成後，將模擬時間設成 2 秒，按下「Run」執行系統模擬，模擬完成後，雙擊 wrm_rpm 示波器方塊，可以看到如圖 3-1-26 的速度波形。

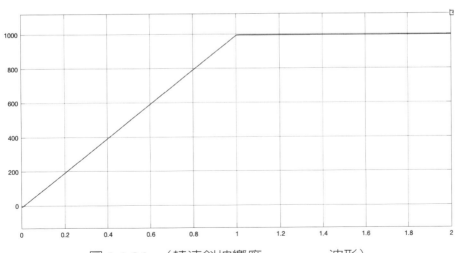

圖 3-1-26　（轉速斜坡響應 wrm_rpm 波形）

CHAPTER

3

> **說明：**
> 在初始的一小段時間內的轉速響應波形的暫態現象是由於 PI 控制器需要時間產生系統所需的轉矩量所致。

STEP 6：

從圖 3-1-26 的波形可以看到，在加入負載的情況下，速度響應的命令跟隨性仍相當好，各位可以試著修改 Signal Builder 的速度命令曲線來測試系統在不同命令下的跟隨性能。

STEP 7：

以下分別列出定子 d 軸電流 i_{ds}^e、定子 q 軸電流 i_{qs}^e、轉子磁通鏈 Φ_r 與電磁轉矩 T_e 波形。

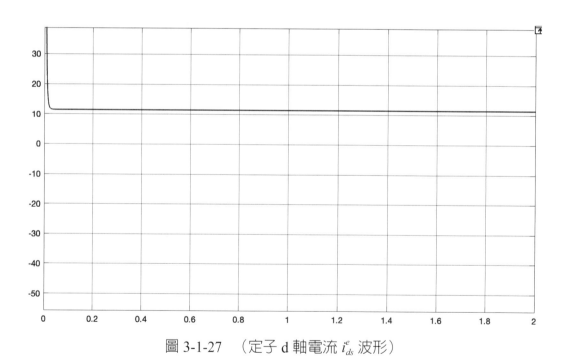

圖 3-1-27　（定子 d 軸電流 i_{ds}^e 波形）

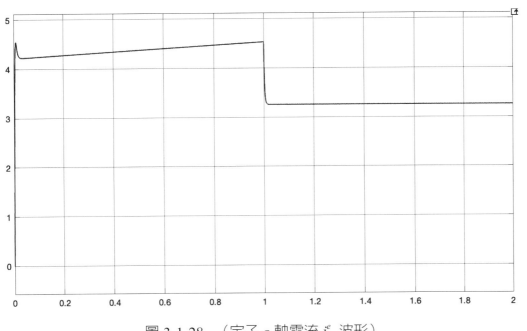

圖 3-1-28　（定子 q 軸電流 i_{qs}^e 波形）

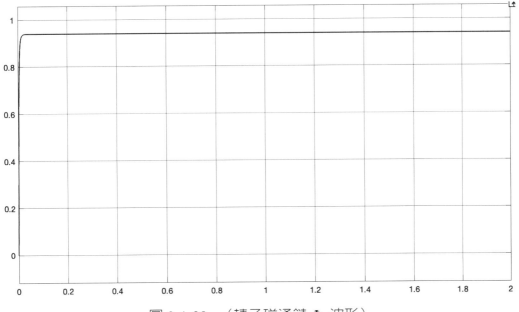

圖 3-1-29　（轉子磁通鏈 Φ_r 波形）

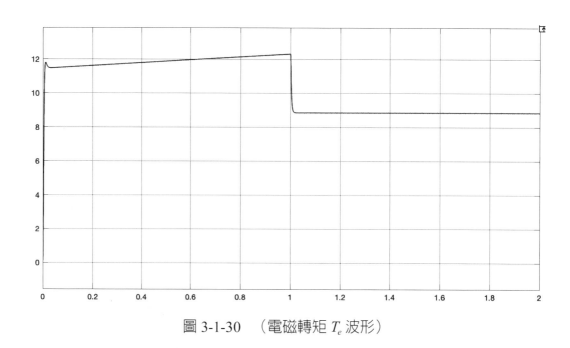

圖 3-1-30　（電磁轉矩 T_e 波形）

　　有興趣的讀者，可以使用 SIMULINK 的示波器元件一一檢視系統各個部分的訊號波形，由於本書篇幅有限，就不一一列舉。以上我們已經成功完成了三相感應馬達控制回路轉移函數的模擬，但由於圖 3-1-25 的系統並無考慮馬達受控廠的 d 軸與 q 軸電流的非線性耦合項，因此無法完全貼近真實的感應馬達系統，因此，接下來我們將使用 2.5 節所建立的完整感應馬達模型（有加入 d 軸與 q 軸電流非線性耦合項）與座標轉換 Subsystem 方塊，來模擬更貼近真實的三相感應馬達磁場導向控制系統。

■ 感應馬達磁場導向控制系統模擬

STEP 1：

　　請加入 2.5 節所建立的感應馬達模型與 Park 座標轉換方塊，將圖 3-1-25 的內容修改成如圖 3-1-31 所示的系統方塊圖 [1, 4-6]。

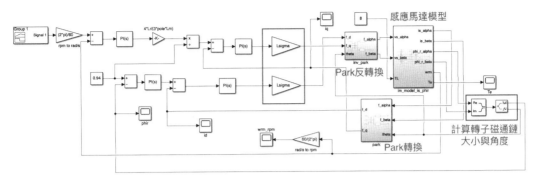

圖 3-1-31　（範例程式：im_foc_models.slx）

　　如圖 3-1-31 的系統方塊所示，我們加入了 2.5 節所建立的二軸靜止（α-β）座標下的三相感應馬達模型、Park 轉換與 Park 反轉換，控制回路的大部分內容都與圖 3-1-25 相同，但需注意以下幾點：

➤ 本模擬系統使用完整的三相感應馬達模型，其已包括了 d 軸與 q 軸電流回路的非線性耦合項，因此模擬結果能更貼近真實感應馬達向量控制系統。

➤ d 軸與 q 軸電流控制器的輸出為 $V_{ds}^e{}'(s)$ 與 $V_{qs}^e{}'(s)$（說明：見 3.1.18 與 3.1.23 式），但馬達模型的輸入為 $V_{ds}^e(s)$ 與 $V_{qs}^e(s)$，二者的關係為：

$$V_{ds}^e(s) = V_{ds}^e{}'(s) \times L_\sigma$$
$$V_{qs}^e(s) = V_{qs}^e{}'(s) \times L_\sigma$$

因此在電流 PI 控制器的輸出乘上增益 L_σ。

➤ 在圖 3-1-31 的系統中，為了模擬方便，我們直接使用馬達模型所輸出的轉子磁通，並直接計算它的大小與角度，作為磁通回授與 Park 座標轉換之用，但現實上，我們很難直接量測感應馬達轉子磁通鏈，一般來說需要設計轉子磁通估測器來對轉子磁通鏈進行估測，具體的轉子磁通估測器設計方式請參考 3.1.3 節的內容。

➤ 在圖 3-1-31 的系統中，我們直接使用了馬達模型所輸出的轉速當作速度回授訊號，這也代表模擬中我們使用了速度感測器來回授馬達的實際轉速，但在實務上，有許多應用場合，並不適合安裝速度感測器，或者是純粹為了節省成本而省去速度感測器，在這些場合，我們需要設計速度估測器來

估測馬達轉速，筆者在 5.1.1 節將會介紹感應馬達速度估測器的設計方法。

> **Tips：**
> 實務上由於馬達驅動器的電流輸出能力有限，為了保護馬達驅動器，會在轉速控制器的輸出加入轉矩限制，轉矩限制準位視馬達驅動器的電流輸出能力而定，一般為 ±2～3 倍的馬達額定轉矩。

STEP 2：

　　將圖 3-1-31 的系統方塊建立完成後，將模擬時間設成 2 秒，按下「Run」執行系統模擬（說明：模擬前請先執行 im_params.m，載入馬達參數），以下分別列出轉速 ω_{rm}、定子 d 軸電流 i_{ds}^e、定子 q 軸電流 i_{qs}^e、轉子磁通鏈 Φ_r 與電磁轉矩 T_e 波形。

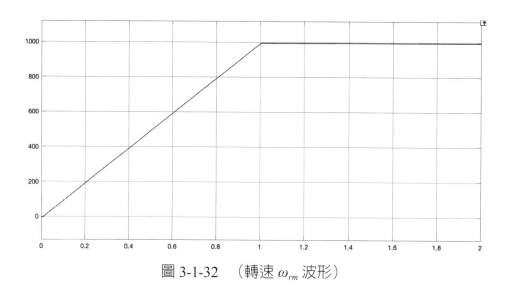

圖 3-1-32　（轉速 ω_{rm} 波形）

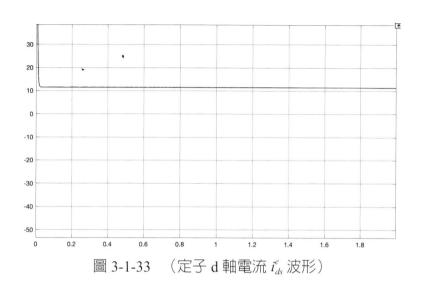

圖 3-1-33　（定子 d 軸電流 i_{ds}^e 波形）

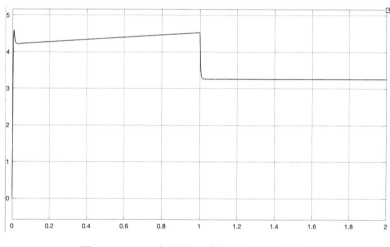

圖 3-1-34　（定子 q 軸電流 i_{qs}^e 波形）

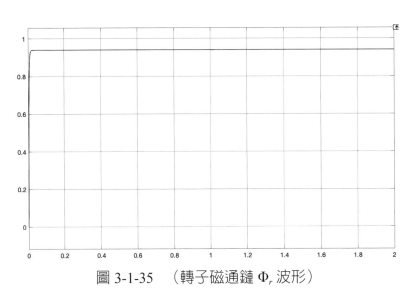

圖 3-1-35 　（轉子磁通鏈 Φ_r 波形）

圖 3-1-36 　（電磁轉矩 T_e 波形）

綜合本節內容，結論如下：

➤ 各位可以使用本書的設計方法來設計感應馬達磁場導向控制（FOC）系統的控制回路（i_{ds}^e、i_{qs}^e、Φ_r 與 ω_{rm}）PI 控制器參數，若想要提升某個控制回路的反應速度（頻寬），可以調高該回路的控制器增益值，但需要一併考慮內外回路頻寬的搭配性，例如，若想要提升速度回路的頻寬，可以調大速度控制器增益值 S_{wrm}，但同時也需要考慮 q 軸電流的頻寬是否需一併調高，確保

內回路的頻寬高於外回路頻寬至少 5 倍以上（說明：將內回路頻寬設計成高於外回路頻寬 5 倍以上的目的，是當設計外回路控制器參數時，可以假設內回路轉移函數的增益為 1，以此簡化設計）。

➤ 增加回路頻寬固然可以增加系統的響應速度，但同時也會放大訊號中的雜訊，這點需特別注意，通常在實務上，若要有效的增加系統頻寬，還需要同步改善電路設計與硬體佈線（Layout），以提升抗雜訊能力，增加訊號的 S/N 比（說明：Signal-to-Noise，訊號雜訊比）。

3.1.2　馬達額定磁通計算

我們在上一節完整模擬了三相感應馬達的向量控制系統，當時在模擬系統中，直接將轉子磁通命令設為 0.94（Wb），在額定轉速下轉子磁通命令值可以直接設成馬達轉子的額定磁通值，在本節中，筆者將教各位如何計算三相感應馬達的轉子額定磁通值 [4, 5]。

STEP 1：

首先，我們需要使用 2.5 節所建立的感應馬達模擬程式（如圖 2-5-13，範例程式：im_model_test1.slx），筆者在圖 2-5-13 的模擬程式加入 Real-Imag to Complex 與 Complex to Magnitude-Angle 二個元件直接計算轉子磁通空間向量的大小，並且使用示波器元件觀測它，如圖 3-1-37。

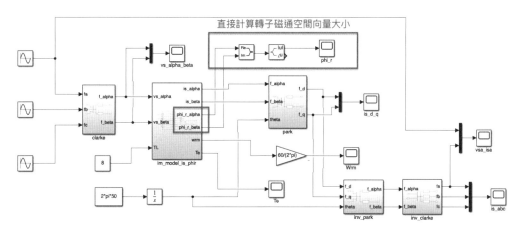

圖 3-1-37　（範例程式：im_model_flux_calculate.slx）

CHAPTER

3

本模擬程式所要模擬的三相感應馬達的額定頻率爲 50Hz，額定電壓爲 220V（有效值），因此將三相輸入電壓設定爲馬達的額定值：

$$v_a(t) = 220 \times 1.414 \times \sin(2 \times \pi \times 50)$$
$$v_b(t) = 220 \times 1.414 \times \sin(2 \times \pi \times 50 - \frac{2\pi}{3})$$
$$v_c(t) = 220 \times 1.414 \times \sin(2 \times \pi \times 50 - \frac{4\pi}{3})$$

STEP 2：

設定完成後，執行本模擬程式，模擬完成後，雙擊 phi_r 示波器元件，可以看到如圖 3-1-38 的波形，轉子磁通鏈的穩態值約爲 0.94（Wb），這個轉子磁通鏈穩態值就是此三相感應馬達的轉子額定磁通鏈。

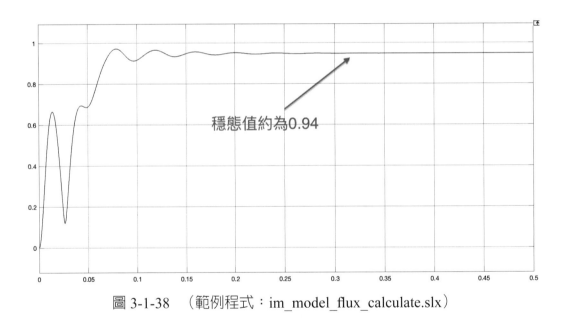

穩態值約為0.94

圖 3-1-38   （範例程式：im_model_flux_calculate.slx）

STEP 3：

接著我們試著模擬不同的馬達額定電壓，假設要模擬的三相感應馬達的額定頻率仍然爲 50Hz，但額定電壓爲 110V（有效值），因此我們將三相輸入電壓設定爲馬達的額定值：

$$v_a(t) = 110 \times 1.414 \times \sin(2 \times \pi \times 50)$$

$$v_b(t) = 110 \times 1.414 \times \sin(2 \times \pi \times 50 - \frac{2\pi}{3})$$

$$v_c(t) = 110 \times 1.414 \times \sin(2 \times \pi \times 50 - \frac{4\pi}{3})$$

STEP 4：

設定完成後，執行本模擬程式，模擬完成後，雙擊 phi_r 示波器元件，可以看到如圖 3-1-39 的波形。轉子磁通鏈的穩態值約為 0.46（Wb）左右。

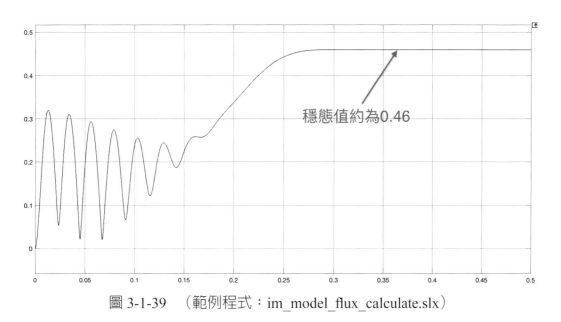

穩態值約為0.46

圖 3-1-39　（範例程式：im_model_flux_calculate.slx）

各位可以發現額定電壓減半也會讓轉子磁通值減半，這是因為馬達的轉子磁通鏈大小與馬達的電壓與頻率有以下關係：

$$\Phi_r = K_\phi \frac{E}{f} \qquad\qquad (3.1.39)$$

其中，E 為馬達的反電動勢空間向量大小，f 為馬達頻率，K_ϕ 為常數。

馬達的反電動勢電壓 E 與馬達的輸入電壓 V 相當接近，二者主要差距為定子電阻壓降，因此，當頻率不變，若馬達輸入電壓減半，則馬達的磁通鏈也

會相對減半。本書將使用額定電壓 220V，額定頻率 50Hz 作爲三相感應馬達的額定值，因此也會使用 0.94（Wb）來作爲額定轉子磁通命令來進行系統模擬。

3.1.3 轉子磁通估測器設計 [7-9]

■ 電流型轉子磁通估測器 [7]

在 3.1.1 節的感應馬達磁場導向控制的系統模擬中，爲了得到轉子磁通鏈的大小與位置回授，我們直使用三相感應馬達模型所輸出的實際轉子磁通值，但實務上，我們很難對實際轉子磁通進行量測與回授，因此，若要得到轉子磁通回授，則必需設計轉子磁通估測器來估測轉子磁通鏈。

STEP 1：

首先，我們可以使用我們已經推導完成的感應馬達模型來完成這個工作，我們將二軸靜止座標下（α-β）的感應馬達的轉子磁通鏈模型〔（2.5.36）與（2.5.37）式〕重寫如下：

$$\frac{d\phi_{r\alpha}}{dt} = K_5\, i_{s\alpha} + K_6\, \phi_{r\alpha} - \omega_r \phi_{r\beta} \qquad （3.1.40）$$

$$\frac{d\phi_{r\beta}}{dt} = K_5\, i_{s\beta} + \omega_r \phi_{r\alpha} + K_6\, \phi_{r\beta} \qquad （3.1.41）$$

其中，$K_5 = \dfrac{R_r L_m}{L_r}$、$K_6 = -\dfrac{R_r}{L_r}$。

STEP 2：

（3.1.40）與（3.1.41）式告訴我們，只要有定子電流（$i_{s\alpha}$ 與 $i_{s\beta}$）與馬達轉速（ω_r），配合馬達參數，就可以利用微分方程式來估測出轉子磁通鏈，因此請開啓一個 SIMULINK Subsystem 檔案，將方塊圖設計如圖 3-1-40。

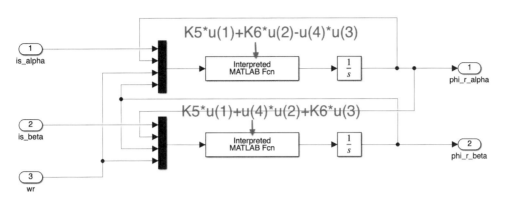

圖 3-1-40　（範例程式：phi_r_observer_current.slx）

STEP 3:

　　建立完成後，選取所有方塊（可以使用 CTRL + A），按滑鼠右鍵並選擇「Create Subsystem from Selection」建立單一 Subsystem 元件，如圖 3-1-41，將其取名為「phi_r_observer_current」後將其存檔，將其檔名加入 current（電流）的意義是此磁通估測器單純使用定子電流進行轉子磁通鏈估測，以下將其稱作「電流型轉子磁通估測器」。

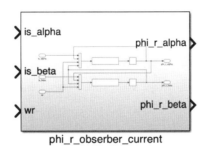

圖 3-1-41　（範例程式：phi_r_observer_current.slx）

STEP 4：

　　建立完成後，將電流型轉子磁通估測器「phi_r_observer_current」元件加入圖 3-1-31 的 SIMULINK 模型中，加入後如圖 3-1-42 所示，紅色框線包圍的部分就是「轉子磁通估測」與「角度計算」的相關元件。

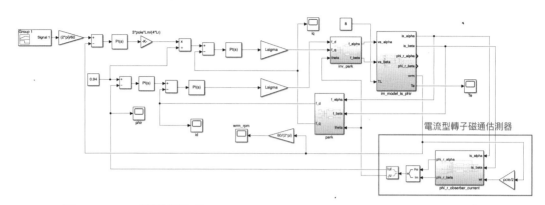

圖 3-1-42　（範例程式：im_foc_models_flux_observer_current.slx）

STEP 5：

　　將圖 3-1-42 的系統方塊建立完成後，將模擬時間設成 2 秒，按下「Run」執行系統模擬（說明：模擬前請先執行本節的範例程式 im_params.m，載入馬達參數），以下分別列出轉速 ω_{rm} 與轉子磁通鏈 Φ_r 波形。

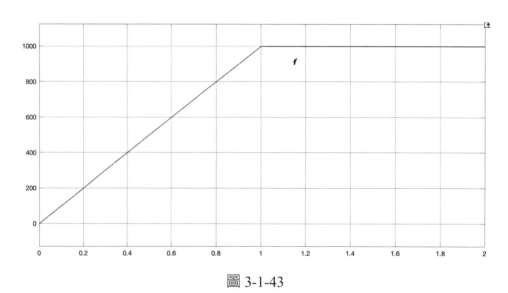

圖 3-1-43

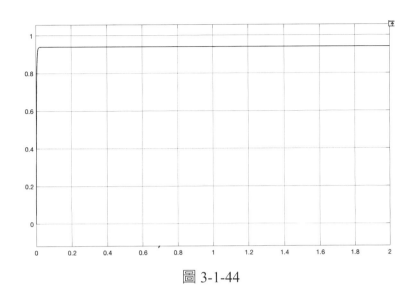

圖 3-1-44

　　從模擬結果可以得知，電流型轉子磁通估測器提供了正確的轉子磁通回授資訊以完成磁通控制回路的計算，同時藉助轉子磁通估測值所計算的磁通角也提供給 Park 元件進行座標轉換，讓整體磁場導向控制系統運作正常。

■ 混合型轉子磁通估測器 [8, 9]

STEP 1：

　　除了「電流型轉子磁通估測器」外，還存在「電壓型轉子磁通估測器」[7]，顧名思義，是使用電壓（也包括電流）來進行轉子磁通鏈的估測，我們將二軸靜止座標下（α-β）的感應馬達模型（2.5.34）～（2.5.37）式進行變數代換後，可以得到：

$$\frac{d\phi_{r\alpha}}{dt} = K_7\, v_{s\alpha} + K_8\, i_{s\alpha} + K_9\, \frac{d\,i_{s\alpha}}{dt} \qquad （3.1.42）$$

$$\frac{d\phi_{r\beta}}{dt} = K_7\, v_{s\beta} + K_8\, i_{s\beta} + K_9\, \frac{d\,i_{s\beta}}{dt} \qquad （3.1.43）$$

其中，$K_7 = \dfrac{L_r}{L_m}$、$K_8 = \dfrac{-L_r R_s}{L_m}$、$K_9 = \dfrac{-\sigma L_r L_s}{L_m}$。

> **說明：**
> 新增的 K_7、K_8、K_9 參數已加入本節的範例程式 im_params.m 檔案。

分別對（3.1.42）與（3.1.43）式的左右進行積分運算，可以得到

$$\phi_{r\alpha} = \int K_7 \, v_{s\alpha} + K_8 \, i_{s\alpha} dt + K_9 \, i_{s\alpha} \qquad (3.1.44)$$

$$\phi_{r\beta} = \int K_7 \, v_{s\beta} + K_8 \, i_{s\beta} dt + K_9 \, i_{s\beta} \qquad (3.1.45)$$

STEP 2：

請開啓一個 SIMULINK Subsystem 檔案，將方塊圖設計如圖 3-1-45。

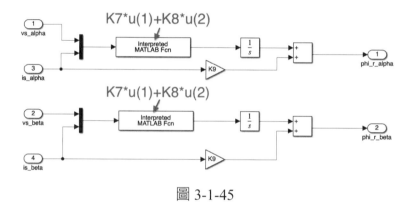

圖 3-1-45

STEP 3：

建立完成後，選取所有方塊（可以使用 CTRL + A），按滑鼠右鍵並選擇「Create Subsystem from Selection」建立單一 Subsystem 元件，如圖 3-1-46，將其取名爲「phi_r_observer_voltage」後將其存檔，將其檔名加入 voltage（電壓）的意義是此磁通估測器會使用定子電壓（也使用電流）進行轉子磁通鏈估測，以下將其稱作「電壓型轉子磁通估測器」。

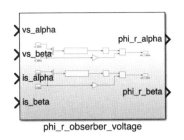

圖 3-1-46

STEP 4：

接下來我們要建立一個混合型的轉子磁通估測器 [8-9]，理由是，不管是電流型還是電壓型，二者都是需要依賴精確的馬達參數值進行磁通估測 [7]，若馬達參數值發生變動，則估測出的磁通值就會產生誤差，一般來說，在低速區，電流型估測器對馬達參數的誤差具有較好的強健性，而在高速區，由於反電動勢足夠大，相較於電流型，電壓型估測器對馬達參數誤差具有更好的強健性，因此我們建立混合型轉子磁通估測器的目的在於結合二者的優勢 [8-9]，建立一個具有參數誤差強健性的轉子磁通估測器，我們可以使用一對一階互補型的高、低通濾波器將二者結合起來，如圖 3-1-47。

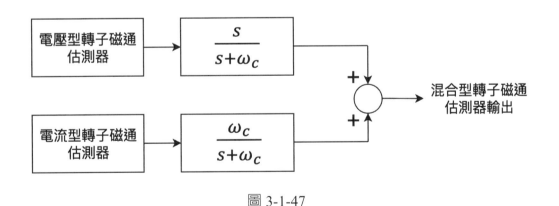

圖 3-1-47

其中，ω_c 為截止頻率，在高速時，高通濾波器 $\dfrac{s}{s+\omega_c}$ 的大小會接近 1，而低通濾波器 $\dfrac{\omega_c}{s+\omega_c}$ 的大小則趨近於零，因此當馬達運轉在高速下，電壓型磁通

估測器會成為主導的磁通估測器；相反的，在低速時，低通濾波器$\frac{\omega_c}{s+\omega_c}$的大小會接近 1，而高通濾波器$\frac{s}{s+\omega_c}$的大小則趨近於零，因此當馬達運轉在低速時，電流型磁通估測器會成為主導的磁通估測器，若在中轉速區，二者的輸出會根據 ω_c 來作調節。

STEP 5：

接下來我們將電壓型與電流型估測器合併，並使用 $\omega_c = 2 \times \pi \times 10 = 62.8$（rad/s）來作為截止頻率值，我們使用數位化的濾波器加入到磁通估測器的輸出端，因此先使用以下 MATLAB 程式將濾波器數位化（取樣時間設為 0.00025 秒）。

MATLAB 範例程式 m3_1_5.m：

```
wc = 2*pi*10;
Ts = 0.00025;
LPF = tf([wc],[1 wc]);
HPF = tf([1 0], [1 wc]);
dLPF = c2d(LPF, Ts)
dHPF = c2d(HPF, Ts)
```

執行本程式，可以得到以下數位高、低通濾波器的 z 轉換結果：

$$高通濾波器的 z 轉換轉移函式 = \frac{z-1}{z-0.9844}$$
$$低通濾波器的 z 轉換轉移函式 = \frac{0.01559}{z-0.9844}$$

STEP 6：

接下來我們將高通濾波器的 z 轉換轉移函式加入圖 3-1-45 的電壓型轉子磁通估測器，如圖 3-1-48。

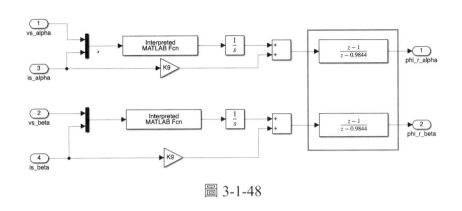

圖 3-1-48

STEP 7：

接著，再將低通濾波器的 z 轉換轉移函式加入圖 3-1-40 的電流型轉子磁通估測器，如圖 3-1-49。

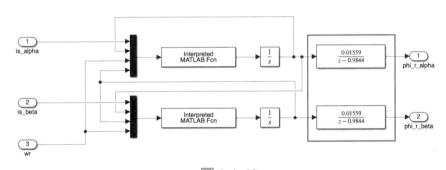

圖 3-1-49

STEP 8：

將電壓型與電流型估測器修改完成後，將二者加入圖 3-1-31 的 SIMU-LINK 模型中，加入後，如圖 3-1-50，紅色框線包圍的部分就是「混合型轉子磁通估測器」。

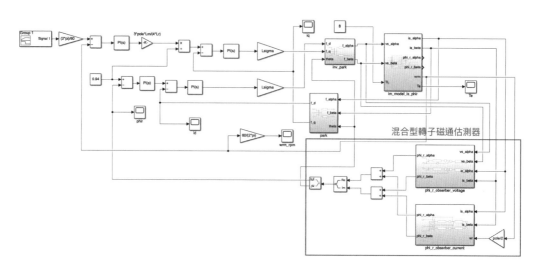

圖 3-1-50　（範例程式：im_foc_models_flux_observer_hybrid.slx）

STEP 9：

將圖 3-1-50 的系統方塊建立完成後，將模擬時間設成 2 秒，按下「Run」執行系統模擬（說明：模擬前請先執行本節的範例程式 im_params.m，載入馬達參數），以下分別列出轉速 ω_{rm} 與轉子磁通鏈 Φ_r 波形。

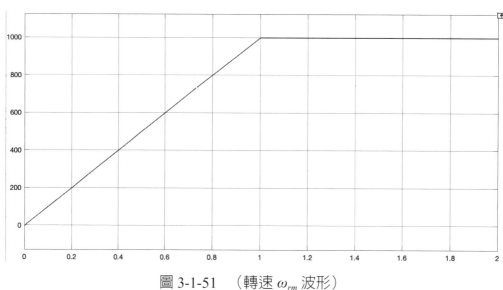

圖 3-1-51　（轉速 ω_{rm} 波形）

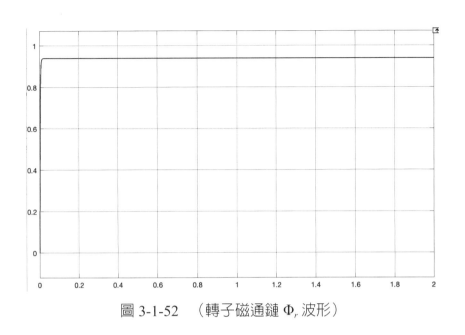

圖 3-1-52　（轉子磁通鏈 Φ_r 波形）

說明：

不管是電流型、電壓型或是混合型轉子磁通估測器，它們本質上都是開回路估測器，並且需要精確的馬達參數，因此對參數的變動較為敏感，並且由於它們需要精確的轉速資訊，因此較適合於有轉速回授裝置的感應馬達向量控制系統。

3.1.4　控制回路數位化

到此，我們已經完成了三相感應馬達磁場導向控制系統設計，其中包含了四個控制回路（i_{ds}^e、i_{qs}^e、Φ_r 與 ω_{rm}）的 PI 控制器參數與轉子磁通估測器模型（電流型與混合型），在實務上，控制回路與轉子磁通估測器皆需由微處理器來實現，因此接下來我們將使用 MATLAB 依序將各個控制回路之 PI 控制器數位化，以便模擬數位控制器應用在實際感應馬達向量控制系統的性能表現。

CHAPTER

3

說明：

控制回路的頻寬和取樣頻率之間的關係可以從奈奎斯特定理（Nyquist-Shan-non sampling theorem）來理解。奈奎斯特定理是信號處理領域的一個基本原則，它指出爲了能夠完全重建原始信號，取樣頻率（以 Hz 爲單位）需要至少是原始信號中最高頻率成分的兩倍。

當輸入訊號頻率大於取樣頻率的一半時，取樣點將不足以表示輸入訊號，此時將會發生混疊（Aliasing）現象，此時觀測到的訊號並不是輸入的高頻訊號，而是某個低頻的混疊訊號。

在控制系統中，頻寬通常表示系統可以有效控制的信號頻率範圍。例如，一個具有寬頻寬的控制系統可以快速響應並跟蹤高頻變化。在實際應用中，控制器的頻寬受到取樣頻率的限制，因爲控制器需要對輸入信號進行取樣以生成控制命令。

根據奈奎斯特定理，爲了確保控制回路能夠正確跟蹤並控制系統，取樣頻率應至少是控制回路頻寬的兩倍。然而，在實際應用中，通常建議將取樣頻率設置爲控制回路頻寬的 5 倍到 10 倍甚至更高，爲了提高控制性能和信號重建品質。

■ d 軸電流控制器數位化

我們在 3.1.1 節最終完成的 d 軸電流 PI 控制器如下：

$$d\ 軸電流\ PI\ 控制器 = K_{P\_id\_final} + \frac{K_{I\_id\_final}}{s}$$

其中，$K_{P\_id\_final} = 3140$，$K_{I\_id\_final} = 730232$

以上的 d 軸電流 PI 控制器參數可使 d 軸電流回路頻寬達到 3140（rad/s），而 3140（rad/s）所對應的頻率爲 500（Hz），在此使用 0.00025 秒的取樣時間（說明：即 4kHz 的取樣頻率，4kHz/500Hz=8 倍，應可滿足控制精度），即 $T_s = 0.00025$，可以使用以下 MATLAB 程式將 d 軸電流 PI 控制器數位化。

MATLAB 範例程式 m3_1_6.m：

```
Ts = 0.00025;
id_PID = tf([3140 730232],[1 0]);
digital_id_PID = c2d(id_PID, Ts)
```

執行完程式後，可以得到數位化的 d 軸電流 PI 控制器如下

$$數位 d 軸電流 PI 控制器 = \frac{3140z - 2957}{z - 1} \quad （3.1.46）$$

■q 軸電流控制器數位化

我們在 3.1.1 節最終完成的 q 軸電流 PI 控制器如下：

$$q 軸電流 PI 控制器 = K_{P\_iq\_final} + \frac{K_{I\_iq\_final}}{s}$$

其中，$K_{P\_id\_final} = 3140$，$K_{I\_id\_final} = 424324$。

以上的 q 軸電流 PI 控制器參數可使 q 軸電流回路頻寬達到 3140（rad/s），而 3140（rad/s）所對應的頻率為 500（Hz），在此使用 0.00025 秒的取樣時間（說明：即 4kHz 的取樣頻率，4kHz/500Hz=8 倍，應可滿足控制精度），即 $T_s = 0.00025$，可以使用以下 MATLAB 程式將 q 軸電流 PI 控制器數位化。

MATLAB 範例程式 m3_1_7.m：

```
Ts = 0.00025;
iq_PID = tf([3140 424324],[1 0]);
digital_iq_PID = c2d(iq_PID, Ts)
```

執行完程式後，可以得到數位化的 q 軸電流 PI 控制器如下

$$數位 q 軸電流 PI 控制器 = \frac{3140z - 3034}{z - 1} \quad （3.1.47）$$

■轉子磁通控制器數位化

　　我們在 3.1.1 節最終完成的轉子磁通 PI 控制器如下：

$$轉子磁通\ PI\ 控制器 = K_{P\_phir\_final} + \frac{K_{I\_phir\_final}}{s}$$

其中，$K_{P\_phir\_final}$ = 542，$K_{I\_phir\_final}$ = 3829。

　　以上的轉子磁通 PI 控制器參數可使轉子磁通回路頻寬達到 314（rad/s），而 314（rad/s）所對應的頻率為 50（Hz），在此使用 0.001 秒的取樣時間（說明：即 1kHz 的取樣頻率，1kHz/50Hz=20 倍，應可滿足控制精度），即 T_s = 0.001，可以使用以下 MATLAB 程式將轉子磁通 PI 控制器數位化。

MATLAB 範例程式 m3_1_8.m：
```
Ts = 0.001;
phir_PID = tf([542 3829],[1 0]);
digital_phir_PID = c2d(phir_PID, Ts)
```

　　執行完程式後，可以得到數位化的轉子磁通 PI 控制器如下

$$數位轉子磁通\ PI\ 控制器 = \frac{542z\text{-}538.2}{z-1} \tag{3.1.48}$$

■速度控制器數位化

　　我們在 3.1.1 節最終完成的速度 PI 控制器如下：

$$速度\ PI\ 控制器 = K_{P\_wrm\_final} + \frac{K_{I\_wrm\_final}}{s}$$

其中，$K_{P\_wrn\_final}$ = 10.36，$K_{I\_wrn\_final}$ = 2.59。

　　以上的速度 PI 控制器參數可使速度回路頻寬達到 314（rad/s），而 314

（rad/s）所對應的頻率為 50（Hz），在此使用 0.001 秒的取樣時間（說明：即 1kHz 的取樣頻率，1kHz/50Hz=20 倍，應可滿足控制精度），即 T_s = 0.001，可以使用以下 MATLAB 程式將速度 PI 控制器數位化。

MATLAB 範例程式 m3_1_9.m：
```
Ts = 0.001;
wrm_PID = tf([10.36 2.59],[1 0]);
digital_wrm_PID = c2d(wrm_PID, Ts)
```

執行完程式後，可以得到數位化的速度 PI 控制器如下

$$數位速度\ PI\ 控制器 = \frac{10.36z - 10.36}{z - 1} \tag{3.1.49}$$

■ 數位化感應馬達磁場導向控制系統模擬

請將圖 3-1-44 的感應馬達磁場導向模擬系統中所使用的 PI 控制器更換成對應的數位控制器（3.1.46）～（3.1.49）式，如圖 3-1-53。

請特別注意：
請特別注意：除了將 z 轉換轉移函數的分子與分母輸入外，還需將每個離散時間控制器方塊的「Sample time」屬性設為該控制器所需的取樣時間。

將圖 3-1-53 的系統方塊建立完成後，將模擬時間設成 2 秒，按下「Run」執行系統模擬（說明：模擬前請先執行本節的範例程式 im_params.m，載入馬達參數），以下分別列出轉速 ω_{rm}、定子 d 軸電流 i_{ds}^e、定子 q 軸電流 i_{qs}^e、轉子磁通鏈 Φ_r 與電磁轉矩 T_e 波形。

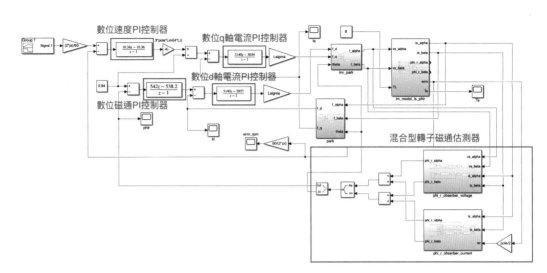

圖 3-1-53 （範例程式：im_foc_models_digital.slx）

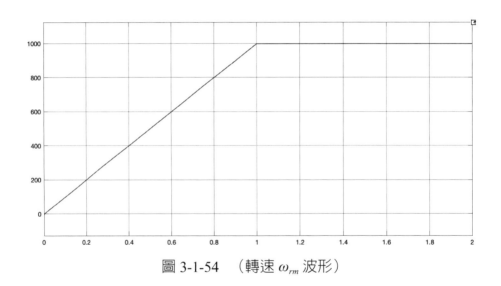

圖 3-1-54 （轉速 ω_{rm} 波形）

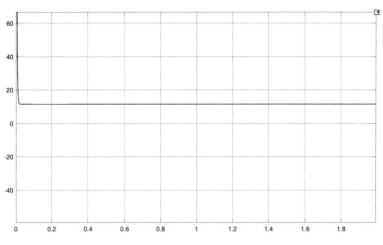

圖 3-1-55　（定子 d 軸電流 i_{ds}^e 波形）

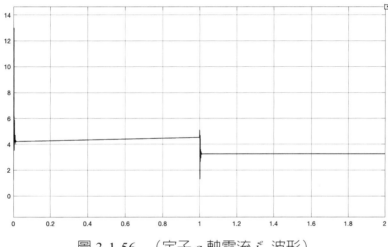

圖 3-1-56　（定子 q 軸電流 i_{qs}^e 波形）

CHAPTER

3

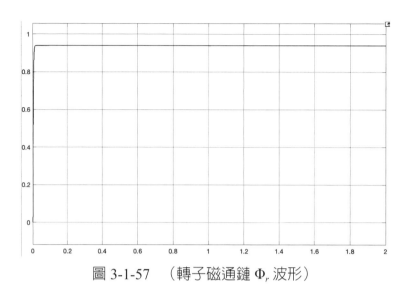

圖 3-1-57 （轉子磁通鏈 Φ_r 波形）

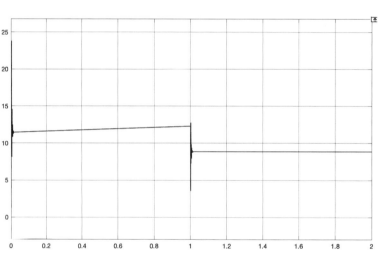

圖 3-1-58（電磁轉矩 T_e 波形）

說明：

一般來說，數位控制器在確認性能後，會需要將控制器的 z 轉換轉移函式轉換成差分方程式（difference equation），再依據差分方程式編寫程式，最後再燒入微控制器中[10]。

3.1.5　考慮電流非線性耦合項的系統模擬

在磁場導向控制中，由於定子電流和轉子磁場之間的相互作用，會產生非線性耦合效應。這些非線性耦合項在感應馬達的數學模型中表現為交叉項，例如，定子電流與轉子速度的乘積項。在實際控制過程中，這些非線性耦合項會影響電流回路的控制性能。

為了解決這一問題，需要在磁場導向控制中對非線性耦合項進行補償。通常，可以使用解耦控制策略來實現此目的。解耦控制是一種通過添加補償項來抵消非線性耦合效應的控制方法，使得磁通電流和扭矩電流之間的相互影響降到最低，從而提高控制性能，以下將對感應馬達 d、q 軸電流回路的非線性耦合項進行解耦控制補償。

■ 考慮 d 軸電流回路非線性耦合項

若考慮圖 3-1-1 中的 d 軸電流微分方程式的非線性耦合項，則 d 軸電流微分方程式為：

$$\frac{di_{ds}^e}{dt} = \left(-\frac{R_s}{L_\sigma} - \frac{1-\sigma}{\sigma\tau_r} \right) i_{ds}^e + \omega_e\, i_{qs}^e + \frac{1-\sigma}{\sigma\tau_r L_m}\Phi_r + v_{ds}^e{}' \qquad (3.1.50)$$

其中，$v_{ds}^e{}' = \dfrac{v_{ds}^e}{L_\sigma}$，$v_{ds}^e{}'$ 為 d 軸 PI 控制器的輸出，$\omega_e\, i_{qs}^e + \dfrac{1-\sigma}{\sigma\tau_r L_m}\Phi_r$ 為 d 軸電流的非線性耦合項，利用前饋補償的技巧，我們將其加入到 PI 控制器的輸出 [1, 4]，形成一個新的 d 軸電壓命令 $v_{ds}^e{}^*$

$$v_{ds}^e{}^* = L_\sigma\left[v_{ds}^e{}' - \left(\omega_e\, i_{qs}^e + \frac{1-\sigma}{\sigma\tau_r L_m}\Phi_r \right) \right] \qquad (3.1.51)$$

將（3.1.51）式代入（3.1.50）式中的 v_{ds}^e，可以順利抵消掉原 d 軸電流微分方程式中的非線性耦合項，形成（3.1.48）式的線性微分方程式

$$\frac{di_{ds}^e}{dt} = \left(-\frac{R_s}{L_\sigma} - \frac{1-\sigma}{\sigma\tau_r} \right) i_{ds}^e + v_{ds}^e{}' \qquad (3.1.52)$$

　　利用前饋補償的技巧可以將非線性耦合項直接加到電流 PI 控制器的輸出形成電壓命令，順利抵消掉交流馬達內所含有的非線性耦合項，而不是等馬達的非線性耦合項影響輸出電流後，再讓電流回路來消除輸出電流的變化，由於功率轉換器的響應速度快於電流回路，因此利用前饋補償，可以讓控制回路的響應速度與控制線性度得到實質的提升。

■ 考慮 q 軸電流回路非線性耦合項

　　同樣的，考慮圖 3-1-1 中的 q 軸電流微分方程式的非線性耦合項，則 q 軸電流微分方程式為：

$$\frac{di_{qs}^e}{dt} = -\frac{R_s}{L_\sigma}\,i_{qs}^e - \omega_e\,i_{ds}^e - \frac{(1-\sigma)}{\sigma L_m}\omega_e\Phi_r + v_{qs}^e{}' \qquad (3.1.53)$$

其中，$v_{qs}^e{}' = \dfrac{v_{qs}^e}{L_\sigma}$，$v_{qs}^e{}'$ 為 q 軸 PI 控制器的輸出，$-\omega_e i_{ds}^e - \dfrac{(1-\sigma)}{\sigma L_m}\omega_e\Phi_r$ 為 q 軸電流的非線性耦合項，利用前饋補償的技巧，我們將其加入到 PI 控制器的輸出[1, 4]，形成一個新的 q 軸電壓命令 $v_{qs}^e{}^*$

$$v_{qs}^e{}^* = L_\sigma\left[v_{qs}^e{}' + \omega_e\,i_{ds}^e + \frac{(1-\sigma)}{\sigma L_m}\omega_e\Phi_r\right] \qquad (3.1.54)$$

將（3.1.54）式代入（3.1.53）式中的 v_{qs}^e，可以順利抵消掉原 q 軸電流微分方程式中的非線性耦合項，形成（3.1.55）式的線性微分方程式

$$\frac{di_{qs}^e}{dt} = -\frac{R_s}{L_\sigma}\,i_{qs}^e + v_{qs}^e{}' \qquad (3.1.55)$$

　　利用前饋補償的技巧可以將非線性耦合項直接加到電流 PI 控制器的輸出形成電壓命令，順利抵消掉交流馬達內所含有的非線性耦合項，而不是等馬達的非線性耦合項影響輸出電流後，再讓電流回路來消除輸出電流的變化，由於功率轉換器的響應速度快於電流回路，因此利用前饋補償，可以讓控制回路的響應速度與控制線性度得到實質的提升。

■ 考慮 d、q 軸電流非線性耦合項的磁場導向控制系統模擬

STEP 1：

接下來我們需要將（3.1.51）與（3.1.54）式中的前饋補償量加入到圖 3-1-31 的感應馬達磁場導向控制系統中，由於計算（3.1.51）與（3.1.54）式的非線性耦合項需要同步轉速 ω_e，但在模擬系統中，並無同步轉速 ω_e 的資訊，要如何克服這個問題呢？我們可以使用轉子間接磁場導向的滑差公式 [2, 4]

$$\omega_{slip} = \frac{R_r \tilde{\iota}_{qs}^e}{L_r \tilde{\iota}_{ds}^e} \qquad (3.1.56)$$

其中，$\tilde{\iota}_{qs}^e$ 與 $\tilde{\iota}_{ds}^e$ 代表 q 軸與 d 軸電流的穩態值。

同步轉速 ω_e 可以表示成

$$\omega_e = \omega_r + \omega_{slip} \qquad (3.1.57)$$

其中，感應馬達模型可以提供 ω_r 的資訊，因此我們只需要計算滑差頻率 ω_{slip} 即可得到同步轉速 ω_e。

接下來，請使用 SIMULINK 建立如圖 3-1-59 的 Subsystem 模型。

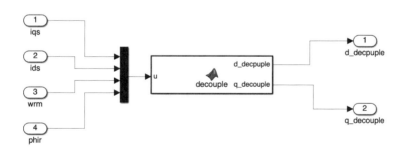

圖 3-1-59　（範例程式：im_foc_decouple.slx）

並將以下程式碼輸入至 Matlab Function 方塊 decouple 中

Matlab Function 方塊 decouple 程式：

```
function [d_decpuple, q_decouple] = decouple(u)
    Rr = 0.6;
    Lr = 0.085;
    Ls = 0.085;
    Lm = 0.082;
    sigma = 1 - Lm^2/(Ls*Lr);
    Tr = Lr/Rr;
    pole = 4;
    wslip = (u(1)*Rr)/(u(2)*Lr+1e-8); % 加入 1e-8 是爲了防止分母爲 0
    we = wslip + u(3)*pole/2;
    d_decpuple = we*u(1) + (1-sigma)/(sigma*Lm*Tr)*u(4);
    q_decouple = we*u(2) + (1-sigma)/(sigma*Lm)*we*u(4);
```

　　建立完成後，選取所有方塊（可以使用 CTRL + A），按滑鼠右鍵並選擇「Create Subsystem from Selection」，即可建立單一 Subsystem 元件，如圖 3-1-60 所示，將其取名爲「im_foc_decouple」後將其存檔。

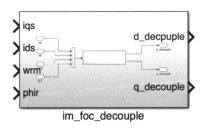

圖 3-1-60　（範例程式：im_foc_decouple.slx）

STEP 2：

　　將建立好的「im_foc_decouple」Subsystem 加入至圖 3-1-31 的感應馬達磁場導向控制系統中，如圖 3-1-61。

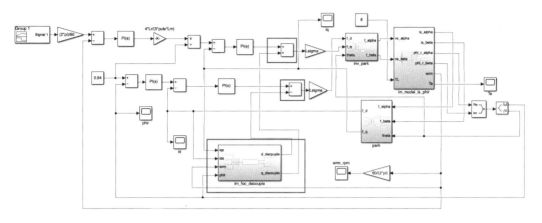

圖 3-1-61　　（範例程式：im_foc_models_decouple.slx）

STEP 3：

　　將圖 3-1-61 的系統方塊建立完成後，將模擬時間設成 2 秒，按下「Run」執行系統模擬（說明：模擬前請先執行 im_params.m，載入馬達參數），以下分別列出轉速 ω_{rm}、定子 d 軸電流 i_{ds}^e、定子 q 軸電流 i_{qs}^e、轉子磁通鏈 Φ_r 與電磁轉矩 T_e 波形。

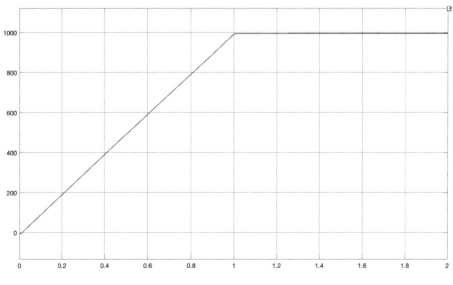

圖 3-1-62　　（轉速 ω_{rm} 波形）

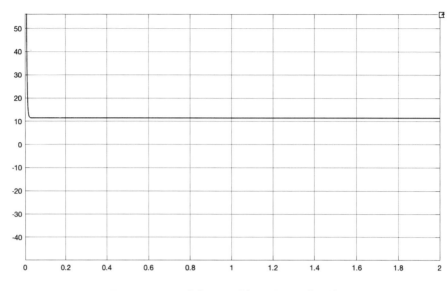

圖 3-1-63　（定子 d 軸電流 i_{ds}^e 波形）

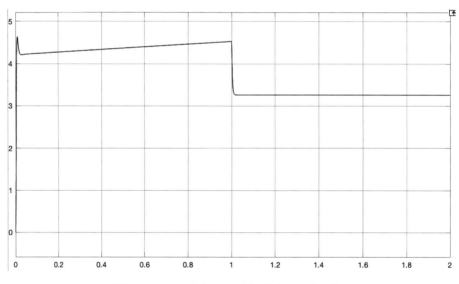

圖 3-1-64　（定子 q 軸電流 i_{qs}^e 波形）

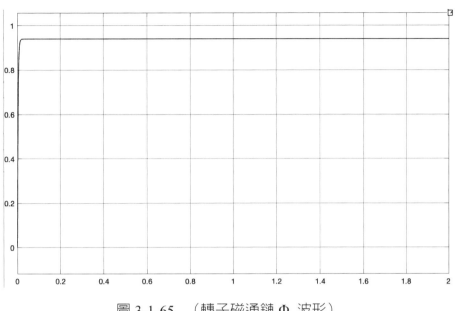

圖 3-1-65　（轉子磁通鏈 Φ_r 波形）

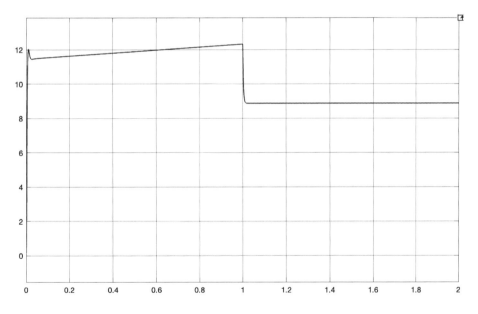

圖 3-1-66　（電磁轉矩 T_e 波形）

3.2 永磁同步馬達磁場導向控制

磁場導向控制（Field-oriented Control）方法可以很有效的將三相感應馬達的轉矩跟磁場幾近於完美的解耦合，達到如同分激式直流馬達的控制效果，這點在上一節感應馬達磁場導向控制法則的推導與模擬中已經完整的體現了，對於同為交流馬達的三相永磁同步馬達來說，磁場導向控制法依然適用，某種程度來說，三相永磁同步馬達與三相鼠籠式感應馬達，二者的定子結構幾乎完全相同，主要差別在於轉子結構，鼠籠式感應馬達的轉子結構是鼠籠形導體，能感應來自定子的磁場而產生感應電壓與電流，由於感應馬達的轉子需要感應電壓來產生電流，因此轉子轉速必須低於同步轉速，因此滑差必須存在；而永磁同步馬達的轉子結構是永久磁鐵，由於轉子不需要感應電壓，因此不需要滑差，轉子轉速等於同步轉速。

讓我們重新檢視一下在第二章所建立的二軸轉子旋轉座標下的三相內嵌式永磁同步馬達（IPMSM）模型：

$$v_{ds}^r = R_s\, i_{ds}^r + L_d\frac{di_{ds}^r}{dt} - \omega_r\, L_q\, i_{qs}^r \qquad (3.2.1)$$

$$v_{qs}^r = R_s\, i_{qs}^r + L_q\frac{di_{qs}^r}{dt} + \omega_r\,(L_d\, i_{ds}^r + \lambda_f) \qquad (3.2.2)$$

其中，$L_q\, i_{qs}^r = \lambda_{qs}^r$ 為定子的 q 軸磁通鏈，$L_d\, i_{ds}^r + \lambda_f$ 則為定子的 d 軸磁通鏈。內嵌式永磁同步馬達（IPMSM）的轉矩方程式可以表示成：

$$T_e = \frac{3}{2}\frac{P}{2}\left[\lambda_f\, i_{qs}^r + (L_d - L_q)\, i_{ds}^r\, i_{qs}^r\right] \qquad (3.2.3)$$

對永磁同步馬達而言，使用二軸轉子旋轉座標的意義是：**在任何時刻都需要知道永磁同步馬達轉子的位置，並將二軸同步旋轉座標的 d^e 軸對齊轉子，並與其同步旋轉**，則內嵌式永磁同步馬達（IPMSM）的數學模型將可以轉換成（3.2.1）～（3.2.3）式的數學模型。

從（3.2.3）式可知，假設若將定子 d 軸電流 i_{ds}^r 控制為零，磁阻轉矩項

$(L_d - L_q)i_{ds}^r i_{qs}^r$ 也會為零，定子的 d 軸磁通鏈只剩下 λ_f，λ_f 是轉子磁場在定子繞組所產生的磁通鏈（見 2.6.2 式），為一常數，轉矩將會與定子 q 軸電流 i_{qs}^r 成正比，因此就達成磁場與轉矩解耦合的目標。

我們可以將（3.2.1）與（3.2.2）式整理成

$$\frac{di_{ds}^r}{dt} = -\frac{R_s}{L_d} i_{ds}^r + \omega_r \frac{L_q}{L_d} i_{qs}^r + \frac{v_{ds}^r}{L_d} \qquad (3.2.4)$$

$$\frac{di_{qs}^r}{dt} = -\frac{R_s}{L_q} i_{qs}^r - \omega_r \frac{(L_d i_{ds}^r + \lambda_f)}{L_q} + \frac{v_{qs}^r}{L_d} \qquad (3.2.5)$$

說明：
在二軸轉子旋轉座標下的狀態變數，如定子電流與定子電壓的穩態值皆為直流量，但暫態值並不是，因此為了考慮磁場導向的暫態控制性能，必須保留狀態變數的微分項。

（3.2.3）～（3.2.5）式與馬達機械方程式（2.5.38）告訴我們，若要有效控制三相永磁同步馬達的轉速，則需要三個控制回路，分別是 d 軸定子電流 i_{ds}^r 控制回路、q 軸定子電流 i_{qs}^r 控制回路、與馬達轉速 ω_{rm} 控制回路。與感應馬達磁場導向控制相比，永磁同步馬達少了一個轉子磁通回路，原因是永磁同步馬達轉子的磁鐵提供穩定的磁場，透過與定子之間的互感，可以產生幾近常數值的磁通鏈 λ_f，只要將永磁同步馬達的 d 軸定子電流 i_{ds}^r 控制為零，馬達轉矩將會與定子 q 軸電流 i_{qs}^r 成正比，完成磁場與轉矩解耦合的目標。

接下來我們將依序設計永磁同步馬達磁場導向控制的各個控制回路（i_{ds}^r、i_{qs}^r 與 ω_{rm}）的控制器參數，設計的原則如下：

➤ 由內而外：先設計內回路，再設計外回路。

➤ 需要讓內回路的頻寬高於外回路頻寬至少 5 倍以上（說明：將內回路頻寬設計成高於外回路頻寬 5 倍以上的目的是，當設計外回路控制器參數時，可以假設內回路轉移函數為 1，以簡化設計）。

➤ 以下使用的永磁同步馬達參數如表 3-2-1（與第二章相同），對應的 MAT-LAB 程式為本節範例程式 pm_params.m。

表 3-2-1　永磁同步馬達參數

馬達參數	值
定子電阻Rs	1.2（Ω）
定子d軸電感Ld	0.0057（H）
定子q軸電感Lq	0.0125（H）
磁通鏈 λ_f	0.123（Wb）
馬達極數pole	4
轉動慣量J	0.0002（N・m・sec^2/rad）
摩擦系數B	0.0005（N・m・sec/rad）

MATLAB m-file 範例程式 pm_params.m：

```
Rs = 1.2;
Ld = 0.0057;
Lq = 0.0125;
Lamda_f = 0.123;
pole = 4;
J = 0.0002;
B = 0.0005;
```

3.2.1　控制回路設計

■ 設計 d 軸電流 PI 控制器

　　一般來說，控制回路設計的順序是由內而外，若要建構完整的永磁同步馬達磁場導向控制系統，首先需建立 d^r 與 q^r 軸電流控制回路，我們檢視（3.2.4）與（3.2.5）式，發現定子 d^r 與 q^r 軸電流的微分方程式存在非線性耦合項，如圖 3-2-1。

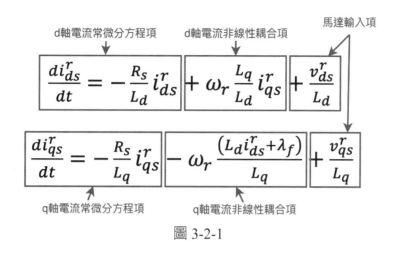

圖 3-2-1

在永磁同步馬達（PMSM）的磁場導向控制中，電流回路的控制目標是將定子電流分解為磁通電流和轉矩電流兩個分量，使得馬達的控制性能更接近直流馬達。然而，永磁同步馬達（PMSM）的數學模型中存在非線性耦合項，例如定子電流與轉子速度的乘積項。這些非線性耦合項會對電流回路的控制性能產生影響，理論上，d 軸與 q 軸的非線性耦合項是需要考慮的，但在實務上，由於我們使用二個 PI 控制器來分別控制定子的 d 軸與 q 軸電流，而 PI 控制器能夠一定程度的補償這二個非線性項，在此先將其忽略。

> **說明：**
> 實務上若對非線性耦合項進行補償，將可以達到更好的電流響應性能 [1, 6]，想了解如何對永磁同步馬達非線性耦合項進行補償，可以參考 3.2.3 節的內容。

首先，考慮定子 d 軸電流微分方程式，我們將圖 3-2-1 中的 d 軸電流非線性耦合項忽略後，可得到以下方程式：

$$\frac{di_{ds}^r}{dt} = -\frac{R_s}{L_d} i_{ds}^r + \frac{v_{ds}^r}{L_d} \tag{3.2.6}$$

可以改寫爲

$$\frac{di_{ds}^r}{dt} = -\frac{R_s}{L_d} i_{ds}^r + v_{ds}^r{}' \tag{3.2.7}$$

其中，$v_{ds}^r{}' = \dfrac{v_{ds}^r}{L_d}$。對（3.2.7）式求拉式轉換，可得

$$I_{ds}^r(s) = v_{ds}^r{}' \times \frac{1}{s + \dfrac{R_s}{L_d}} \tag{3.2.8}$$

可以畫成如圖 3-2-2 的系統方塊圖。

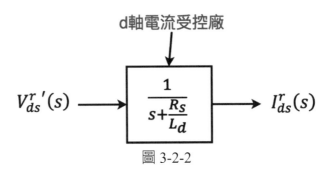

圖 3-2-2

我們可以使用 SIMULINK 對圖 3-2-2 的轉移函式進行模擬，如圖 3-2-3，
我們輸入一個大小爲 1 的步階訊號，模擬時間爲 2 秒。

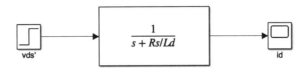

圖 3-2-3　（範例程式：pm_id_model.slx）

完成圖 3-2-3 的系統模擬後，雙擊 id 示波器，並且將暫態響應放大，可以
看到如圖 3-2-4 的波形。

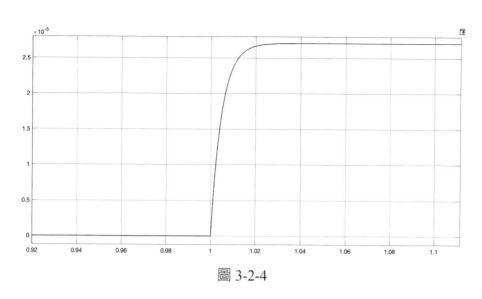

圖 3-2-4

接著我們計算一下 id 暫態響應的時間常數，我們可以將（3.2.8）式整理如下，並將永磁馬達參數值代入。

$$I_{ds}^r(s) = v_{ds}^r{}'(s) \times \frac{1}{s + \frac{R_s}{L_d}} = V_{ds}^r{}'(s) \times \frac{\frac{L_d}{R_s}}{\frac{L_d}{R_s}s + 1} = V_{ds}^r{}'(s) \times \frac{0.0048}{0.0048s + 1} \quad （3.2.9）$$

從（3.2.9）式可以發現系統的時間常數為 0.0048，代表系統暫態需要 5 倍的時間常數時間（5×0.0048 = 0.024 秒）才能夠到達穩態值，我們可以從圖 3-2-4 的波形得到驗證。

接著設計一個 d 軸的電流控制器來控制定子的 d 軸電流，在此，我們選擇 PI 控制器來當作 d 軸的電流控制器，加入 PI 控制器後的系統方塊圖如圖 3-2-5 所示。

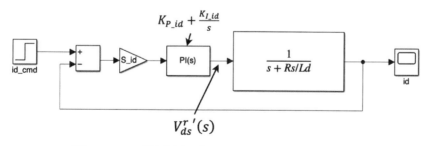

圖 3-2-5　（範例程式：pm_id_model_PI.slx）

系統的開回路轉移函數為

$$G_{id\_open} = S_{id} \times \frac{K_{P\_id}\,s + K_{I\_id}}{s} \times \frac{0.0048}{0.0048s + 1}$$

接著利用極零點對消的方法，將 $K_{P\_id} = 0.0048$、$K_{I\_id} = 1$，可以將系統降成一階，假設電流回路頻寬的設計規格為 $f_{cc} = 1$（kHz）〔說明：對應的 $\omega_{cc} = 6283$（rad/s）〕，我們需要設計 S_{id} 讓閉回路轉移函式為一階低通濾波器，如下：

$$G_{id\_close}(s) = \frac{G_{id\_open}(s)}{1 + G_{id\_open}(s)} = \frac{0.0048 \times S_{id}}{s + 0.0048 \times S_{id}} = \frac{\omega_{cc}}{s + \omega_{cc}} = \frac{6283}{s + 6283}$$

藉由簡單計算，可以得到對應的 S_{id} 為 1308958，，將以上控制器參數輸入後，再執行一次模擬，可以得到定子 d 軸電流 I^r_{ds} 的響應如圖 3-2-6。

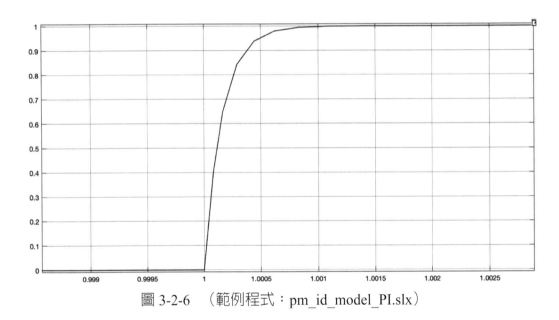

圖 3-2-6　（範例程式：pm_id_model_PI.slx）

最後合併 $S_{id} = 1308958$ 與 PI 控制器參數 $K_{P\_id} = 0.0048$、$K_{I\_id} = 1$，最終得到到 d 軸電流 PI 控制器參數為：

$$K_{P\_id\_final} = 6283 \qquad\qquad (3.2.10)$$

$$K_{I\_id\_final} = 1308958 \qquad\qquad (3.2.11)$$

若要得到設計完成之 d 軸電流回路頻寬，可以使用以下的 MATLAB 程式，執行程式後，可得到設計完成的 d 軸電流回路頻寬為 6265（rad/s）〔說明：與所設計的電流回路頻寬 6283（rad/s）相當接近，誤差是由於設計時使用 π = 3.1416 進行運算以及 MATLAB 運算產生的進位誤差所造成，後續內容會使用 6283（rad/s）作為 d 軸電流回路的頻寬規格〕。

MATLAB 範例程式 m3_2_1.m：

```
S_id = 1308958; Kp_id=0.0048; Ki_id=1;
PID_id = S_id * tf([Kp_id Ki_id],[1 0]);
plant_id = tf(1, [1  Rs/Ld]);
loop_id = feedback(series(PID_id, plant_id), 1);
bandwidth(loop_id)
```

Tips：
可以透過系統步階響應的上升時間 T_r（輸出穩態值的 10% 到 90% 之間的時間）快速估算系統頻寬值 f_{3dB}，估算式為 $f_{3dB} \cong \dfrac{0.35}{T_r}$。

■設計 q 軸電流 PI 控制器

接著，使用同樣的方法設計 q 軸的電流控制器，首先，從圖 3-2-1 中，我們將 q 軸電流非線性耦合項忽略後，得到以下方程式：

$$\frac{di_{qs}^r}{dt} = -\frac{R_s}{L_q} i_{qs}^r + v_{qs}^r{}' \qquad\qquad (3.2.12)$$

其中，$v_{qs}^r{}' = \dfrac{v_{qs}^r}{L_q}$。對（3.2.12）式求拉式轉換，可得

$$I_{qs}^r(s) = V_{qs}^r{}'(s) \times \frac{1}{s + \dfrac{R_s}{L_q}}$$ （3.2.13）

可以畫成如圖 3-2-7 的系統方塊圖。

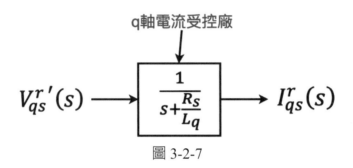

q軸電流受控廠

$$V_{qs}^r{}'(s) \longrightarrow \boxed{\dfrac{1}{s + \dfrac{R_s}{L_q}}} \longrightarrow I_{qs}^r(s)$$

圖 3-2-7

可以使用 SIMULINK 對圖 3-1-7 的轉移函式進行模擬，如圖 3-2-8，我們輸入一個大小為 1 的步階訊號，模擬時間為 2 秒。

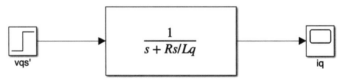

圖 3-2-8　（範例程式：pm_iq_model.slx）

完成圖 3-2-8 的系統模擬後，雙擊 iq 示波器，並且將暫態響應放大，可以看到如圖 3-2-9 的波形。

接著我們計算一下 iq 暫態響應的時間常數，我們可以將（3.2.13）式整理如下，並將永磁馬達參數值代入。

$$I_{qs}^e(s) = V_{qs}^e{}'(s) \times \frac{1}{s + \dfrac{R_s}{L_q}} = V_{qs}^e{}'(s) \times \frac{1}{s + 96} = V_{qs}^e{}'(s) \times \frac{0.0104}{0.0104s + 1}$$ （3.2.14）

從（3.2.14）式可以發現系統的時間常數為 0.0104，代表系統暫態需要

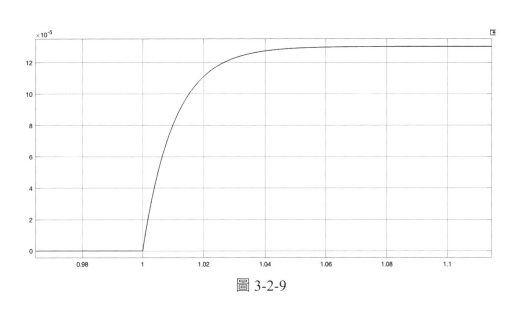

圖 3-2-9

5 倍的時間常數時間（5×0.0104=0.052 秒）才能夠到達穩態值，我們可從圖
3-2-9 的波形可以得到驗證。

接著設計一個 q 軸的電流控制器來控制定子的 q 軸電流，在此，我們選擇
PI 控制器來當作 q 軸的電流控制器，加入 PI 控制器後的系統方塊圖如圖 3-2-10
所示。

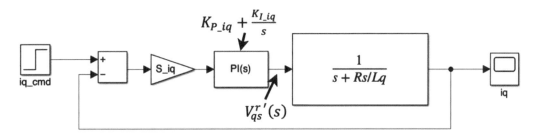

圖 3-2-10　　（範例程式：pm_iq_model_PI.slx）

系統的開回路轉移函數為

$$G_{iq\_open} = S_{iq} \times \frac{K_{P\_iq}\, s + K_{I\_iq}}{s} \times \frac{0.0104}{0.0104s + 1}$$

接著利用極零點對消的方法，將 $K_{P\_iq} = 0.0104$、$K_{I\_iq} = 1$，可以將系統降成一階，假設電流回路頻寬的設計規格為 $f_{cc} = 1$（kHz）〔說明：對應的 $\omega_{cc} = 6283$〕（rad/s），我們需要設計 S_{iq} 讓閉回路轉移函式為一階低通濾波器，如下：

$$G_{iq\_close}(s) = \frac{G_{iq\_open}(s)}{1 + G_{iq\_open}(s)} = \frac{0.0104 \times S_{iq}}{s + 0.0104 \times S_{iq}} = \frac{\omega_{cc}}{s + \omega_{cc}} = \frac{6283}{s + 6283}$$

藉由簡單計算，可以得到對應的 S_{iq} 為 604134，將以上控制器參數輸入後，再執行一次模擬，可以得到定子 q 軸電流 I_{qs}^r 的響應如圖 3-2-11。

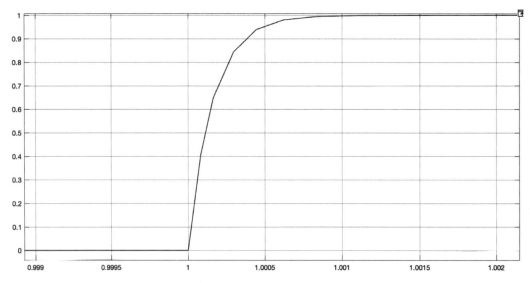

圖 3-2-11　（範例程式：pm_iq_model_PI.slx）

最後合併 $S_{iq} = 604134$ 與 PI 控制器參數 $K_{P\_iq} = 0.0104$、$K_{I\_iq} = 1$，最終得到 q 軸電流 PI 控制器參數為：

$$K_{P\_iq\_final} = 6283 \tag{3.2.15}$$
$$K_{I\_iq\_final} = 604134 \tag{3.2.16}$$

　　若要得到設計完成之 q 軸電流回路頻寬，可以使用以下的 MATLAB 程式，執行程式後，得到設計完成的 q 軸電流回路頻寬爲 6268（rad/s）〔說明：與所設計的電流回路頻寬 6283（rad/s）相當接近，誤差是由於設計時使用 π = 3.1416 進行運算以及 MATLAB 運算產生的進位誤差所造成，後續內容會使用 6283（rad/s）作爲 q 軸電流回路的頻寬規格〕

MATLAB 範例程式 m3_2_2.m：

```
S_iq = 604134; Kp_iq=0.0104; Ki_iq=1;
PID_iq = S_iq * tf([Kp_iq Ki_iq],[1 0]);
plant_iq = tf(1, [1 Rs/Lq]);
loop_iq = feedback(series(PID_iq, plant_iq), 1);
bandwidth(loop_iq)
```

■設計速度 PI 控制器

　　完成電流控制回路設計後，最後才進行速度回路的設計，首先，我們可以將機械方程式（2.5.31）式重寫爲

$$T_e' = J\frac{d\omega_{rm}}{dt} + B\omega_{rm} \qquad (3.2.17)$$

其中，$T_e' = T_e - T_L$。對（3.2.17）式求拉式轉換，得到

$$\omega_{rm}(s) = T_e'(s) \times \frac{1}{Js+B} \qquad (3.2.18)$$

可以畫成如圖 3-2-12 的系統方塊圖。

　　可以使用 SIMULINK 對圖 3-2-12 的轉移函式進行模擬，如圖 3-2-13，我們輸入一個大小爲 1 的步階訊號，模擬時間爲 5 秒。

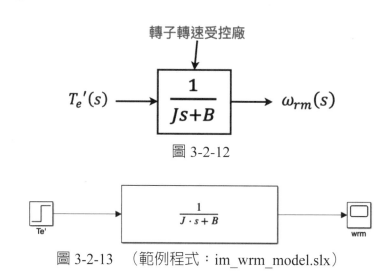

圖 3-2-12

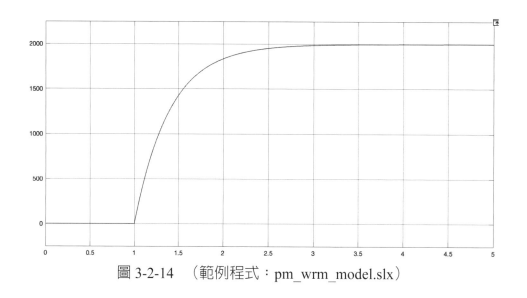

圖 3-2-13　　（範例程式：im_wrm_model.slx）

完成圖 3-2-13 的系統模擬後，雙擊 wrm 示波器，並且將暫態響應放大，可以看到如圖 3-2-14 的波形（說明：在此假設 $T_L = 0$，因此 $T_e' = T_e$）。

圖 3-2-14　　（範例程式：pm_wrm_model.slx）

接著我們觀察一下轉子轉速暫態響應的時間常數，我們可以將（3.2.18）式整理如下，並將永磁馬達的機械參數值代入。

$$\omega_{rm}(s) = T_e{}'(s) \times \frac{1}{Js+B} = T_e{}'(s) \times \frac{1}{0.0002s+0.0005} = T_e{}'(s) \times \frac{2000}{0.4s+1} \qquad (3.2.19)$$

我們從（3.2.19）式可以發現，系統的時間常數爲 0.4，因此系統暫態需要 5 倍的時間常數時間（5×0.4=2 秒）才能夠到達穩態值，我們從圖 3-2-14 的波形可以得到驗證。

接著設計一個速度控制器來控制轉子轉速，在此，我們選擇 PI 控制器來當作速度控制器，加入 PI 控制器後的系統方塊圖如圖 3-2-15 所示。

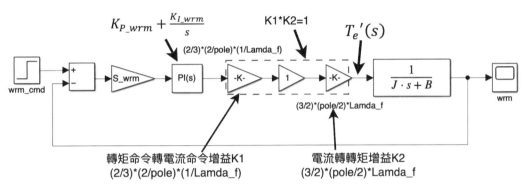

圖 3-2-15　（範例程式：pm_wrm_model_PI.slx）

Tips：

可以參考（3.2.3）式的轉矩方程式，並假設磁阻轉矩項$(L_d - L_q)i_{ds}^r i_{qs}^r$爲零，可得到增益 K1 與 K2。

假設定子 d 軸電流 i_{ds}^r 處於穩態，即 $i_{ds}^r = 0$，圖 3-2-15 中的增益 K1 爲轉矩命令轉電流命令增益，大小爲$\frac{2}{3} \times \frac{2}{P} \times \frac{1}{\lambda_f}$，q 軸電流回路轉移函式可以簡化爲 1（說明：q 軸電流回路頻寬須爲速度回路頻寬至少 5 倍以上，可作此簡化），而 q 軸電流乘上增益 K2 則爲電磁轉矩 $T_e{}'(s)$（說明：在此假設 $T_L = 0$，因此 $T_e{}'$ $= T_e$），K2 增益大小爲$\frac{3}{2} \times \frac{P}{2} \times \lambda_f$，而 K1 與 K2 乘積正好爲 1，因此圖 3-2-15 的系統開回路轉移函數爲

$$G_{wrm\_open} = S_{wrm} \times \frac{K_{P\_wrm}s + K_{I\_srm}}{s} \times \frac{2000}{0.4s+1}$$

接著利用極零點對消的方法，將 $K_{P\_wrm} = 0.4$、$K_{I\_wrm} = 1$，可以將系統降成一階，假設速度回路頻寬的設計規格為 $f_{sc} = 100$（Hz）〔說明：對應的 $\omega_{sc} = 628$（rad/s）〕，我們需要設計 S_{wrm} 讓閉回路轉移函式為一階低通濾波器，如下：

$$G_{wrm\_close}(s) = \frac{G_{wrm\_open}(s)}{1 + G_{wrm\_open}(s)} = \frac{2000 \times S_{wrm}}{s + 2000 \times S_{wrm}} = \frac{\omega_{sc}}{s + \omega_{sc}} = \frac{628}{s + 628}$$

藉由簡單計算，可以得到對應的 S_{wrm} 為 0.314，將以上控制器參數輸入後，再執行一次模擬，可以得到轉速 S_{wrm} 的響應如圖 3-2-16。

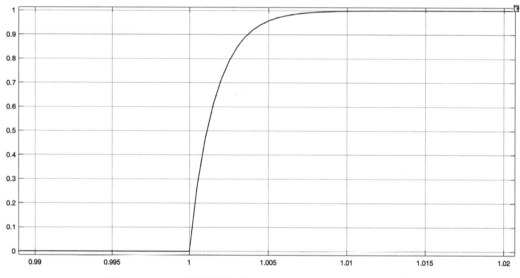

圖 3-2-16　（範例程式：pm_wrm_model_PI.slx）

最後合併 $S_{wrm} = 0.314$ 與 PI 控制器參數 $K_{P\_wrm} = 0.4$、$K_{I\_wrm} = 1$，最終得到轉速 PI 控制器參數為：

$$K_{P\_wrm\_final} = 0.1256 \tag{3.2.20}$$

$$K_{I\_wrm\_final} = 0.314 \tag{3.2.21}$$

　　若要得到設計完成之速度回路頻寬，可以使用以下的 MATLAB 程式，執行程式後，得到設計完成的速度控制回路的頻寬為 626.5（rad/s）〔說明：與所設計的電流回路頻寬 628（rad/s）相當接近，誤差是由於設計時使用 $\pi =$ 3.1416 進行運算以及 MATLAB 運算產生的進位誤差所造成，後續內容會使用 628（rad/s）作為速度回路的頻寬規格〕。

MATLAB 範例程式 m3_2_3.m：
```
S_wr = 0.314; Kp_wr=0.4; Ki_wr=1;
PID_wr = S_wr * tf([Kp_wr Ki_wr],[1 0]);
plant_wr = tf(1, [J B]);
loop_wr = feedback(series(PID_wr, plant_wr), 1);
BW_loop_wr = bandwidth(loop_wr)
```

■ 永磁同步馬達磁場導向之控制回路轉移函數模擬

STEP 1：

　　完成了永磁同步馬達磁場導向控制回路（i_{ds}^r、i_{qs}^r 與 ω_{rm}）的設計後，我們將所有的控制器參數與回路轉移函數作一次整體的系統模擬，請使用 SIMU-LINK 建立如圖 3-2-17 的系統方塊圖，如下為模擬說明：

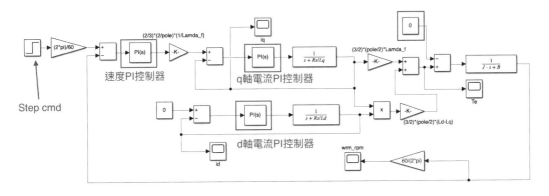

圖 3-2-17

①將所有控制回路（i_{ds}^r、i_{qs}^r 與 ω_{rm}）的 PI 控制器參數輸入模擬程式。

②先將模擬的負載轉矩 T_L 設為 0（Nm）。

③使用 1000（rpm）的步階命令作為轉速命令。

④速度回路使用的轉速單位為 rad/s，轉速命令單位雖為（rpm），在進入速度回路時會將其乘上 $\frac{2\pi}{60}$，轉換成（rad/s）。

⑤速度 PI 控制器輸出為轉矩命令 T_e^*，而在進入 q 軸電流回路之前，轉矩命令需轉換成相對應的 q 軸電流命令 i_{qs}^*，轉矩命令 T_e^* 與 q 軸電流命令 i_{qs}^* 的關係為

$$i_{qs}^* = \frac{2}{3}\frac{2}{P}\frac{1}{\lambda_f}T_e^* \tag{3.2.22}$$

其中，P 為馬達極數。

⑥本模擬系統只考慮三相永磁同步馬達解耦合後的向量控制轉移函數，並無考慮 d 軸與 q 軸電流回路的非線性耦合項。

STEP 2：

　　將圖 3-2-17 的系統方塊建立完成後，模擬時間設成 2 秒，按下「Run」執行系統模擬（說明：模擬前請先執行本節的範例程式 pm_params.m，載入馬達參數），模擬完成後，雙擊 wrm_rpm 示波器方塊並放大暫態響應，可以看到如圖 3-2-18 的轉速步階響應波形。

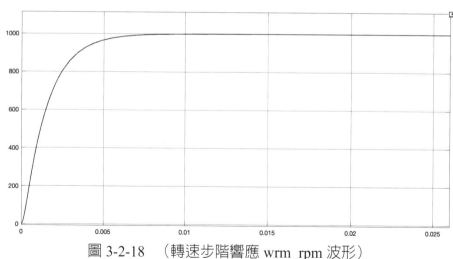

圖 3-2-18 （轉速步階響應 wrm_rpm 波形）

STEP 3：

　　如圖 3-2-18 所示，由於內回路頻寬高於外回路 5 倍以上，因此速度步階響應可以相當接近一階系統，且圖 3-2-18 所示的速度步階響應波形相當接近圖 3-2-16 的設計階段的響應波形。

STEP 4：

　　使用速度步階命令是為了驗證控制系統設計的合理性，在實務上由於硬體規格的限制（驅動器與馬達電壓與電流規格的限制），較少使用速度步階命令而是使用斜坡命令或是 S 曲線命令來驅動馬達，使用 Signal Builder 方塊取代步階命令，並使用 Signal Builder 來產生一個斜坡速度命令（說明：1 秒內從 0 線性增加以到 1000rpm，到達 1000rpm 後，則保持 1000rpm），如圖 3-2-19 所示，並將模擬的負載轉矩 T_L 設為 2（Nm），設置完成後如圖 3-2-20 所示。

> **Tips：**
> 某些馬達控制系統會在速度回授路徑增加單位轉換，如 rad/s 轉換為 rpm，但這樣會改變回授增益值，讓回路整體增益改變，同時改變系統頻寬，需要特別留意。

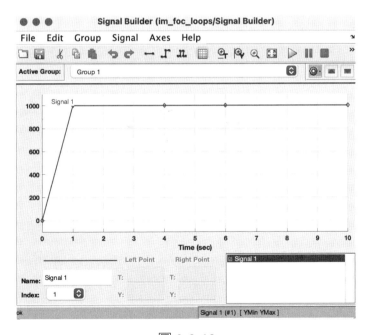

圖 3-2-19

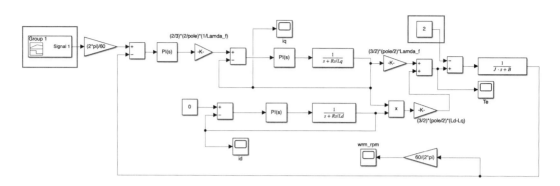

圖 3-2-20

STEP 5：

將圖 3-2-20 的系統方塊設置完成後，模擬時間設成 2 秒，按下「Run」執行系統模擬，模擬完成後，雙擊 wrm_rpm 示波器方塊，可以看到如圖 3-2-21 的速度波形。

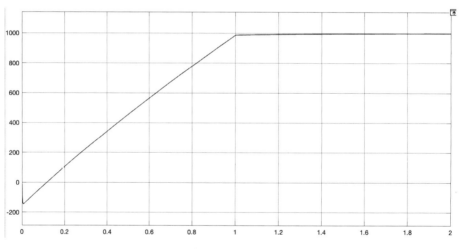

圖 3-2-21　（轉速斜坡響應 wrm_rpm 波形）

> 說明：
> 在初始的一小段時間內的轉速響應波形的暫態現象是由於 PI 控制器需要時間產生系統所需的轉矩量所致。

STEP 6：

　　從圖 3-2-21 的波形可以看到，在加入負載的情況下，速度響應的命令跟隨性仍相當好，各位可以試著修改 Signal Builder 的速度命令曲線來測試系統在不同命令下的跟隨性能。

STEP 7：

　　以下分別列出定子 d 軸電流 i_{ds}^r、定子 q 軸電流 i_{qs}^r 與電磁轉矩 T_e 波形。

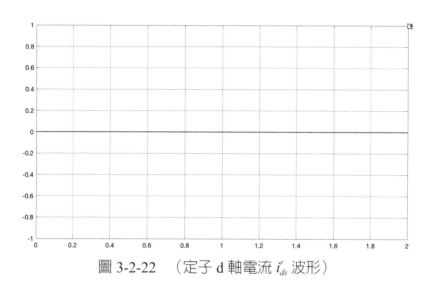

圖 3-2-22　　（定子 d 軸電流 i_{ds}^r 波形）

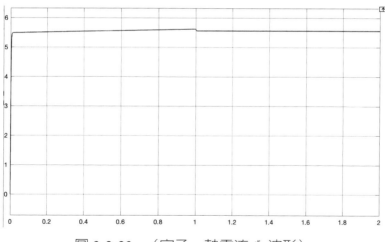

圖 3-2-23　　（定子 q 軸電流 i_{qs}^r 波形）

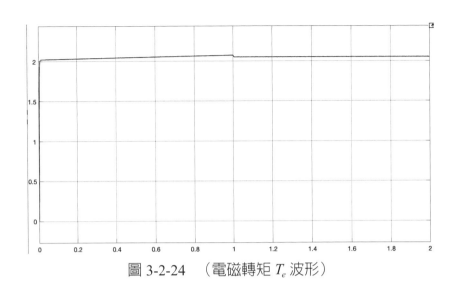

圖 3-2-24　　（電磁轉矩 T_e 波形）

　　有興趣的讀者，可以使用 SIMULINK 的示波器元件一一檢視系統各個部分的訊號波形，由於本書篇幅有限，就不一一列舉。以上我們已經成功完成了三相永磁同步馬達控制迴路轉移函數的模擬，但由於圖 3-2-20 的系統並無考慮馬達受控廠的 d 軸與 q 軸電流的非線性耦合項，因此無法完全貼近真實的永磁同步馬達系統，因此，接下來我們將使用 2.6 節所建立的完整永磁同步馬達模型（有加入 d 軸與 q 軸電流非線性耦合項）與座標轉換 Subsystem 方塊，來模擬更貼近真實的三相永磁同步馬達磁場導向控制系統。

■ 永磁同步馬達磁場導向控制系統模擬

STEP 1：

　　請加入 2.6 節所建立的感應馬達模型與 Park 座標轉換方塊，將圖 3-2-20 的內容修改成如圖 3-2-25 所示的系統方塊圖。

➤ 本模擬系統使用完整的三相永磁同步馬達模型，其已包括了 d 軸與 q 軸電流迴路的非線性耦合項，因此模擬結果能更貼近真實的永磁同步馬達磁場導向控制系統。

➤ 轉子電流命令 i_{ds}^* 設定為零（一般來說，若馬達在額定轉速下運轉，轉子電流命令設定為零，若超過額定轉速運轉，則需使用弱磁技術，轉子電流命令會被設定為負值）。

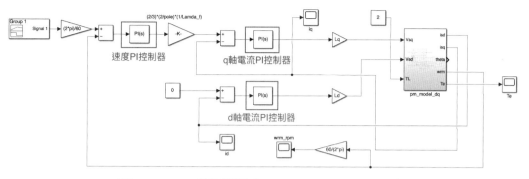

圖 3-2-25　（範例程式：pm_foc_models.slx）

➤ d軸與 q 軸電流控制器的輸出爲$V_{ds}^r{'}(s)$與$V_{qs}^r{'}(s)$〔說明：見（3.2.7）與（3.2.12）式〕，但馬達模型的輸入爲 $V_{ds}^e(s)$ 與 $V_{qs}^e(s)$，二者的關係爲：

$$V_{ds}^r(s) = V_{ds}^r{'}(s) \times L_d$$
$$V_{qs}^r(s) = V_{qs}^r{'}(s) \times L_q$$

因此在 d、q 軸電流 PI 控制器的輸出分別乘上增益 L_d 與 L_q。

➤ 速度 PI 控制器輸出爲轉矩命令T_e^*，而在進入 q 軸電流回路之前，轉矩命令需轉換成相對應的 q 軸電流命令i_{qs}^*，轉矩命令T_e^*與 q 軸電流命令i_{qs}^*的關係爲

$$i_{qs}^* = \frac{2}{3} \frac{2}{P} \frac{1}{\lambda_f} T_e^* \qquad （3.2.23）$$

其中，P 爲馬達極數。

➤ 在圖 3-2-25 的系統中，我們直接使用了馬達模型所輸出的轉速當作速度回授訊號，這也代表我們使用了速度感測器來回授馬達的實際轉速，但實務上，在許多應用場合，並不適合安裝速度感測器，或者是純粹爲了節省成本而省去速度感測器，在這些場合，我們需要設計速度估測器來估測馬達轉速，筆者將在 5.1.2 節介紹永磁同步馬達速度估測器的設計方法。

➤ 模擬的負載轉矩 T_L 爲 2Nm。

➤ 機械模型的輸出轉速單位爲 rad/s，我們將其乘上一個增益 $60/(2\pi)$ 轉換成

rpm（round per minute）。

> **Tips：**
> 實務上由於馬達驅動器的電流輸出能力有限，爲了保護馬達驅動器，會在轉速控制器的輸出加入轉矩限制，轉矩限制準位視馬達驅動器的電流輸出能力而定，一般爲 ±2～3 倍的馬達額定轉矩。

STEP 2：

　　將圖 3-2-25 的系統方塊建立完成後，將模擬時間設成 2 秒，按下「Run」執行系統模擬（說明：模擬前請先執行本節範例程式 pm_params.m，載入馬達參數），以下分別列出轉速 ω_{rm}、定子 d 軸電流 i_{ds}^r、定子 q 軸電流 i_{qs}^r 與電磁轉矩 T_e 波形。

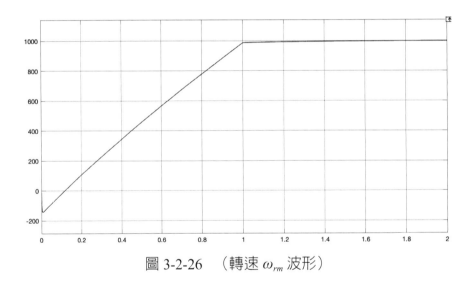

圖 3-2-26 　（轉速 ω_{rm} 波形）

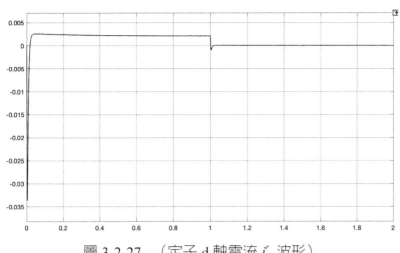

圖 3-2-27 　（定子 d 軸電流 i_{ds}^r 波形）

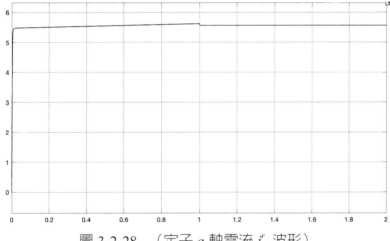

圖 3-2-28 　（定子 q 軸電流 i_{qs}^r 波形）

CHAPTER

3

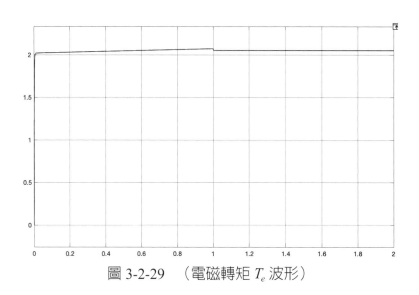

圖 3-2-29 （電磁轉矩 T_e 波形）

3.2.2 控制迴路數位化

　　到此，我們已經完成了三相永磁同步馬達磁場導向控制系統設計，其中包含了三個控制迴路（i_{ds}^r、i_{qs}^r 與 ω_{rm}）的 PI 控制器，在實務上控制迴路需由微處理器來實現，因此接下來我們將使用 MATLAB 依序將各個控制迴路之 PI 控制器數位化，以便模擬數位控制器應用在實際永磁同步馬達磁場導向控制系統的性能表現。

說明：
控制迴路的頻寬和取樣頻率之間的關係可以從奈奎斯特定理（Nyquist-Shannon sampling theorem）來理解。奈奎斯特定理是信號處理領域的一個基本原則，它指出為了能夠完全重建原始信號，取樣頻率（以 Hz 為單位）需要至少是原始信號中最高頻率成分的兩倍。
當輸入訊號頻率大於取樣頻率的一半時，取樣點將不足以表示輸入訊號，此時將會發生混疊（Aliasing）現象，此時觀測到的訊號並不是輸入的高頻訊號，而是某個低頻的混疊訊號。

在控制系統中，頻寬通常表示系統可以有效控制的信號頻率範圍。例如，一個具有寬頻寬的控制系統可以快速響應並跟蹤高頻變化。在實際應用中，控制器的頻寬受到取樣頻率的限制，因為控制器需要對輸入信號進行取樣以生成控制命令。

根據奈奎斯特定理，為了確保控制回路能夠正確跟蹤並控制系統，取樣頻率應至少是控制回路頻寬的兩倍。然而，在實際應用中，通常建議將取樣頻率設置為控制回路頻寬的 5 倍到 10 倍甚至更高，為了提高控制性能和信號重建品質。

■ d 軸電流控制器數位化

我們在 3.2.1 節最終完成的 d 軸電流 PI 控制器如下：

$$\text{d 軸電流 PI 控制器} = K_{P\_id\_final} + \frac{K_{I\_id\_final}}{s}$$

其中，$K_{P\_id\_final} = 6283$，$K_{I\_id\_final} = 1308958$。

以上的 d 軸電流 PI 控制器參數可使 d 軸電流回路頻寬達到 6283（rad/s），而 6283（rad/s）所對應的頻率為 1（kHz），在此使用 0.0001 秒的取樣時間（說明：即 10kHz 的取樣頻率，10kHz/1kHz=10 倍，應可滿足控制精度），即 Ts = 0.0001，可以使用以下 MATLAB 程式將 d 軸電流 PI 控制器數位化。

MATLAB 範例程式 m3_2_5.m：

```
Ts = 0.0001;
id_PID = tf([6283 1308958],[1 0]);
digital_id_PID = c2d(id_PID, Ts)
```

執行完程式後，可以得到數位化的 d 軸電流 PI 控制器如下

$$\text{數位 d 軸電流 PI 控制器} = \frac{6283z - 6152}{z - 1} \qquad (3.2.24)$$

■ q 軸電流控制器數位化

我們在 3.1.1 節最終完成的 q 軸電流 PI 控制器如下：

$$\text{q 軸電流 PI 控制器} = K_{P\_iq\_final} + \frac{K_{I\_iq\_final}}{s}$$

其中，$K_{\_P\_iq\_final} = 6283$，$K_{\_I\_iq\_final} = 604134$。

以上的 q 軸電流 PI 控制器參數可使 q 軸電流回路頻寬達到 6283（rad/s），而 6283（rad/s）所對應的頻率為 1（kHz），在此使用 0.0001 秒的取樣時間（說明：即 10kHz 的取樣頻率，10kHz/1kHz=10 倍，應可滿足控制精度），即 $T_s = 0.0001$，可以使用以下 MATLAB 程式將 q 軸電流 PI 控制器數位化。

MATLAB 範例程式 m3_2_6.m：
```
Ts = 0.0001;
iq_PID = tf([6283 604134],[1 0]);
digital_iq_PID = c2d(iq_PID, Ts)
```

執行完程式後，可以得到數位化的 q 軸電流 PI 控制器如下

$$\text{數位 q 軸電流 PI 控制器} = \frac{6283z - 6223}{z - 1} \qquad (3.2.25)$$

■ 速度控制器數位化

我們在 3.2.1 節最終完成的速度 PI 控制器如下：

$$\text{速度 PI 控制器} = K_{P\_wrm\_final} + \frac{K_{I\_wrm\_final}}{s}$$

其中，$K_{P\_wrm\_final} = 0.1256$，$K_{I\_wrm\_final} = 0.314$。

以上的速度 PI 控制器參數可使速度回路頻寬達到 628（rad/s），而 628（rad/s）所對應的頻率為 100（Hz），在此使用 0.001 秒的取樣時間（說明：即 1kHz 的取樣頻率，1kHz/100Hz=10 倍，應可滿足控制精度），即 $T_s = 0.001$，可以使用以下 MATLAB 程式將速度 PI 控制器數位化。

MATLAB 範例程式 m3_2_7.m：

```
Ts = 0.001;
wrm_PID = tf([0.1256 0.314],[1 0]);
digital_wrm_PID = c2d(wrm_PID, Ts)
```

執行完程式後，可以得到數位化的速度 PI 控制器如下

$$數位速度 PI 控制器 = \frac{0.1256z - 0.1253}{z - 1} \qquad (3.2.26)$$

■ 數位化永磁同步馬達磁場導向控制系統模擬

請將圖 3-2-17 的永磁同步馬達磁場導向模擬系統中所使用的 PI 控制器更換成對應的數位控制器（3.2.24）～（3.2.26）式，如圖 3-2-30。

特別注意：
請特別注意：除了將 z 轉換轉移函數的分子與分母輸入外，還需將每個離散時間控制器方塊的「Sample time」屬性設為各自的取樣時間。

CHAPTER

3

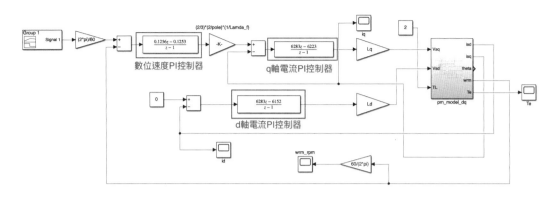

圖 3-2-30　（範例程式：pm_foc_models_digital.slx）

　　將圖 3-2-30 的系統方塊建立完成後，將模擬時間設成 2 秒，按下「Run」執行系統模擬（說明：模擬前請先執行本節的範例程式 pm_params.m，載入馬達參數），以下分別列出轉速 ω_{rm}、定子 d 軸電流 i_{ds}^r、定子 q 軸電流 i_{qs}^r 與電磁轉矩 T_e 波形。

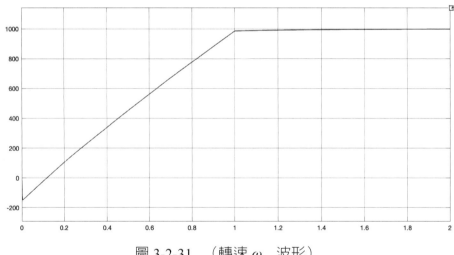

圖 3-2-31　（轉速 ω_{rm} 波形）

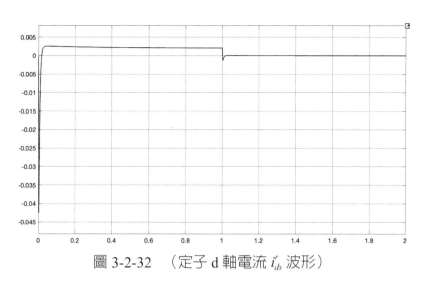

圖 3-2-32　（定子 d 軸電流 i_{ds}^r 波形）

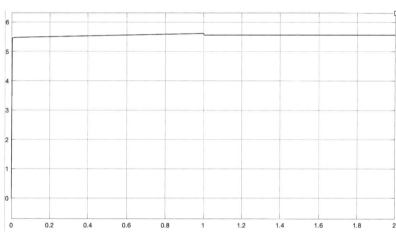

圖 3-2-33　（定子 q 軸電流 i_{qs}^r 波形）

CHAPTER

3

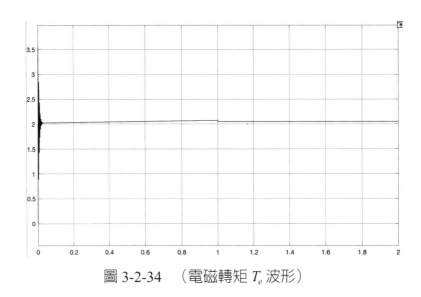

圖 3-2-34　（電磁轉矩 T_e 波形）

3.2.3　考慮電流非線性耦合項的系統模擬

在永磁同步馬達（PMSM）的磁場導向控制中，電流回路的控制目標是將定子電流分解爲磁通電流和轉矩電流兩個分量，使得馬達的控制性能更接近直流馬達。然而，永磁同步馬達（PMSM）的數學模型中存在非線性耦合項，例如定子電流與轉子速度的乘積項。這些非線性耦合項會對電流回路的控制性能產生影響。

爲了改善控制性能，需要在磁場導向控制中對非線性耦合項進行補償。這通常可以通過解耦控制策略實現。解耦控制是一種通過添加補償項來抵消非線性耦合效應的控制方法。這使得磁通電流和轉矩電流之間的相互影響降到最低，從而提高控制性能。以下將對永磁同步馬達（PMSM）d、q 軸電流回路的非線性耦合項進行解耦控制補償。

■考慮 d 軸電流回路非線性耦合項

若考慮圖 3-2-1 中的 d 軸電流微分方程式的非線性耦合項，則 d 軸電流微分方程式爲：

$$\frac{di_{ds}^r}{dt} = -\frac{R_s}{L_d}i_{ds}^r + \omega_r \frac{L_q}{L_d}i_{qs}^r + v_{ds}' \qquad （3.2.27）$$

其中，$v_{ds}' = \dfrac{v_{ds}^r}{L_d}$，$v_{ds}'$為 d 軸 PI 控制器的輸出，$\omega_r \dfrac{L_q}{L_d}i_{qs}^r$為 d 軸電流的非線性耦合項，利用前饋補償的技巧，將其加入到 PI 控制器的輸出[1, 4]，形成一個新的 d 軸電壓命令$v_{ds}^{r}{}^*$

$$v_{ds}^{r}{}^* = L_d\left[v_{ds}' - \omega_r \frac{L_q}{L_d}i_{qs}^r\right] \qquad （3.2.28）$$

　　將（3.2.28）代入（3.2.27）式中的v_{ds}^r，可以順利抵消掉原 d 軸電流微分方程式中的非線性耦合項，形成（3.2.29）式的線性微分方程式

$$\frac{di_{ds}^r}{dt} = -\frac{R_s}{L_d}i_{ds}^r + v_{ds}' \qquad （3.2.29）$$

　　利用前饋補償的技巧可以將非線性耦合項直接加到電流 PI 控制器的輸出形成電壓命令，順利抵消掉交流馬達內所含有的非線性耦合項，而不是等馬達的非線性耦合項影響輸出電流後，再讓電流回路來消除輸出電流的變化，由於功率轉換器的響應速度快於電流回路，因此利用前饋補償，可以讓控制回路的響應速度與控制線性度得到實質的提升。

■考慮 q 軸電流回路非線性耦合項

　　同樣的，考慮圖 3-1-1 中的 q 軸電流微分方程式的非線性耦合項，則 q 軸電流微分方程式為：

$$\frac{di_{qs}^r}{dt} = -\frac{R_s}{L_d}i_{qs}^r - \omega_r \frac{(L_d i_{ds}^r + \lambda_f)}{L_q} + v_{qs}' \qquad （3.2.30）$$

其中，$v_{qs}' = \dfrac{v_{qs}^r}{L_q}$，$v_{qs}'$為 q 軸 PI 控制器的輸出，$-\omega_r \dfrac{(L_d i_{ds}^r + \lambda_f)}{L_q}$為 q 軸電流的非線

性耦合項，利用前饋補償的技巧，將其加入到 PI 控制器的輸出 [1, 4]，形成一個新的 q 軸電壓命令$v_{qs}^{r}{}^{*}$

$$v_{qs}^{r}{}^{*} = L_q \left[v_{ds}^{e}{}' + \omega_r \frac{(L_d i_{ds}^{r} + \lambda_f)}{L_q} \right] \tag{3.2.31}$$

將（3.2.31）式代入（3.2.30）式中的 v_{qs}^{r}，可以順利抵消掉原 q 軸電流微分方程式中的非線性耦合項，形成（3.2.32）式的線性微分方程式

$$\frac{di_{qs}^{r}}{dt} = -\frac{R_s}{L_q} i_{qs}^{r} + v_{qs}^{r}{}' \tag{3.2.32}$$

利用前饋補償的技巧可以將非線性耦合項直接加到電流 PI 控制器的輸出形成電壓命令，順利抵消掉交流馬達內所含有的非線性耦合項，而不是等馬達的非線性耦合項影響輸出電流後，再讓電流回路來消除輸出電流的變化，由於功率轉換器的響應速度快於電流回路，因此利用前饋補償，可以讓控制回路的響應速度與控制線性度得到實質的提升。

■考慮 d、q 軸電流非線性耦合項的磁場導向控制系統模擬

STEP 1：

接下來，請使用 SIMULINK 建立如圖 3-2-35 的 Subsystem 模型。

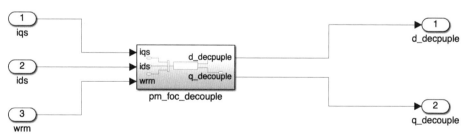

圖 3-2-35 （範例程式：pm_foc_decouple.slx）

並將以下程式碼輸入至 Matlab Function 方塊 decouple 中

Matlab Function 方塊 decouple 程式：

```
function [d_decpuple, q_decouple] = decouple(u)
    Ld = 0.0057;
    Lq = 0.0125;
    Lamda_f = 0.123;
    pole = 4;
    wr = u(3)*pole/2;
    d_decpuple = wr*(Lq/Ld)*u(1);
    q_decouple = wr*(Ld*u(2)+Lamda_f)/Lq;
```

建立完成後，選取所有方塊（可以使用 CTRL ＋ A），按滑鼠右鍵並選擇「Create Subsystem from Selection」，即可建立單一 Subsystem 元件，如圖 3-2-36 所示，將其取名為「pm_foc_decouple」後將其存檔。

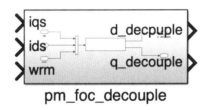

圖 3-2-36　（範例程式：pm_foc_decouple.slx）

STEP 2：

將建立好的「pm_foc_decouple」Subsystem 加入至圖 3-2-25 的永磁同步馬達磁場導向控制系統中，如圖 3-2-37。

STEP 3：

將圖 3-2-37 的系統方塊建立完成後，將模擬時間設成 2 秒，按下「Run」執行系統模擬（說明：模擬前請先執行 pm_params.m，載入馬達參數），以下分別列出轉速 ω_{rm}、定子 d 軸電流 i_{ds}^r、定子 q 軸電流 i_{qs}^r 與電磁轉矩 T_e 波形。

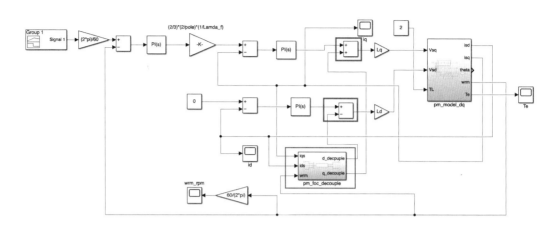

圖 3-2-37　（範例程式：pm_foc_models_decouple.slx）

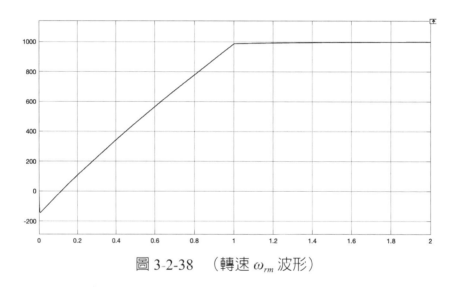

圖 3-2-38　（轉速 ω_{rm} 波形）

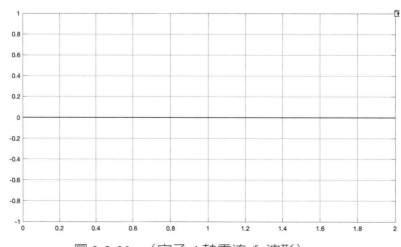

圖 3-2-39　（定子 d 軸電流 i_{ds}^r 波形）

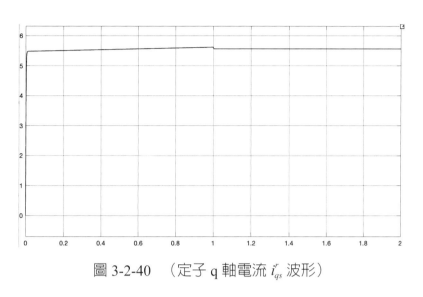

圖 3-2-40　　（定子 q 軸電流 i_{qs}^r 波形）

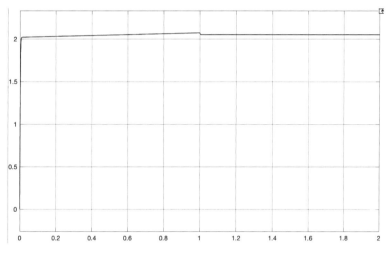

圖 3-2-41　　（電磁轉矩 T_e 波形）

3.3　結論

➤ 本章的磁場導向控制系統模擬為單純的數值型模擬，尚未加入許多實際的
物理限制與特性，如轉矩限制、電流與電壓限制、控制元件延遲（如感測器
取樣延遲、微控制器計算延遲等）、功率轉換器與電流感測器模型（說明：
可等效為一階低通濾波器，由於二者的截止頻率通常高於系統頻寬，因此

在系統頻寬之內可以將其等效為單位增益）[11]，讀者可以根據實際需求加入相應的物理限制條件，以更逼近真實物理系統的動態行為。

➤ 本章並未考慮系統運行時電機參數的改變，如電感與轉動慣量，在實際的馬達控制系統，馬達電感可能會隨著電流大小而改變，或是轉動慣量會隨著負載而變動，這些參數變動皆會連帶影響控制回路的頻寬值，因此實務上需考量參數可能的變動範圍來進行控制回路設計，或是可使用「增益調度（Gain scheduling）」技術對系統進行適應性控制（Adaptive control），以確保系統穩定度與響應速度[11]。

➤ 控制回路的頻寬愈高，控制性能愈容易受雜訊影響，因此高頻寬設計通常伴隨著雜訊優化的技術[11]。

➤ 在本章所介紹的磁場導向控制模擬系統直接將控制回路的輸出作為馬達模型的輸入，但在實務上我們需要使用 PWM Inverter 來將控制回路的訊號進行功率放大，將控制訊號放大成能夠驅動馬達的三相交流電壓訊號，因此第 4 章將會為各位介紹 PWM Inverter 的相關內容。

➤ 在本章中我們使用 MATLAB 程式來計算控制回路頻寬，也可以使用 Model Linearizer 自動找出 SIMULINK 系統方塊的波德圖，再從波德圖找出頻寬值，各位可以參考本書附錄（使用 Model Linearizer 自動找出 SIMULINK 控制系統波德圖）的內容。

➤ 一般來說被數位化後的控制器在確認性能後，會需要將控制器的 z 轉換轉移函式轉換成差分方程式（difference equation），再依據差分方程式編寫程式，最後燒入微控制器來實現。

➤ 若各位不知如何使用微控制器來實現數位控制器，可以參考筆者的另一著作《物聯網高手的自我修練》的第三章「Arduino 編程技術與數位濾波器實作」的內容，該章以一階與高階數位低通濾波器為例，帶各位實際體驗數位濾波器（或數位控制器）的整個設計與實作過程（說明：控制器與濾波器二者本質是相同的，名稱的差別主要來源於它們的應用場合，控制器用於控制系統的閉回路控制，濾波器則用於訊號濾波）。

參考文獻

[1] （韓）薛承基，電機傳動系統控制，北京：機械工業出版社，2013。

[2] K. Hasse, "On the Dynamics of Speed control of a Static AC Drive with a Squirrel-cage induction machine", PhD dissertation, Tech. Hochsch. Darmstadt, 1969.

[3] F. Blaschke, "The principle of field orientation as applied to the new TRANSVECTOR closed loop control system for rotating field machines," Siemens Rev., vol. 34, pp. 217-220, 1972.

[4] 劉昌煥，交流電機控制：向量控制與直接轉矩控制原理，台北：東華書局，2001。

[5] Haitham Abu-Rub, Atif Iqbal and Jaroslaw Guzinski, High Performance Control of AC Drives with MATLAB/SIMULINK, John Wiley & Sons, Ltd, UK, 2021.

[6] R. Krishnan, Permanent Magnet Synchronous and Brushless DC Motor Drives, CRC Press, Boca Raton, Florida, 2010.

[7] H. Tajima and Y. Hori, "Speed sensorless field-orientation control of the induction machines," IEEE Trans. Ind. Appl., vol. 29, no. 1, pp. 175-180, Jan./Feb. 1993.

[8] P. L. Jansen, R. D. Lorenz and D. W. Novotny, "Observer-based direct field orientation: analysis and comparison of alternative methods," IEEE Trans. Ind. Appl., vol. 30, no. 4, pp.945-953, July/Aug. 1994.

[9] P. L. Jansen and R. D. Lorenz, "A physically insightful approach to the design and accuracy assessment of flux observers for field oriented induction machine drives," IEEE Trans. Ind. Appl., vol. 30, no. 1, pp. 101-110, Jan/Feb. 1994.

[10] 葉志鈞，物聯網高手的自我修練，台灣：博碩文化股份有限公司，2023。

[11] George Ellis, Control System Design Guide: Using Your Computer to Understand and Diagnose Feedback Controllers, Butterworth-Heinemann, 2016.

CHAPTER

3

CHAPTER 4

PWM Inverter 模型

如果你不能簡單說清楚，就是你沒完全明白。

—— 愛因斯坦

在第二章與第三章我們完整的推導三相感應馬達與三相永磁同步馬達的數學模型與磁場導向控制法則，並且使用 MATLAB/SIMULINK 完整模擬了它們的磁場導向控制系統，在第三章的磁場導向控制的模擬程式中，我們直接將控制回路的輸出電壓作為馬達模型的輸入[1-2]，如圖 4-0-1 所示（說明：圖 4-0-1 為 3-1 節所建立的感應馬達磁場導向控制系統方塊，在模擬中我們直接將控制回路的輸出電壓作為馬達模型的輸入）。

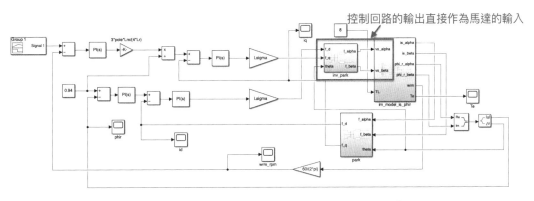

圖 4-0-1　（範例程式：im_foc_models.slx）

但實際上由於控制回路是由微控制器所實現，微控制器的輸出一般為為小訊號等級（通常為 0～5V 或 0～3.3V），這種低功率的小訊號是無法驅動交

流馬達運轉的，因此在實務上我們需要使用 PWM（pulse-width modulation）Inverter（DC-AC converter）來將控制回路的訊號進行功率放大 [1-3]，將控制訊號放大成能夠驅動馬達的三相交流電壓訊號。

> **說明：**
>
> 從電子學的角度，PWM Inverter 是一種功率轉換器，而從控制系統的角度來說，PWM Inverter 則可以等效為一階低通濾波器 [1]，由於其截止頻率通常高於系統頻寬，因此在系統頻寬之內可以將其等效為單位增益，如同我們在第三章的模擬系統中所設置的那樣。

嚴格來說 PWM Inverter[4] 是一個 DC-AC 轉換器，但它通常會包含一個前級的 AC-DC converter（整流模組）負責將三相的交流電轉換成直流，再由它的後級（DC-AC converter）將直流電壓轉換成可變電壓與可變頻率的三相電壓驅動馬達運轉，因此一個典型的「PWM Inverter」是一個二級架構（AC-DC converter + DC-AC converter）。

圖 4-0-2 為一個典型三相 PWM Voltage-Source Inverter（VSI）架構，它的前級為一個三相 AC-DC 模組（說明：又稱整流模組）負責將三相交流電壓轉換成直流電壓，並將能量暫存於直流鏈（由大電容組成）中，後級的 DC-AC converter 會使用 PWM 技術去切換電晶體開關（T1、T1'、T2、T2'、T3、T3'），將儲存在直流鏈的電壓轉換成三相交流電壓輸入給交流馬達。二極體 D1、D1'、D2、D2'、D3、D3' 是負責電感性負載的電流續流工作，又稱為飛輪二極體，若沒有飛輪二極體，不連續的電感電流將產生大電壓損壞 Inverter。

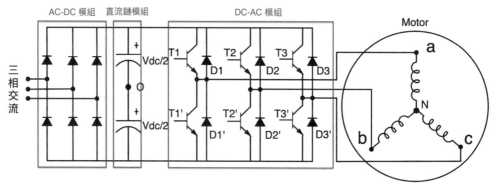

圖 4-0-2 （三相 Voltage-Source Inverter 架構）

　　弦波 PWM（Sinusoidal PWM，SPWM）是一個最經典的 PWM 調製技術，它使用高頻載波（Carrier）與控制回路所輸出的三相電壓命令作比較來切換 Inverter 的電晶體開關，以 a 相為例，如圖 4-0-3，當 a 相電壓命令高於載波電壓時輸出 HIGH 使 T1 開關 ON，同時 T1' 需 OFF，否則會短路，而在進行三相 SPWM 調製時，三相電壓命令是與高頻載波是同時進行圖 4-0-3 的比較運算的，實務上通常會使用微控制器（MCU）或 FPGA（field programmable gate array）來實現 PWM 調製技術。

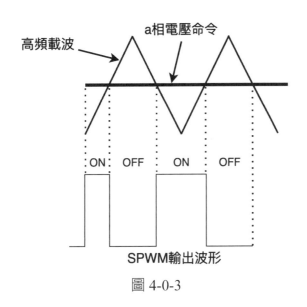

圖 4-0-3

説明：
實際上由向量控制回路輸出的電壓命令為弦波，但由於 PWM 週期遠小於弦波週期，因此在每個 PWM 週期中，看到的電壓命令可以近似為直流量 [4]。

　　本章筆者將為各位介紹幾種常見的 DC-AC converter 電路架構，如下所示，並使用 SIMULINK 來進行電路結合 SPWM 調變技術的系統模擬：
➢ 單相半橋 Inverter（Single-phase Half-bridge Inverter） [1, 3, 4]
➢ 單相全橋 Inverter（Single-phase Full-bridge Inverter，又稱 H-bridge） [1, 3, 4]
➢ 三相 Voltage-Source Inverter（三相交流馬達驅動器架構） [1-4]

對於三相 Voltage-Source Inverter，除了介紹 SPWM 調製技術外，還會介紹以下幾種優於傳統 SPWM 的調製方法：

➤ 三次諧波注入調變法 [2, 3]

➤ 加入偏移值調變法 [3]

➤ 空間向量（SVPWM）調變法 [2, 3]

最後在 4.7 節筆者會教各位如何將死區（deadtime）效應 [1, 3, 4] 這種非線性特性加入三相 VSI 的模擬系統中，讓模擬結果能更貼近真實的物理系統。

4.1　使用 SPWM 的單相半橋 Inverter

圖 4-1-1 為一個典型的單相半橋 Inverter 電路架構，a 點與 o 點之間連接負載，若為電阻性負載，當 T1 ON 時（此時 T1' 應該 OFF，否則會短路），Vao 為 Vdc/2，而當 T1' ON 時（此時 T1 應該 OFF，否則會短路），Vao 則變為 -Vdc/2，對於電阻性負載而言，電流會與施加的電壓同相，因此二個飛輪二極體 D1 與 D1' 就不需要派上用場。

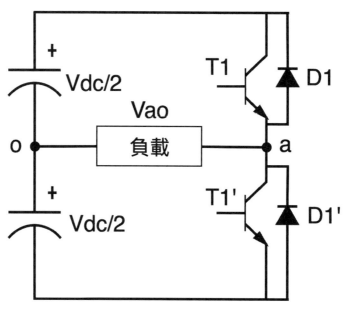

圖 4-1-1　（單相半橋 Inverter 架構）

　　而對於電感性負載而言，當開關 T1 ON 時，Vao 為 Vdc/2，當開關 T1'
ON 時，此時負載的電流仍從 a 點流向 o 點，雖然開關 T1' ON 使 Vao 的電壓
變成 -Vdc/2，但續流效應會讓二極體 D1' 導通，續流電流會流進直流鏈下方
的電容再流往二極體 D1' 形成回路，當電流續流到零後，再產生由 o 向 a 點的
電流，如圖 4-1-2 所示。

> **Tips：**
> 圖 4-1-2 中，當電壓與電流同號時，瞬時功率為正，此時能量由直流側送至
> 交流側，稱作變流模式；而當電壓與電流不同號時，瞬時功率為負，此時能
> 量由交流側送至直流側，稱作整流模式。如圖 4-1-2 所示，一個週期都會經
> 歷二次變流模式與二次整流模式[4]。

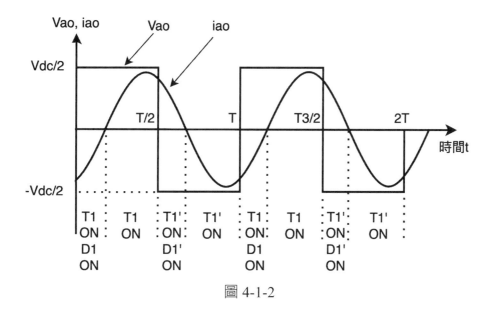

圖 4-1-2

　　如圖 4-1-2 所示，假設開關 T1 與 T1' 循著週期 T 輪流切換，則 Vao 會產
生如圖 4-1-2 所示的週期性方波電壓，方波大小值為 Vdc/2，我們可以使用以
下的 MATLAB 程式求出圖 4-1-2 中的 Vao 的傅立葉級數，並將其基本波畫出
（說明：以下程式碼中，週期 T 用 2 代入，並不影響計算的基本波大小）。

Matlab 程式 - 計算傅立葉級數（範例程式 fourier_series1.m）：

```
Ts = 0.01;
T = 2;
Vdc=100;
t = 0:Ts:T-Ts;
% 定義 Vao 波形
f(t < T/2) = Vdc;
f((t>=T/2) & (t<T)) = -Vdc;
N=1; % 諧波階數
a = zeros(1, N+1);
b = zeros(1, N+1);
for n=0:N
    a(n+1) = (2*Ts/T)*sum(f.*cos(2*pi*n*t/T));
    b(n+1) = (2*Ts/T)*sum(f.*sin(2*pi*n*t/T));
end
t=-2*T:Ts:2*T;
fs = (a(1)/2) * ones(size(t));
for n=1:N
    fs = fs + (a(n+1)*cos(2*pi*n*t/T) + b(n+1)*sin(2*pi*n*t/T));
end
plot(t, fs)
grid on
```

　　執行程式後可以畫出 V_{ao} 的基本波 V_{ao1} 的波形，如圖 4-1-3 所示，基本波 V_{ao1} 的峰值約為 127.3，為了得到其它 3、5、7、9、11 次諧波的峰值，我們可以修改範例程式 fourier_series1.m 來順利求出，我們將所求得的基本波與 3 到 11 次諧波大小列在表 4-1-1。

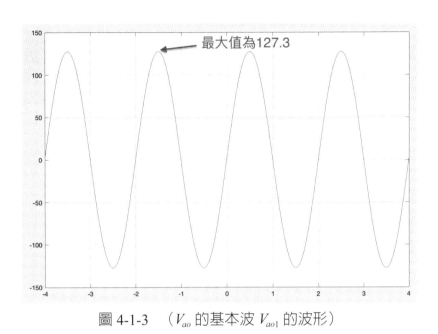

圖 4-1-3　（V_{ao} 的基本波 V_{ao1} 的波形）

表 4-1-1

諧波階數	峰值大小
基本波	127.3
3 次諧波	42.4（約基本波的 1/3）
5 次諧波	25.4（約基本波的 1/5）
7 次諧波	18.2（約基本波的 1/7）
9 次諧波	14.1（約基本波的 1/9）
11 次諧波	11.5（約基本波的 1/11）

　　由表 4-1-1 可知，V_{ao} 的基本波雖然高，但諧波也相當大，諧波大也意謂著能量的浪費，另一方面，使用 V_{ao} 這樣的方波也無法實現可變電壓與可變頻率的需求，因此實務上我們並不會使用圖 4-1-2 如此簡單的切換方法，在實際應用中我們會將週期 T 切分成很多細小的週期，每個細小週期又稱作 PWM 週期，每個 PWM 週期都會執行如圖 4-0-3 的 SPWM 比較運算，當弦波命令的振幅變大，它與載波比較後所輸出的 PWM 波形的基本波振幅也變大，當弦波命令的頻率變大，它與載波比較後所輸出的 PWM 波形的基本波頻率也變高，

因此使用 SPWM 可以順利實現輸出電壓 Vao 變壓與變頻的功能。

為了順利進行本章後續的講解，在此需要定義二個跟 SPWM 調變技術關係相當密切的指標，第一個指標稱為大小調變指標 m_a，它定義如下[4]：

$$m_a = \frac{|v_m|}{|v_c|} \qquad (4.1.1)$$

其中，$|v_m|$ 為調變波的峰值絕對值，$|v_c|$ 為載波的峰值絕對值（說明：調變波即為圖 4-0-3 中的 a 相電壓命令）。

當調變波峰值絕對值小於或等於載波的峰值絕對值時，此時 $m_a \leq 1$，我們將其稱作「線性調變區」；當調變波峰值絕對值大於載波的峰值絕對值時，此時 $m_a > 1$，我們將其稱作「非線性調變區」，又稱為「過調變區」，本書內容主要講述線性調變區，若對非線性調變區有興趣的讀者，可以參考相關資料[4]。

接著我們定義第二個指標：頻率調變指標 m_f[4]，又稱為切割比，定義如下：

$$m_f = \frac{f_c}{f_m} \qquad (4.1.2)$$

其中，f_c 為載波的頻率，f_m 為調變波的頻率。

當 $m_f \leq 21$ 時，須使載波與調變波同步，即 m_f 須為整數，否則會造成較大的次諧波（Subharmonics）現象，要讓 m_f 為整數，則三角波頻率需隨著調變波的頻率變化而調整[4]。

當 $m_f > 21$ 時，非同步 PWM 所造成的次諧波（Subharmonics）現象並不嚴重，因此可將載波頻率設為定值，但對於一些對次諧波較敏感的應用場合，也可以使用同步 PWM，即載波與調變波同步來改善次諧波（Subharmonics）的現象[4]。

載波頻率 f_c 決定 Inverter 的電晶體開關切換頻率，載波頻率 f_c 愈高則電晶體開關的切換頻率也愈高，開關的切換損失也愈大，而載波頻率愈低，開關的切換損失雖然能夠被減小，但會造成輸出的電壓波形的解析度不好而影響到驅

動性能。一般來說，對於馬達驅動器而言，載波頻率 f_c 會被設定在 4k-10kHz
之間。

　　當調變波大於載波時，圖 4-4 的開關 T1 ON（開關 T1' OFF），Vao 為
Vdc/2，當調變波小於載波時，開關 T1' ON（開關 T1 OFF），Vao 為 -Vdc/2。

　　單相半橋的輸出電壓基本波峰值 $\hat{V}_{ao1}$ 與大小調變指標 m_a 的關係為，

$$\hat{V}_{ao1} = m_a \times \frac{V_{dc}}{2} \qquad （4.1.3）$$

當 $m_a = 1$ 時，$\hat{V}_{ao1}$ 的大小就是 $\frac{V_{dc}}{2}$。

■ 單相半橋 SPWM Inverter 的 SIMULINK 模擬

　　以上我們已經為各位詳盡的介紹單相半橋 SPWM Inverter 的工作原理，接
下來我們會使用 MATLAB/SIMULINK 來進行單相半橋 SPWM Inverter 的系統
模擬。

STEP 1：

　　首先我們需建立一個單相的 SPWM 調變器（SPWM Modulator），請開
啓一個空白的 SIMULINK Subsystem 檔案，並建立如圖 4-1-4 的方塊，建立
完成後，選取所有方塊（可以使用 CTRL + A），按滑鼠右鍵並選擇「Create
Subsystem from Selection」建立單一 Subsystem 元件，如圖 4-1-5，將其取名
爲「SPWM modulator」後將其存檔。

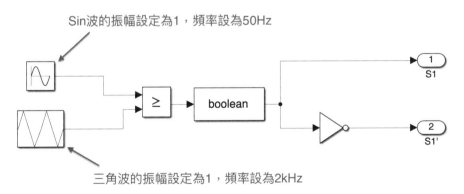

Sin波的振幅設定為1，頻率設為50Hz

三角波的振幅設定為1，頻率設為2kHz

圖 4-1-4　（範例程式：SPWM_modulator.slx）

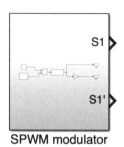

圖 4-1-5 （範例程式：SPWM_modulator.slx）

STEP 2：

單相 SPWM 調變器建立完成後，再建立一個空白的 SIMULINK 檔案，建立如圖 4-1-6 的系統方塊。

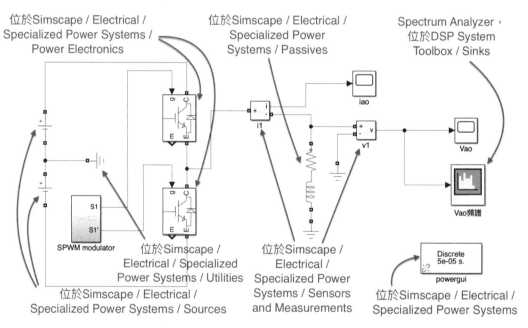

圖 4-1-6 （範例程式：half_bridge_inverter.slx）

STEP 3：

將圖 4-1-6 的方塊建立完成後，將二個「DC Voltage Source」的電壓設成 100（代表 Vdc/2=100V）。雙擊 Series RLC Branch，將「Branch type」設成

RL，並將電阻值設為 5（Ohms）、電感值設為 150e-3（H）。再雙擊 power-gui，將「Simulation Type」設定為 Discrete，「Sample time」設定成 5e-5。

STEP 4：

請雙擊 Spectrum Analyzer 元件，請將「Type」設成 RMS，其它保持預設值，如圖 4-1-7 所示。

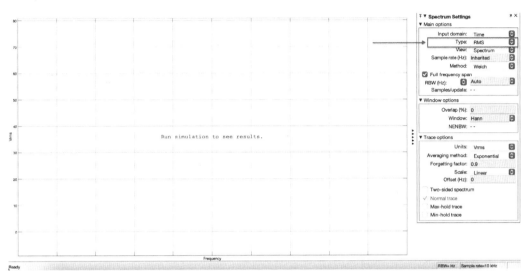

圖 4-1-7

STEP 5：

將 SIMULINK 模擬求解器設成「Fixed-step」，「Fixed-step size」設成 auto，將總模擬時間設為 0.5 秒。設定完成後，按下「Run」執行系統模擬。

STEP 6：

若順利完成模擬，請先雙擊 Vao 與 iao 示波器方塊，分別觀察 Vao 電壓與 iao 電流波形，如圖 4-1-8 與 4-1-9 所示，從波形可知，Vao 為 SPWM 所輸出的 PWM 電壓波形，電壓準位在 Vdc/2（100 V）與 -Vdc/2（-100 V）之間變化。再檢視一下 iao 波形，由於我們將負載設定成電感性負載，因此電流呈現弦波的變化，也代表二個上下臂的飛輪二極體有發揮續流的作用。

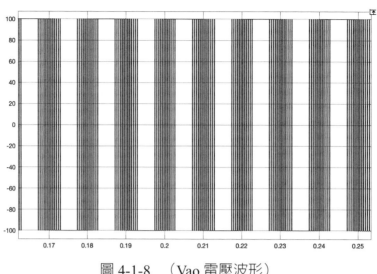

圖 4-1-8　（Vao 電壓波形）

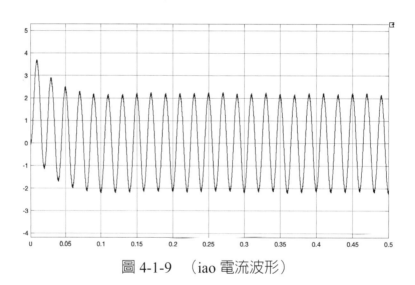

圖 4-1-9　（iao 電流波形）

STEP 7：

　　接著請雙擊 Spectrum Analyzer 元件觀測 Vao 電壓的頻譜，如圖 4-1-10。

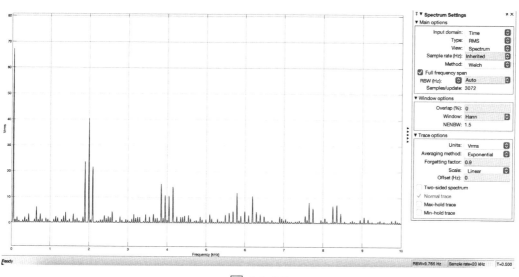

圖 4-1-10

STEP 8：

　　我們需要觀察 50Hz 基本波的大小，但在觀測之前我們先檢查一下是否發生頻譜洩露（Spectral Leakage），請將 50Hz 的頻譜放大，如圖 4-1-11 所示，我們發現 50Hz 的大小頻譜的最高點並非對應到 50Hz，因此可以知道發生了頻譜洩露（Spectral Leakage）[5] 現象。

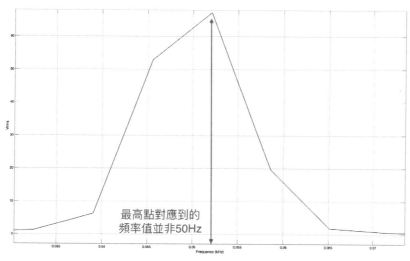

最高點對應到的
頻率值並非50Hz

圖 4-1-11　（改善前的 Vao 電壓頻譜）

說明：

頻譜洩漏（Spectral Leakage）會造成頻譜量測的誤差，這是一個實務上不可避免的現象，這是由於觀測的訊號頻率並非頻率刻度 Δf 的整數倍所導致，如圖 4-1-10 所示，Spectral Analyzer 取樣了 3072 個點進行頻譜計算，圖 4-1-10 的右下角告訴我們目前的取樣頻率爲 20kHz，因此本例的頻率刻度 $\Delta f = \dfrac{f_s}{N} = \dfrac{20000}{3072} = 6.510416\,\mathrm{Hz}$，很明顯我們要觀測的基本波頻率 50Hz 並非 Δf 的整數倍，因此就發生了「頻譜洩漏」的現象。若各位想完全了解「頻譜」與「頻譜洩漏」，可以參考作者的另一著作《物聯網高手的自我修練》的 5.3 節「使用 LabVIEW 徹底將頻譜的理論與實務一網打盡」[5]。

STEP 9：

要改善「頻譜洩漏」，一般作法是使用「Window」，經筆者測試，可以將圖 4-1-10 中的「Window」設成「Rectangular」，可以顯著改善 PWM 訊號的頻譜洩漏問題，設定完成後再執行一次系統模擬，可以得到一個改善後的 Vao 電壓頻譜，如圖 4-1-12，可以看到，50Hz 的頻譜經 Rectangular Window 改善後有明顯提升。

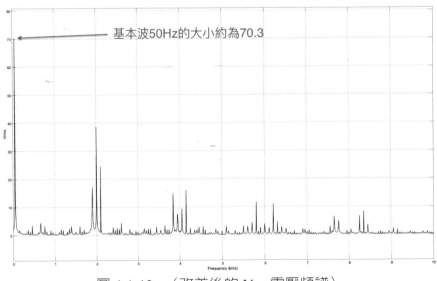

圖 4-1-12　（改善後的 Vao 電壓頻譜）

STEP 10：

　　圖 4-1-12 的頻譜顯示基本波 50Hz 的頻譜大小為 70.3（V_{rms}）左右，由於頻譜的單位是方均根值（RMS），因此將其換算成峰值為 99.4（V），而我們在 PWM modulator 中所設定的弦波調變波的峰值與載波峰值一致，即 $m_a = 1$，因此理論上，單相半橋的輸出電壓基本波峰值 $\hat{V}_{ao1} = 1 \times \dfrac{V_{dc}}{2} = 100$（V），而使用 Spectrum Analyzer 所觀察到的結果為 99.4，相當接近理論值。

4.2　使用 SPWM 的單相全橋 Inverter

　　圖 4-2-1 為一個典型的單相全橋 Inverter 電路架構，a 點與 b 點之間連接負載，若為電阻性負載，當 T1 與 T2' ON 時（此時 T1' 與 T2 應該 OFF，否則會短路），Vab 為 Vdc，則當 T2 與 T1' ON 時（此時 T1 與 T2' 應該 OFF，否則會短路），Vao 則變為 -Vdc，對電阻性負載而言，由於電流與施加的電壓同相，因此飛輪二極體 D1、D1'、D2、D2' 並不需要派上用場。

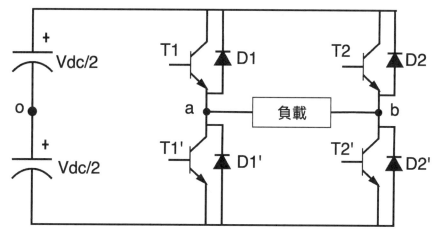

圖 4-2-1　（單相全橋 Inverter 架構）

　　對於電感性負載而言，當開關 T1 與 T2' ON 時，Vab 為 Vdc，而當開關 T2 與 T1' ON 時，此時負載的電流仍持續從 a 點流向 b 點，雖然開關 T2 與 T1' ON 會使 Vab 的電壓變成 -Vdc，但電感續流效應會讓二極體 D1' 與 D2 導

通，續流電流會流進直流鏈的電容再流往二極體 D1' 與 D2 形成回路，當電流續流到零後，再產生由 b 流向 a 點的電流，如圖 4-2-2 所示。

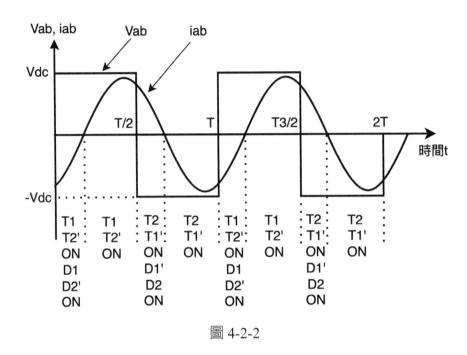

圖 4-2-2

> 說明：
> 在上下臂切換的 4 個狀態中，為了避免上下臂短路，還會加入上下臂開關皆為 OFF 的時間（即 T1、T1'、T2、T2' 皆 OFF），即為死區時間（Dead-time），在死區時間，飛輪二極體也會負責續流的工作。

■ 單相全橋 SPWM Inverter 的 SIMULINK 模擬

以上我們已經為各位詳盡的介紹單相全橋 SPWM Inverter 的工作原理，接下來我們將使用 MATLAB/SIMULINK 來進行單相全橋 SPWM Inverter 的系統模擬。

STEP 1：

要實現單相全橋 Inverter 的 SPWM 調變，我們需要使用二個相位差為 180 度的 Sine 調變波進行 SPWM 調變，因此請將 4.1 節的單相 SPWM 調變器修改

成圖 4-2-3，修改完成後，選取所有方塊（可以使用 CTRL ＋ A），按滑鼠右鍵並選擇「Create Subsystem from Selection」建立單一 Subsystem 元件，將其取名爲「SPWM_modulator_full_bridge」後將其存檔，如圖 4-2-4。

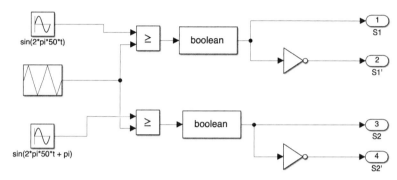

圖 4-2-3　（範例程式：SPWM_modulator_full_bridge.slx）

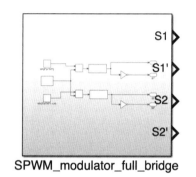

圖 4-2-4　（範例程式：SPWM_modulator_full_bridge.slx）

STEP 2：

將「SPWM_modulator_full_bridge」建立完成後，再建立一個空白的 SIMULINK 檔案，建立如圖 4-2-5 的方塊，除了 SPWM 調變功能外，圖 4-2-5 的系統方塊的設定值皆與 4.1 節的 half-bridge Inverter 一致。

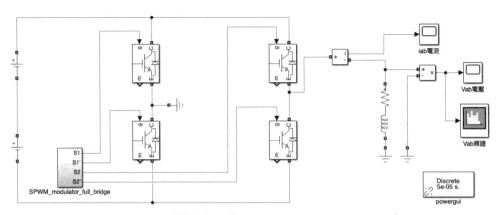

圖 4-2-5　（範例程式：full_bridge_inverter.slx）

STEP 3：

　　將 SIMULINK 模擬求解器設成「Fixed-step」，「Fixed-step size」設成 auto，將總模擬時間設為 0.5 秒。設定完成後，按下「Run」執行系統模擬。

STEP 4：

　　若順利完成模擬，請先雙擊 Vab 與 iab 示波器方塊，分別觀察電壓 Vab 與電流 iab 波形，如圖 4-2-6 與 4-2-7 所示，從波形可知，Vab 為 PWM 電壓波形，Vab 在 Vdc（200 V）與 -Vdc（-200 V）之間作切換。再檢視一下電流 iab 波形，由於我們將負載設定成電感性負載，因此電流呈現弦波的變化，也代表上下臂的二極體有發揮續流的作用。

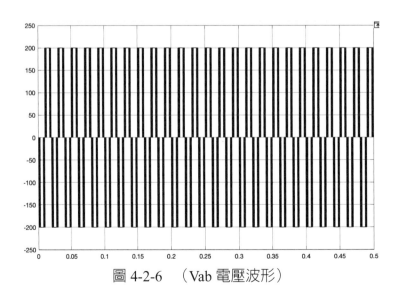

圖 4-2-6　（Vab 電壓波形）

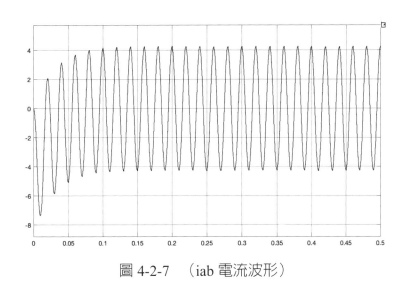

圖 4-2-7 （iab 電流波形）

STEP 5：

接著請雙擊 Spectrum Analyzer 元件觀測 Vab 電壓的頻譜（注意：需將 window 設成 Rectangular 以改善頻譜洩露），如圖 4-2-8。

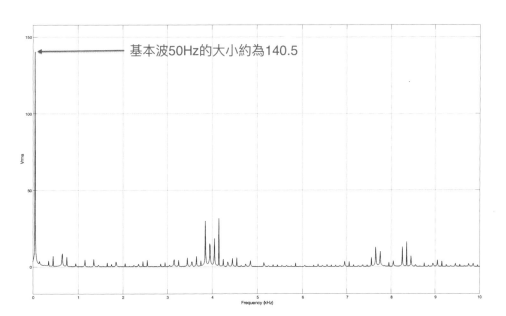

圖 4-2-8 （改善後的 Vab 電壓頻譜）

STEP 6：

　　圖 4-2-8 的頻譜顯示基本波 50Hz 的頻譜大小為 140.5（V_{rms}）左右，由於頻譜的單位是方均根值（RMS），因此將其換算成峰值為 198.6（V），而我們在 PWM modulator 中所設定的弦波調變波的峰值與載波峰值一致，即 $m_a = 1$，因此理論上，單相半橋的輸出電壓基本波峰值 $\hat{V}_{ao1} = 1 \times V_{dc} = 200$（V），而使用 Spectrum Analyzer 所觀察到的結果為 198.6，相當接近理論值。

4.3 使用 SPWM 的三相 VSI 模型

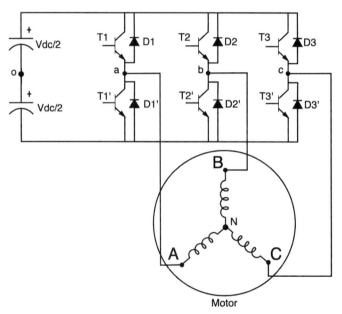

圖 4-3-1 （三相 Voltage Source Inverter 架構）

　　圖 4-3-1 為一個典型的三相 Voltage Source Inverter（VSI）架構，a、b、c 三點與馬達定子三相繞組連接，我們需要使用電路學的觀念來推導一下 v_{ao}、v_{bo} 與 v_{co} 與馬達相電壓 v_{aN}、v_{bN} 與 v_{cN} 之間的關係，首先我們知道

$$v_{ao} = v_{aN} + v_{No} \tag{4.3.1}$$

$$v_{bo} = v_{bN} + v_{No} \tag{4.3.2}$$

$$v_{co} = v_{cN} + v_{No} \tag{4.3.3}$$

假設馬達為三相平衡繞組，且馬達的輸入電壓為三相平衡，即

$$v_{aN} + v_{bN} + v_{cN} = 0 \tag{4.3.4}$$

將（4.3.1）、（4.3.2）與（4.3.3）三式相加，並使用（4.3.4）式的條件，可得

$$v_{No} = \frac{1}{3}(v_{ao} + v_{bo} + v_{co}) \tag{4.3.5}$$

將（4.3.5）式代回（4.3.1）、（4.3.2）與（4.3.3）式，可以得到

$$v_{aN} = \frac{1}{3}(2v_{ao} - v_{bo} - v_{co}) \tag{4.3.6}$$

$$v_{bN} = \frac{1}{3}(2v_{bo} - v_{co} - v_{ao}) \tag{4.3.7}$$

$$v_{cN} = \frac{1}{3}(2v_{co} - v_{ao} - v_{bo}) \tag{4.3.8}$$

接著我們使用 S_a、S_b 與 S_c 來分別表示 a、b、c 三臂電晶體開關的切換狀態，以 a 相為例，若 a 相上臂電晶體為 ON，則 $S_a = 1$；若 a 相下臂電晶體為 ON，則 $S_a = 0$。相同的方法，S_b 與 S_c 也用表示 b 相與 c 相的電晶體的切換狀態。

因此，我們可以將 v_{aN}、v_{bN} 與 v_{cN} 表示成 S_a、S_b、S_c 與 V_{dc} 的函數：

$$v_{aN} = \frac{V_{dc}}{3}(2S_a - S_b - S_c) \tag{4.3.9}$$

$$v_{bN} = \frac{V_{dc}}{3}(2S_b - S_c - S_a) \tag{4.3.10}$$

$$v_{cN} = \frac{V_{dc}}{3}(2S_c - S_a - S_b) \tag{4.3.11}$$

　　當使用表 4-3-1 的切換順序對三相 VSI 開關作切換時，可以得到如圖 4-3-2 的輸出電壓波形（v_{ao}、v_{bo} 與 v_{co}），若連接的馬達是感應馬達的話，則馬達將會順利旋轉，所產生的馬達相電壓（v_{aN}、v_{bN} 與 v_{cN}）也列在表 4-3-1。

表 4-3-1[2, 3]

開關切換狀態	v_{ao}	v_{bo}	v_{co}	v_{aN}	v_{bN}	v_{cN}
101	$\dfrac{V_{dc}}{2}$	$-\dfrac{V_{dc}}{2}$	$\dfrac{V_{dc}}{2}$	$\dfrac{V_{dc}}{3}$	$-\dfrac{2V_{dc}}{3}$	$\dfrac{V_{dc}}{3}$
100	$\dfrac{V_{dc}}{2}$	$-\dfrac{V_{dc}}{2}$	$-\dfrac{V_{dc}}{2}$	$\dfrac{2V_{dc}}{3}$	$-\dfrac{V_{dc}}{3}$	$-\dfrac{V_{dc}}{3}$
110	$\dfrac{V_{dc}}{2}$	$\dfrac{V_{dc}}{2}$	$-\dfrac{V_{dc}}{2}$	$\dfrac{V_{dc}}{3}$	$\dfrac{V_{dc}}{3}$	$-\dfrac{2V_{dc}}{3}$
010	$-\dfrac{V_{dc}}{2}$	$\dfrac{V_{dc}}{2}$	$-\dfrac{V_{dc}}{2}$	$-\dfrac{V_{dc}}{3}$	$\dfrac{2V_{dc}}{3}$	$-\dfrac{V_{dc}}{3}$
011	$-\dfrac{V_{dc}}{2}$	$\dfrac{V_{dc}}{2}$	$\dfrac{V_{dc}}{2}$	$-\dfrac{2V_{dc}}{3}$	$\dfrac{V_{dc}}{3}$	$\dfrac{V_{dc}}{3}$
001	$-\dfrac{V_{dc}}{2}$	$-\dfrac{V_{dc}}{2}$	$\dfrac{V_{dc}}{2}$	$-\dfrac{V_{dc}}{3}$	$-\dfrac{V_{dc}}{3}$	$\dfrac{2V_{dc}}{3}$

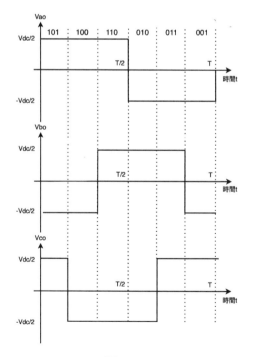

圖 4-3-2

接著讓我們回顧一下第二章的空間向量公式

$$V_{abc} = \frac{2}{3}\left[v_a(t) + e^{j\frac{2\pi}{3}} \times v_b(t) + e^{j\frac{4\pi}{3}} \times v_c(t) \right]$$　　（4.3.12）

我們可將表 4-3-1 中六個切換狀態的馬達相電壓（v_{aN}、v_{bN} 與 v_{cN}）代入（4.3.12）式，可以得到 6 個電壓向量，可將其畫在二維空間向量平面上，如圖 4-3-3 所示。

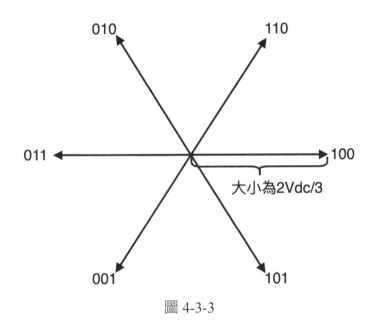

圖 4-3-3

表 4-3-1 的切換順序又被稱為感應馬達的「六步方波控制」[2, 3]，雖然六步方波控制可以提供較高的馬達相電壓（2Vdc/3），但諧波也相當大，諧波大也意謂著能量的浪費，同時使用六步方波控制也無法實現可變電壓與可變頻率的需求，因此實務上我們並不會使用表 4-3-1 的切換方法，在實際應用上我們會將每個切換週期 T/6 再細分成更小的 PWM 週期來進行 SPWM 調變，以達到可變電壓與可變頻率（VVVF）的需求，也可以大幅降低諧波的危害，並減少能量的無謂浪費。

■三相 SPWM Voltage Source Inverter 的 SIMULINK 模擬

　　以上我們已經爲各位詳盡的介紹三相 Voltage Source Inverter 的工作原理，接下來我們將使用 MATLAB/SIMULINK 來進行三相 SPWM VSI 的系統模擬。

STEP 1：

　　要實現三相 VSI 的 SPWM 調變，我們需要使用三個相位差爲 120 度的 Sine 調變波來進行 SPWM 調變，因此請將 4.1 節的單相 SPWM 調變器修改成圖 4-3-4，修改完成後，選取所有方塊（可以使用 CTRL + A），按滑鼠右鍵並選擇「Create Subsystem from Selection」建立單一 Subsystem 元件，如圖 4-3-5，將其取名爲「SPWM_modulator_VSI」後將其存檔。

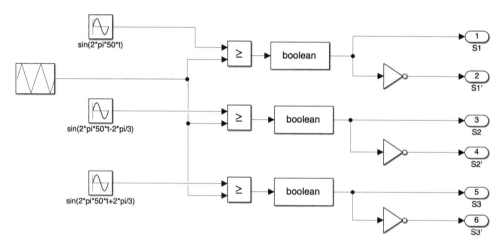

圖 4-3-4　（範例程式：SPWM_modulator_VSI.slx）

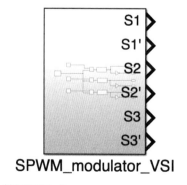

SPWM_modulator_VSI

圖 4-3-5　（範例程式：SPWM_modulator_VSI.slx）

STEP 2：

　　將「SPWM_modulator_VSI」建立完成後，再建立一個空白的 SIMU-LINK 檔案，建立如圖 4-3-6 的方塊，除了 SPWM 調製功能外，圖 4-3-6 的系統方塊的設定值皆與 4.1 節的 half-bridge Inverter 一致（說明：每相的 RL 負載皆相同）。

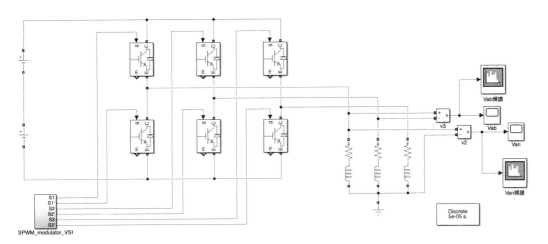

圖 4-3-6　（範例程式：SPWM_3ph_VSI.slx）

STEP 3：

　　將 SIMULINK 模擬求解器設成「Fixed-step」，「Fixed-step size」設成 auto，將總模擬時間設為 0.5 秒。設定完成後，按下「Run」執行系統模擬。

STEP 4：

　　若順利完成模擬，請先雙擊 Vab 與 Van 示波器方塊，分別觀察線對線電壓 Vab 與馬達相電壓 Van 波形，如圖 4-3-7 與 4-3-8 所示，從波形可知，Vab 與 Van 皆為 PWM 電壓波形，Vab 在 Vdc（200 V）與 -Vdc（-200 V）之間作切換，Van 為根據（4.3.6）～（4.3.8）式所產生的馬達相電壓，如圖 4-3-8 所示。

CHAPTER

4

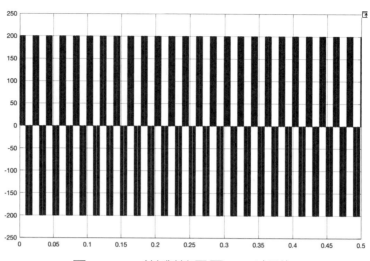

圖 4-3-7 （線對線電壓 Vab 波形）

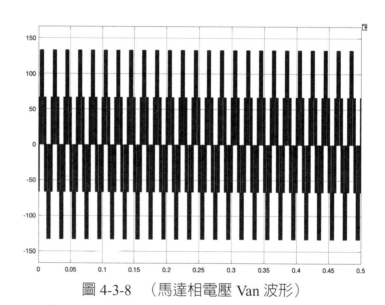

圖 4-3-8 （馬達相電壓 Van 波形）

STEP 5：

接著請雙擊 Van 頻譜元件觀測 Van 電壓的頻譜（注意：須將 window 設成 Rectangular 以改善頻譜洩露），如圖 4-3-9 所示，Van 基本波 50Hz 的頻譜大小為 70.5（V_{rms}）左右，由於頻譜的單位是方均根值（RMS），因此須將其換算成峰值為 99.69（V），而我們在三相 SPWM modulator 中所設定的弦波調

CHAPTER

4

變波的峰值與載波峰值一致，即 $m_a = 1$，因此理論上三相 SPWM VSI 的輸出相電壓基本波峰值 $\hat{V}_{aN1} = 1 \times \dfrac{V_{dc}}{2} = 100$（V），而使用 Spectrum Analyzer 所觀察到的結果為 99.69，相當接近理論值。

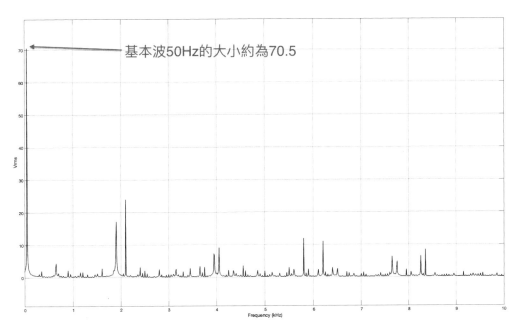

基本波50Hz的大小約為70.5

圖 4-3-9　（馬達相電壓 Van 頻譜）

STEP 6：

接著請雙擊 Vab 頻譜元件觀測線電壓 Vab 電壓的頻譜（注意：須將 window 設成 Rectangular 以改善頻譜洩露），如圖 4-3-10 所示，Vab 基本波 50Hz 的頻譜大小為 122（V_{rms}）左右，由於頻譜的單位是方均根值（RMS），因此須將其換算成峰值為 172.5（V），而我們在三相 SPWM modulator 中所設定的弦波調變波的峰值與載波峰值一致，即 $m_a = 1$，因此理論上三相 SPWM VSI 的輸出線電壓基本波峰值 $\hat{V}_{ab1} = \sqrt{3} \times \hat{V}_{aN1} = 172.6$（V），而使用 Spectrum Analyzer 所觀察到的結果為 172.5，相當接近理論值（說明：在 Y 接下，線電壓為相電壓的 $\sqrt{3}$ 倍）。

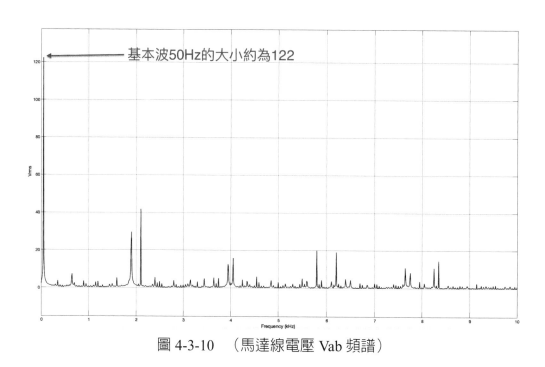

圖 4-3-10 （馬達線電壓 Vab 頻譜）

4.4 使用三次諧波注入調變的三相 VSI 模型

在 4.3 節，我們模擬了三相 VSI 的 SPWM 調變功能，經由頻譜的驗證，可以知道，三相 SPWM 調變可以輸出的相電壓基本波峰值為 $\dfrac{V_{dc}}{2}$，但在實務上許多馬達的額定電壓都相當高，若可以提高三相 VSI 的輸出電壓，將可以使馬達輸出更高的轉矩，因此在本節中筆者將為各位介紹三次諧波注入調變法，可以將它看成是 SPWM 的增強版本，將三次諧波注入到 SPWM 的三相調變波中可以有效的將三相 VSI 的輸出電壓增加 15.47%，使 VSI 的電壓輸出能力優於傳統 SPWM VSI，而注入的三次諧波會在輸出端被互相抵消，並不會出現在馬達的端電壓上。

首先，我們將 4.3 節所使用的三相 SPWM 調變波列出如下

$$v_{am}(t) = V_{am} \sin (\omega t) \tag{4.4.1}$$

$$v_{bm}(t) = V_{bm} \sin\left(\omega t - \frac{2\pi}{3}\right) \tag{4.4.2}$$

$$v_{cm}(t) = V_{cm} \sin\left(\omega t + \frac{2\pi}{3}\right) \tag{4.4.3}$$

其中，$V_{am} = V_{bm} = V_{cm} = V_{tri}$，$V_{tri}$ 為載波振幅。

接下來，我們要在三相的 SPWM 調變波加上三次諧波，如下

$$v'_{am}(t) = V_{am} \sin(\omega t) + V_{m3} \sin(3\omega t) \tag{4.4.4}$$

$$v'_{bm}(t) = V_{bm} \sin\left(\omega t - \frac{2\pi}{3}\right) + V_{m3} \sin(3\omega t) \tag{4.4.5}$$

$$v'_{cm}(t) = V_{cm} \sin\left(\omega t + \frac{2\pi}{3}\right) + V_{m3} \sin(3\omega t) \tag{4.4.6}$$

由於弦波注入三次諧波後振幅會減低，我們希望加入三次諧波後的三相調變波的最大值仍跟載波振幅一致，因此先將（4.4.4）式對 ωt 微分求極值，以找出 V_{m3} 與 V_{am} 之間的關係 [3]。

$$\frac{d}{d\omega t}v'_{am}(t) = V_{am} \cos(\omega t) + 3V_{m3} \cos(3\omega t) = 0 \tag{4.4.7}$$

因此可以得到，當 $\omega t = \frac{\pi}{3}$ 時，（4.4.7）式成立，此時 V_{m3} 為

$$V_{m3} = \frac{1}{3}V_{am} \cos\left(\frac{\pi}{3}\right) \tag{4.4.8}$$

我們將（4.4.8）代入（4.4.4）式，並且令 $v'_{am}(t)$ 的絕對值與載波振幅 V_{tri} 相同

$$|v'_{am}| = \left| V_{am} \sin(\omega t) + \frac{1}{3}V_{am} \cos\left(\frac{\pi}{3}\right)\sin(3\omega t) \right| = V_{tri} \tag{4.4.9}$$

使用 $\omega t = \frac{\pi}{3}$ 代入（4.4.9）式，可以得到

$$V_{am} = \frac{V_{tri}}{\sin\left(\frac{\pi}{3}\right)}$$ （4.4.10）

因此，使用三次諧波注入調變法，當載波的振幅爲 V_{tri} 時，V_{am}、V_{bm} 與 V_{cm} 的大小需設定爲 $\dfrac{V_{tri}}{\sin\left(\frac{\pi}{3}\right)}$，而三次諧波的振幅 V_{m3} 則須設爲 $\dfrac{1}{3}V_{am}\cos\left(\frac{\pi}{3}\right)$。

若將載波振幅 V_{tri} 設爲 1，則 $V_{am} = V_{am} = V_{am} = \dfrac{1}{\sin\left(\frac{\pi}{3}\right)}$，$V_{m3} = \dfrac{1}{3} \times \dfrac{\cos\left(\frac{\pi}{3}\right)}{\sin\left(\frac{\pi}{3}\right)}$。

圖 4-4-1 顯示一個 a 相 SPWM 弦波調制波與一個加入三次諧波調制波的差異。

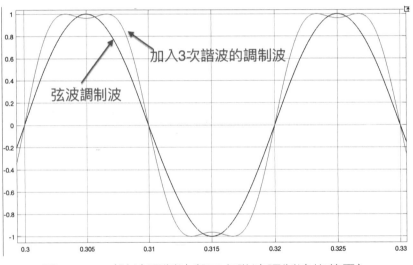

圖 4-4-1   （弦波調制波與三次諧波調制波的差異）

■ 三次諧波注入調變 VSI 的 SIMULINK 模擬

以上我們已經爲各位詳盡的介紹三次諧波注入調變法的工作原理，接下來我們將使用 MATLAB/SIMULINK 來進行三次諧波注入調變法 VSI 的系統模擬。

STEP 1：

要實現三次諧波注入調變法，我們需要在三相 SPWM 的調變波加入三次諧波，因此請將 4.3 節的三相 SPWM 調變器修改成圖 4-4-2，修改完成後，選取所有方塊（可以使用 CTRL + A），按滑鼠右鍵並選擇「Create Subsystem from Selection」建立單一 Subsystem 元件，如圖 4-4-3，將其取名爲「third_harmonic_SPWM」後將其存檔。

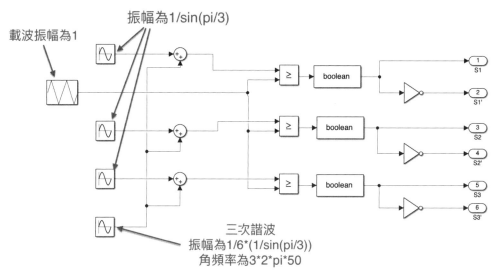

圖 4-4-2　（範例程式：3rd_harmonic_SPWM.slx）

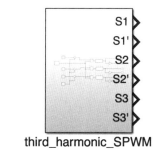

third_harmonic_SPWM

圖 4-4-3　（範例程式：third_harmonic_SPWM.slx）

STEP 2：

　　將「third_harmonic_SPWM」建立完成後，再建立一個空白的 SIMU-LINK 檔案，將方塊建立如圖 4-4-4 所示，除了「third_harmonic_SPWM」外，圖 4-4-4 的系統方塊設定值皆與 4.3 節的 SPWM_3ph_VSI 一致。

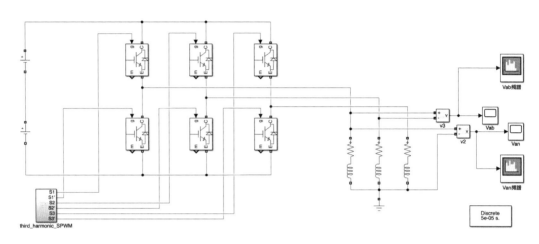

圖 4-4-4　（範例程式：third_harmonic_SPWM_VSI.slx）

STEP 3：

　　將 SIMULINK 模擬求解器設成「Fixed-step」，「Fixed-step size」設成 auto，將總模擬時間設為 0.5 秒。設定完成後，按下「Run」執行系統模擬。

STEP 4：

　　請雙擊 Van 頻譜元件觀測 Van 電壓的頻譜（注意：須將 window 設成 Rectangular 以改善頻譜洩露），如圖 4-4-5 所示，Van 基本波 50Hz 的頻譜大小為 81.5（V_{rms}）左右，由於頻譜的單位是方均根值（RMS），因此須將其換算成峰值為 115.24（V），相較於三相 SPWM 調變可輸出的最大相電壓為 100（V），三次諧波注入調變法將相電壓增加 15.24% 左右，接近理論值 15.47%。

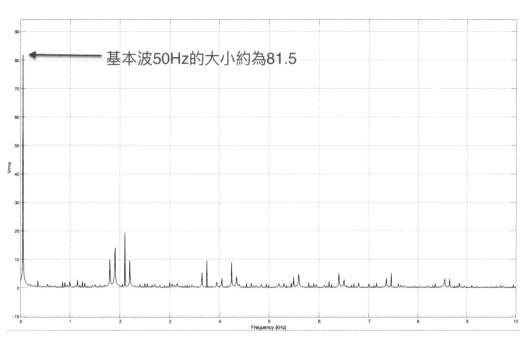

圖 4-4-5　（馬達相電壓 Van 頻譜）

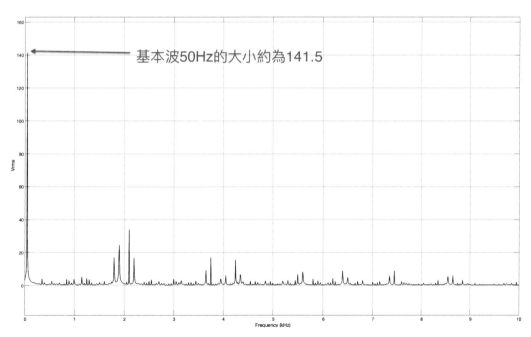

圖 4-4-6　（馬達線電壓 Vab 頻譜）

CHAPTER

4

STEP 5：

接著請雙擊 Vab 頻譜元件觀測線電壓 Vab 電壓的頻譜（注意：須將 window 設成 Rectangular 以改善頻譜洩露），如圖 4-4-6 所示，Vab 基本波 50Hz 的頻譜大小為 141.5（V_{rms}）左右，由於頻譜的單位是方均根值（RMS），因此須將其換算成峰值為 200（V），各位可以發現三次諧波注入調變法可以完全利用直流鏈的所有電壓，即 Vdc，同樣的，相較於三相 SPWM 調變可輸出的最大線電壓為 172.6（V），三次諧波注入調變法將相電壓增加 15.87% 左右，接近理論計算值（15.47%）。

4.5　加入偏移值調變的三相 VSI 模型

現在我們知道如何將三次諧波注入到 SPWM 的三相調變波中以有效的將 VSI 的輸出電壓增加 15.47%，使 VSI 的電壓輸出能力優於傳統 SPWM VSI，在實際的馬達控制應用上，若直接在三相調變波中注入三次諧波，並不容易使用軟體來實現，本節筆者將為各位介紹「加入偏移值調變法」，它與「三次諧波注入」有相同的效果，但更容易使用軟體來實現。

■加入偏移值調變法 VSI 的 SIMULINK 模擬

STEP 1：

要實現「加入偏移值調變法」，我們需要修改 4.4 節的三次諧波注入調變器（third_harmonic_SPWM），因此請將 4.4 節的三次諧波注入調變器修改成圖 4-5-1，圖中的「Offset 模組」具有與三次諧波同樣的效果（說明：事實上 Offset 模組所輸出的不只有三次諧波，而是三的倍數諧波）。

「Offset 模組」輸出可以表示成

$$Offest = -\frac{max(v_{am}, v_{bm}, v_{cm}) + min(v_{am}, v_{bm}, v_{cm})}{2} \qquad (4.5.1)$$

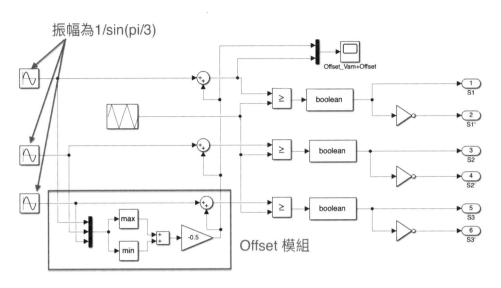

振幅為1/sin(pi/3)

Offset_Vam+Offset

Offset 模組

圖 4-5-1　（範例程式：offset_addition_SPWM.slx）

修改完成後，選取所有方塊（可以使用 CTRL + A），按滑鼠右鍵並選擇「Create Subsystem from Selection」建立單一 Subsystem 元件，如圖 4-5-2，將其取名為「offset_addition_SPWM」後將其存檔。

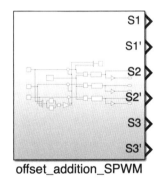

offset_addition_SPWM

圖 4-5-2　（範例程式：offset_addition_SPWM.slx）

STEP 2：

將「offset_addition_SPWM」建立完成後，再建立一個空白的 SIMULINK 檔案，將方塊建立如圖 4-5-3 所示，除了「offset_addition_SPWM」外，圖 4-5-3 的系統方塊的設定值皆與 4.4 節的 third_harmonic_SPWM_VSI 一致。

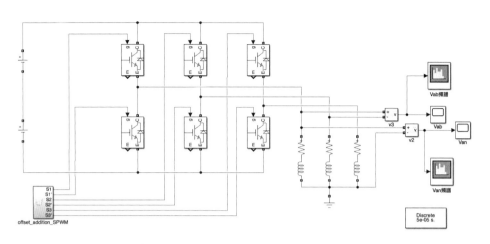

圖 4-5-3　（範例程式：offset_addition_SPWM_VSI.slx）

STEP 3：

將 SIMULINK 模擬求解器設成「Fixed-step」，「Fixed-step size」設成 auto，將總模擬時間設爲 0.5 秒。設定完成後，按下「Run」執行系統模擬。

STEP 4：

模擬完成後，請雙擊 Van 頻譜元件觀測 Van 電壓的頻譜（注意：須將 window 設成 Rectangular 以改善頻譜洩露），如圖 4-4-5 所示，Van 基本波 50Hz 的頻譜大小爲 82.6（V_{rms}）左右，由於頻譜的單位是方均根值（RMS），因此須將其換算成峰值爲 116.8（V），可以發現它與三次諧波注入法有同樣的電壓提升效果。

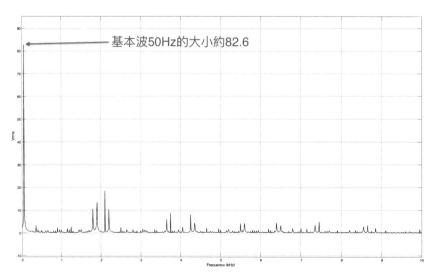

圖 4-5-4　（馬達相電壓 Van 頻譜）

STEP 5：

接著請雙擊 Vab 頻譜元件觀測線電壓 Vab 電壓的頻譜（注意：須將 window 設成 Rectangular 以改善頻譜洩露），如圖 4-5-5 所示，Vab 基本波 50Hz 的頻譜大小為 142（V_{rms}）左右，由於頻譜的單位是方均根值（RMS），因此須將其換算成峰值為 200.8（V），可以發現它與三次諧波注入法有同樣的電壓提升效果。

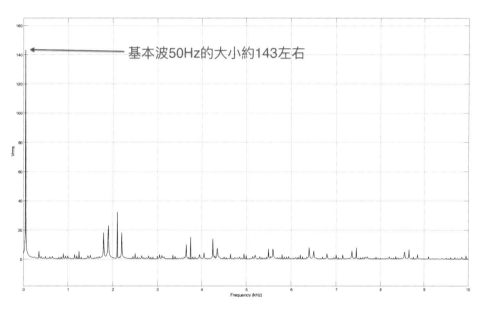

圖 4-5-5　（馬達線電壓 Vab 頻譜）

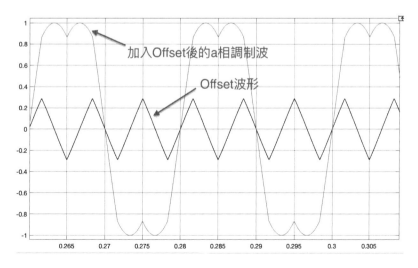

圖 4-5-6　（Offset 與加入 Offset 後的 a 相調制波）

STEP 6：

接著我們雙擊「offset_addition_SPWM」內的 Offset_Vam+Offset 示波器方塊，觀察一下 Offset 模組的輸出與加入 Offset 後的 a 相調制波波形，如圖 4-5-6，我們可以發現加入 Offset 後的 a 相調制波與「三次諧波注入調變法」的 a 相調制波非常相似，而 Offset 波形則的是一個對稱的三角波，與「三次諧波注入調變法」不同的是，「加入偏移值調變法」加入的不只有三次諧波，而是三的倍數諧波，而加入的三的倍數諧波在輸出端依然會被互相抵消，不會出現在馬達的端電壓中。

4.6. 空間向量調變法（SVPWM）的 VSI 模型

不管是「SPWM 調變法」、「三次諧波注入調變」還是「加入偏移值調變」，這些調變技術的本質都是使用三相的弦波調制波與載波進行比較來產生 PWM 訊號以切換 VSI 三臂的電晶體開關，在實際的馬達控制應用中，三相弦波調制訊號會由 d 軸與 q 軸電流控制器所產生的電壓命令經過座標轉換（反 Park 轉換與反 Clarke 轉換）得到，如圖 4-6-1。

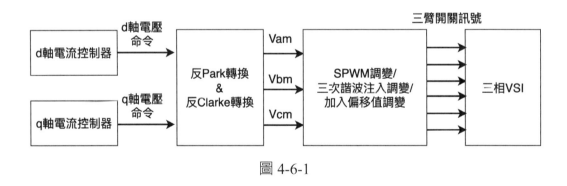

圖 4-6-1

在本節中筆者將為各位介紹另一種普及率非常高的 PWM 調變方式，稱為空間向量調變（Space Vector PWM, SVPWM），空間向量調變的運作方式與前面介紹的三種調變方法（SPWM 調變、三次諧波注入調變、加入偏移值調變）相當不同，它是使用空間向量合成的方法運作的，在馬達控制應用中，它

的運作方式如圖 4-6-2 所示。

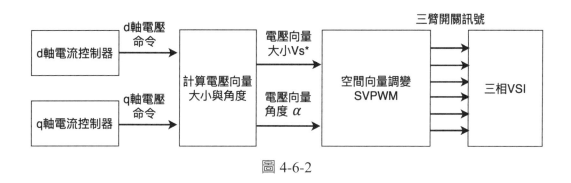

圖 4-6-2

　　空間向量調變法會根據所輸入的電壓向量大小與角度，使用主電壓向量（active voltage vector）來合成它，何謂主電壓向量呢？在 4.3 節所介紹的六步方波技術中，使用六個開關的切換組合可以產生的六個不為零的電壓向量，即為主電壓向量（active voltage vector），如圖 4-3-3，除了主電壓向量外，當開關狀態為（0，0，0）與（1，1，1）時，產生的電壓向量為 V0 與 V7，它們的大小為零，稱為零電壓向量（zero voltage vector），我們可將 8 個電壓向量畫於空間向量平面，如圖 4-6-3 所示。

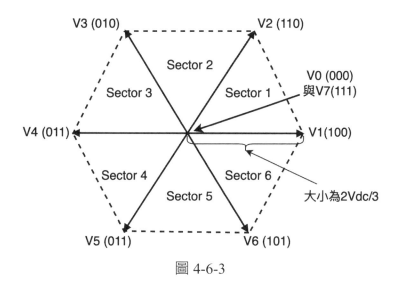

圖 4-6-3

　　圖 4-6-3 的空間平面顯示總共八個電壓向量，包含六個主電壓向量（V1～V6）與二個零電壓向量（V0 與 V7），並根據主電壓向量將平面分成六個扇區（Sector 1～Sector 6），每個扇區都爲 60 度，每個主電壓向量的大小皆爲 2Vdc/3，若三相 VSI 以 V1～V6 的順序重複切換的話，就是「六步方波控制法」，而空間向量調變會根據輸入的電壓向量的位置（即電壓向量角度）判斷位於哪個扇區，假設輸入的電壓向量爲 V_s^*，它的角度爲 α，位於 Sector 1，如圖 4-6-4 所示。

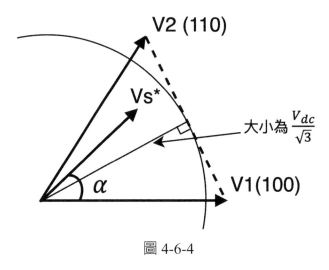

圖 4-6-4

　　從圖 4-6-4 可以得知，利用簡單的三角函數關係，可以算出由六個主電壓向量所形成的正六邊形中的內切圓半徑爲 $\frac{V_{dc}}{\sqrt{3}}$（說明：圖 4-6-4 中的內切圓直徑與 V1 的夾角爲 30 度，V1 的大小爲 2Vdc/3），$\frac{V_{dc}}{\sqrt{3}}$ 的大小也是空間向量調變的線性區能提供的相電壓的最大值，若電壓向量的大小若超過 $\frac{V_{dc}}{\sqrt{3}}$，則會進入非線性調變區，即過調變區，本書暫不討論過調變區，若以等效 Y 接計算對應的線電壓的大小爲 Vdc，因此可知空間向量調變技術能夠提供與三次諧波注入法一樣的電壓提升效果。

　　如圖 4-6-4 所示，假設我們輸入給空間向量調變器的電壓向量爲 V_s^*，它位於 Sector 1，而空間向量調變法會使用相鄰最近的二個主電壓向量來合成電

壓向量，對 Sector 1 來說，空間向量調變將會使用 V1 與 V2 來合成 V_s^*，假設取樣週期爲 T_s，電壓向量 V1 的作用時間爲 T_a，電壓向量 V2 的作用時間爲 T_b，零電壓向量的作用時間爲 T_0，利用伏秒平衡（volt-sec principle），我們可以寫出以下等式

$$V_s^* \times T_s = V_1 \times T_a + V_2 \times T_b + V_0 \times T_0 \qquad (4.6.1)$$

其中，$T_a + T_b + T_0 = T_s$。

而且我們知道

$$V_s^* = |V_s^*|e^{j\alpha} \qquad (4.6.2)$$

$$V_1 = \frac{2V_{dc}}{3} \qquad (4.6.3)$$

$$V_2 = \frac{2V_{dc}}{3}e^{j\frac{\pi}{3}} \qquad (4.6.4)$$

可將（4.6.2）～（4.6.4）式代入（4.6.1）式，可以將實部與虛部的成分整理如下

$$|V_s^*|\cos(\alpha)T_s = \frac{2V_{dc}}{3} \times T_a + \frac{2V_{dc}}{3} \times \cos\left(\frac{\pi}{3}\right) \times T_b \qquad (4.6.5)$$

$$|V_s^*|\sin(\alpha)T_s = \frac{2V_{dc}}{3} \times \sin\left(\frac{\pi}{3}\right) \times T_b \qquad (4.6.6)$$

可將 T_a、T_b 與 T_0 整理如下

$$T_a = \frac{\sqrt{3}|V_s^*|}{V_{dc}}\sin\left(\frac{\pi}{3}-\alpha\right)T_s \qquad (4.6.7)$$

$$T_b = \frac{\sqrt{3}|V_s^*|}{V_{dc}}\sin(\alpha)T_s \qquad (4.6.8)$$

$$T_0 = T_s - T_a - T_b \qquad (4.6.9)$$

　　我們可將（4.6.7）～（4.6.9）式轉換成能夠應用在所有扇區（Sector 1～Sector 6）的通式

$$T_a = \frac{\sqrt{3}|V_s^*|}{V_{dc}} \sin\left(S\frac{\pi}{3} - \alpha\right)T_s \qquad (4.6.10)$$

$$T_b = \frac{\sqrt{3}|V_s^*|}{V_{dc}} \sin\left(\alpha - (S-1)\frac{\pi}{3}\right)T_s \qquad (4.6.11)$$

$$T_0 = T_s - T_a - T_b \qquad (4.6.12)$$

其中，$S = 1, 2, 3, \cdots, 6$，代表輸入的電壓向量 V_s^* 所在扇區。

　　得到的 T_a、T_b 與 T_0 後，再依據相鄰的主電壓向量與零電壓向量的作用時間，切換三相 VSI 的電晶體開關，即成功合成了所需的電壓向量 V_s^*，以上即為空間向量調變（SVPWM）的運作原理，關於空間向量調變法的 SIMULINK 模擬，各位可以自行練習。

　　「空間向量調變法」相較於「加入偏移值調變法」，二者能提供的電壓提升能力是一致的，而空間向量調變法在每個取樣週期都需要進行（4.6.10）～（4.6.12）式的運算，因此較耗費計算機的運算資源，因此在實務上除非有特殊要求或是使用直接轉矩控制（DTC），否則會較傾向於使用運算量較為簡單的「加入偏移值調變法」。

4.7　考慮死區效應的 VSI 模型

　　在前面幾節的模擬中，我們都尚未考慮 Inverter 系統的死區（Dead-time），所謂的死區（Deadtime）就是為了避免上下臂開關短路而加入的一段極短的時間，在此期間上下臂開關皆為 OFF 以確保上下臂不會短路，由於在死區期間內上下臂開關皆為 OFF 而無法輸出電壓，因此無可避免的會造成輸出電壓的下降，這就是死區所帶來的影響。

■考慮死區效應的 SPWM VSI 的 SIMULINK 模擬

STEP 1：

　　請建立一個空白的 SIMULINK Subsystem 檔案，建立如圖 4-7-1 的方塊，建立完成後，選取所有方塊（可以使用 CTRL＋A），按滑鼠右鍵並選擇「Create Subsystem from Selection」建立單一 Subsystem 元件，如圖 4-7-2，將其取名爲「Deadtime」後將其存檔。

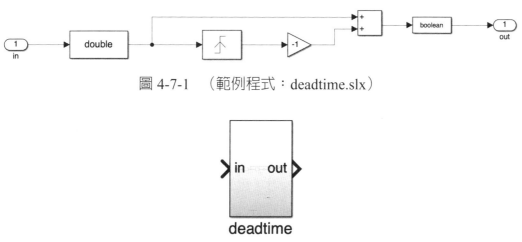

圖 4-7-1　　（範例程式：deadtime.slx）

圖 4-7-2　　（範例程式：deadtime.slx）

STEP 2：

　　將「deadtime」方塊建立完成後，我們以三相 SPWM VSI 爲例，請開啓三相 SPWM VSI 系統方塊，將「deadtime」方塊加入到 SPWM modulator 的下臂訊號輸出端，如圖 4-7-3 所示。

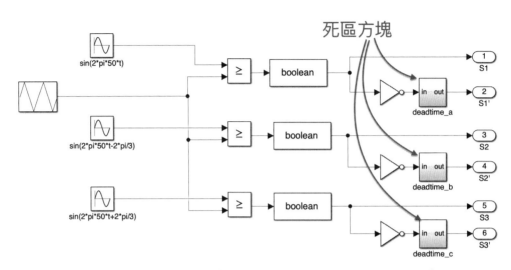

圖 4-7-3　（範例程式：SPWM_3ph_VSI_deadtime.slx）

STEP 3：

　　將 SIMULINK 模擬求解器設成「Fixed-step」，「Fixed-step size」設成 2.5e-5（說明：將模擬步距設成 2.5e-5，可以讓 deadtime 方塊產生 2.5e-5 寬度的死區時間，即 25us），將總模擬時間設為 0.5 秒。設定完成後，按下「Run」執行系統模擬。

STEP 4：

　　模擬完成後，請雙擊 Van 頻譜元件觀測 Van 電壓的頻譜（注意：須將 window 設成 Rectangular 以改善頻譜洩露），如圖 4-7-4 所示，Van 基本波 50Hz 的頻譜大小約為 68.4（V_{rms}），相較於未加入死區時間（25us）前的相電壓大小為 70.5（V_{rms}），可以知道加入 25us 的死區時間造成相電壓下降約 3% 左右。

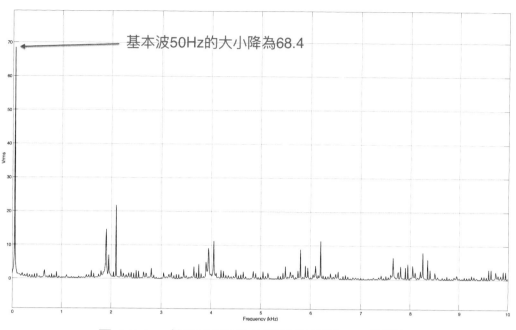

圖 4-7-4　（加入死區後的馬達相電壓 Van 頻譜）

STEP 5：

　　請再雙擊 Vab 頻譜元件觀測線電壓 Vab 的頻譜（注意：須將 window 設成 Rectangular 以改善頻譜洩露），如圖 4-7-5 所示，Vab 基本波 50Hz 的頻譜大小約爲 118.3（V_{rms}），相較於未加入死區時間（25us）前的相電壓大小爲 122（V_{rms}），可以知道加入 25us 的死區時間造成線電壓下降約 3% 左右。

> **說明：**
> 以目前的功率半導體技術水準，IGBT 的死區時間一般都可以低於 3us，在此將死區時間設爲 25us 是爲了方便比較電壓差異，在馬達控制應用中，當馬達在低速運轉或接近零轉速時，此時 VSI 的輸出電壓相當低，此時死區帶來的影響就非常明顯，因此實務上死區效應必須被妥善處理與補償，才能夠確保驅動器在低速下的性能要求。

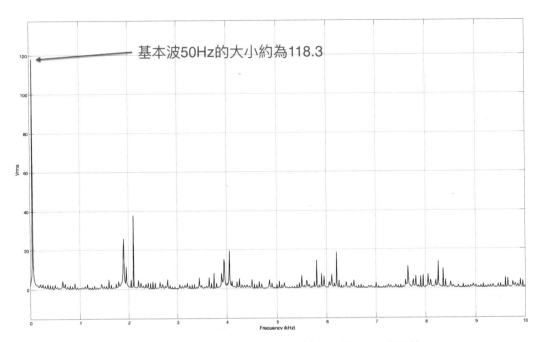

圖 4-7-5 （加入死區後的馬達線電壓 Vab 頻譜）

4.8. 結論

➤ 使用 SIMULINK 的 Spectrum Analyzer 元件可以即時觀測訊號頻譜，但可能存在「頻譜洩露（spectral leakage）」造成測量誤差，因此需要設置適當的「Window」來改善，經筆者測試，對 PWM 訊號來說，「Rectangular window」可以最大程度改善頻譜洩露所造成測量誤差。

➤ 本章並無對各種 PWM 技術所造成的諧波問題進行探討，有興趣的讀者可以使用本章的範例程式進行諧波的模擬與研究。

➤ 除了本章所介紹的內容外，在 PWM 的技術領域尚有有相當豐富的研究成果，請原諒筆者才疏學淺無法一一介紹，有興趣的讀者可以自行參考相關文獻資料。

➤ 4.7 節所建立的死區方塊（deadtime.slx）可以應用到本節的其它模擬系統中，幫助各位評估加入死區效應後系統整體的輸出性能。

➤ 若各位想完全了解「頻譜」與「頻譜洩漏」的原理，可以參考作者的另一著作《物聯網高手的自我修練》的 5.3 節「使用 LabVIEW 徹底將頻譜的理論與實務一網打盡」[5]。

參考文獻

[1] （韓）薛承基，電機傳動系統控制，北京：機械工業出版社，2013。

[2] 劉昌煥，交流電機控制：向量控制與直接轉矩控制原理，台北：東華書局，2001。

[3] Haitham Abu-Rub, Atif Iqbal and Jaroslaw Guzinski, High Performance Control of AC Drives with MATLAB/SIMULINK, John Wiley & Sons, Ltd, UK, 2021.

[4] N. Mohan, T. M. Undeland, and W. P. Robbins, Power Electronics: Converters, Applications and Design, Second ed. New York:Wiley, 1995.

[5] 葉志鈞，物聯網高手的自我修練，台灣：博碩文化股份有限公司，2023。

CHAPTER

4

其它控制議題

智慧的增長，可用痛苦的減少來精確衡量。

——尼采

5.1 交流電機速度無感測器技術

5.1.1 感應馬達速度無感測器技術

在 3.1.3 節，筆者為各位介紹了二種轉子磁通估測器的設計方法，分別是電流型轉子磁通估測器與混合型轉子磁通估測器（結合電流型與電壓型估測器的優點），但不管是電流型、電壓型或是混合型轉子磁通估測器，它們本質上都是開回路估測器，且都需要精確的馬達參數，也對參數的變動較為敏感，並且由於它們需要精確的轉速資訊，因此較適合用於有轉速回授裝置的感應馬達向量控制系統。本節要介紹一個可用於速度無感測器應用的磁通估測器[1]，它是一個經典的閉回路轉子磁通估測器架構，可以同時估測轉子磁通與轉速，非常適合用於感應馬達速度無感測器的應用場合。

■ 設計閉回路狀態估測器

首先，我們重寫第二章所推導的二軸靜止座標下（α-β）的感應馬達模型如下：

$$\frac{di_{s\alpha}}{dt} = K_1\, i_{s\alpha} + K_2\, \phi_{r\alpha} + K_3\, \omega_r\, \phi_{r\beta} + K_4\, v_{s\alpha} \qquad (5.1.1)$$

$$\frac{di_{s\beta}}{dt} = K_1\,i_{s\beta} - K_3\,\omega_r\phi_{r\alpha} + K_2\,\phi_{r\beta} + K_4\,v_{s\beta} \tag{5.1.2}$$

$$\frac{d\phi_{s\alpha}}{dt} = K_5\,i_{s\alpha} + K_6\,\phi_{r\alpha} - \omega_r\phi_{r\beta} \tag{5.1.3}$$

$$\frac{d\phi_{r\beta}}{dt} = K_5\,i_{s\beta} + \omega_r\phi_{r\alpha} + K_6\,\phi_{r\beta} \tag{5.1.4}$$

其中，$K_1 = \dfrac{-R_s L_T^2 - R_r L_m^2}{L_r w}$、$K_2 = \dfrac{R_r L_m}{L_r w}$、$K_3 = \dfrac{L_m}{w}$、$K_4 = \dfrac{L_r}{w}$、$w = L_r L_s - L_m^2$（說明：$L_\sigma = \dfrac{w}{L_r}$）、$K_5 = \dfrac{R_r L_m}{L_r}$、$K_6 = -\dfrac{R_r}{L_r}$。

我們可以將（5.1.1）～（5.1.4）式整理成如下的矩陣型式：

$$\frac{d}{dt}\begin{bmatrix} \boldsymbol{i}_s \\ \boldsymbol{\phi}_r \end{bmatrix} = \begin{bmatrix} A_{11} & A_{12} \\ A_{21} & A_{22} \end{bmatrix}\begin{bmatrix} \boldsymbol{i}_s \\ \boldsymbol{\phi}_r \end{bmatrix} + \begin{bmatrix} \boldsymbol{B}_1 \\ \boldsymbol{0} \end{bmatrix}\boldsymbol{v}_s = \boldsymbol{A}\boldsymbol{x} + \boldsymbol{B}\boldsymbol{v}_s \tag{5.1.5}$$

$$\boldsymbol{i}_s = \boldsymbol{C}\boldsymbol{x} \tag{5.1.6}$$

其中，

$\boldsymbol{i}_s = [i_{s\alpha} \quad i_{s\beta}]^T$為定子電流向量，

$\boldsymbol{\phi}_r = [\phi_{r\alpha} \quad \phi_{r\beta}]^T$為轉子磁通向量，

$\boldsymbol{v}_s = [v_{s\alpha} \quad v_{s\beta}]^T$為電壓向量，

$A_{11} = K_1\boldsymbol{I}$、$A_{12} = K_2\boldsymbol{I} + \omega_r K_3\boldsymbol{J}$、$A_{21} = K_5\boldsymbol{I}$、$A_{22} = K_6\boldsymbol{I} + \omega_r\boldsymbol{J}$、$\boldsymbol{B}_1 = \dfrac{1}{L_\sigma}\boldsymbol{I} = b_1\boldsymbol{I}$、

$\boldsymbol{C} = [\boldsymbol{I} \quad 0]$、$\boldsymbol{I} = \begin{bmatrix} 1 & 0 \\ 0 & 1 \end{bmatrix}$，$\boldsymbol{J} = \begin{bmatrix} 1 & -1 \\ 0 & 0 \end{bmatrix}$。

根據（5.1.5）式的感應馬達模型，我們可以設計一個狀態估測器如下：

$$\frac{d}{dx}\hat{\boldsymbol{x}} = \begin{bmatrix} \widehat{A_{11}} & \widehat{A_{12}} \\ \widehat{A_{21}} & \widehat{A_{22}} \end{bmatrix}\begin{bmatrix} \hat{\boldsymbol{i}}_s \\ \hat{\boldsymbol{\phi}}_r \end{bmatrix} + \begin{bmatrix} \boldsymbol{B}_1 \\ \boldsymbol{0} \end{bmatrix}\boldsymbol{v}_s + \boldsymbol{G}\,(\hat{\boldsymbol{i}}_s - \boldsymbol{i}_s) = \hat{\boldsymbol{A}}\,\hat{\boldsymbol{x}} + \boldsymbol{B}\boldsymbol{v}_s + \boldsymbol{G}\,(\hat{\boldsymbol{i}}_s - \boldsymbol{i}_s) \tag{5.1.6}$$

其中，$\frown$指的是估測值，$\boldsymbol{G}$為估測器矩陣，我們需設計它來讓狀態估測器（5.1.6）式能夠收斂。

可以將狀態估測器的控制方塊圖畫出，如圖 5-1-1。

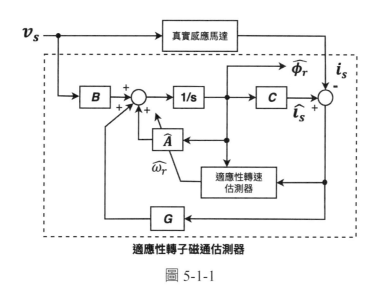

圖 5-1-1

在圖 5-1-1 中，適應性轉子磁通估測器已經包含一個適應性轉速估測器，當適應性轉子磁通估測器運作時，轉子磁通$\widehat{\phi_r}$與轉速$\widehat{\omega_r}$可以同時被估測出來，估測器所使用的矩陣$\widehat{A}$包含了馬達參數與馬達轉速，假設我們已知馬達參數，對於無轉速回授的場合，矩陣$\widehat{A}$中的 ω_r 我們並不知道，因此我們需要即時將它估測出來，並更新矩陣$\widehat{A}$，才能確保轉子磁通值$\widehat{\phi_r}$能被正確計算出來，接下來我們需要找出轉速$\widehat{\omega_r}$的估測方法。

我們可以將（5.1.5）式寫成

$$\frac{d}{dt}x = Ax + Bv_s \qquad (5.1.7)$$

其中，$x = \begin{bmatrix} i_s \\ \phi_r \end{bmatrix}$，將（5.1.7）式減（5.1.6）式，可得

$$\frac{d}{dt}e = (A + GC)e - \Delta A\hat{x} \qquad (5.1.8)$$

其中，$e = x - \hat{x}$，$\Delta A = \widehat{A} - A = \begin{bmatrix} 0 & -\Delta\omega_r J/c \\ 0 & \Delta\omega_r J \end{bmatrix}$，$c = \sigma L_s L_r / L_m$，$\Delta\omega_r = \widehat{\omega_r} - \omega_r$。

　　我們利用估測誤差 e 與 $\Delta\omega_r$ 來定義以下的 Lyapunov 函數 V，函數 V 又可被稱為誤差能量函數，函數 V 的值一定是大於等於零。

$$V = e^T e + (\Delta\omega_r)^2/\lambda \qquad (5.1.9)$$

其中，λ 為正常數。

　　我們將（5.1.9）式對時間作微分，可得

$$\frac{d}{dt}V = e^T[(A+GC)^T + (A+GC)]e - 2\Delta\omega_r(e_{i\alpha}\widehat{\phi_{r\beta}} - e_{i\beta}\widehat{\phi_{r\alpha}})/c + 2\Delta\omega_r\frac{d}{dt}\widehat{\omega_r}/\lambda$$
$$(5.1.10)$$

其中，$e_{i\alpha} = i_{s\alpha} - \widehat{i_{s\alpha}}$、$e_{i\beta} = i_{s\beta} - \widehat{i_{s\beta}}$。

　　從（5.1.10）式可以發現，首先，我們可以將 $\frac{d}{dt}\widehat{\omega_r}$ 設計如（5.1.11）式來將（5.1.10）式的第二項與第三項互相抵消（說明：即 $-\dfrac{2\Delta\omega_r(e_{i\alpha}\widehat{\phi_{r\beta}} - e_{i\beta}\widehat{\phi_{r\alpha}})}{c}$ $+\dfrac{\Delta\omega_r\dfrac{d}{dt}\widehat{\omega_r}}{\lambda} = 0$）。

$$\frac{d}{dt}\widehat{\omega_r} = \lambda(e_{i\alpha}\widehat{\phi_{r\beta}} - e_{i\beta}\widehat{\phi_{r\alpha}})/c \qquad (5.1.11)$$

　　為了得到更好的速度估測響應，實務上我們可以設計一個 PI 控制器如下

$$\widehat{\omega_r} = K_P(e_{i\alpha}\widehat{\phi_{r\beta}} - e_{i\beta}\widehat{\phi_{r\alpha}}) + K_I\int(e_{i\alpha}\widehat{\phi_{r\beta}} - e_{i\beta}\widehat{\phi_{r\alpha}})\,dt \qquad (5.1.12)$$

其中，K_P 與 K_I 為正增益。

　　以上便完成了適應性轉速估測器的設計，接著我們需設計回授增益矩陣 G 讓 $[(A+GC)^T + (A+GC)]$ 為半負定（negative-semidefinite），如此可以確保估測誤差可以隨時間收斂達到穩定，由於矩陣 A 本身是穩定的，因此我們可以將 G 設計如下，讓 $A+GC$ 的極點與矩陣 A 的極點呈比例關係。

$$G = \begin{bmatrix} g_1 & g_2 & g_3 & g_4 \\ -g_2 & g_1 & -g_4 & g_3 \end{bmatrix}^T \qquad (5.1.13)$$

其中，

$g_1 = (k-1)(K_1 + K_6)$，

$g_2 = (k-1)\widehat{\omega}_r$，

$g_3 = (k^2-1)(cK_1 + K_5) - c(k-1)(K_1 + K_6)$，

$g_4 = -c(k-1)\widehat{\omega}_r$，

$k > 0$，

$c = \sigma L_s L_r / L_m$。

　　以上就完成了適應性轉子磁通估測器的設計。

■ 建立適應性轉子磁通估測器 SIMULINK 模型

STEP 1：

　　由於適應性轉子磁通估測器本身是以馬達模型為基礎進行轉子磁通估測，因此在結構上，它與感應馬達模型相當類似，為了方便建立適應性轉子磁通估測器模型，各位可以使用 SIMULINK 新增一個空白的 Subsystem，並以圖 2.5.3 的系統方塊為基礎，將（5.1.12）與（5.1.13）式加入到系統中，建立完成後，選取所有方塊（可以使用 CTRL + A），按滑鼠右鍵並選擇「Create Subsystem from Selection」，即可建立單一 Subsystem 元件，如圖 5-1-2 所示，將其取名為「adaptive_flux_wr_observer」後將其存檔。

> **說明：**
> 由於「adaptive_flux_wr_observer」的內部方塊眾多，可能不易閱讀，在此省略，有興趣的讀者可以開啟範例程式 adaptive_flux_wr_observer.slx 可窺其全貌。

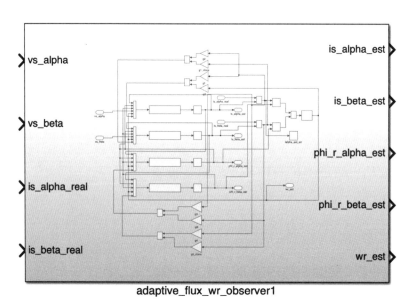

adaptive_flux_wr_observer1

圖 5-1-2　（範例程式：adaptive_flux_wr_observer.slx）

STEP 2：

建立完成後，將適應性轉子磁通估測器「adaptive_flux_wr_observer」元件加入圖 3-1-25 的 SIMULINK 模型中，加入完成後如圖 5-1-3，紅色框線包圍的部分就是「適應性轉子磁通估測器」。

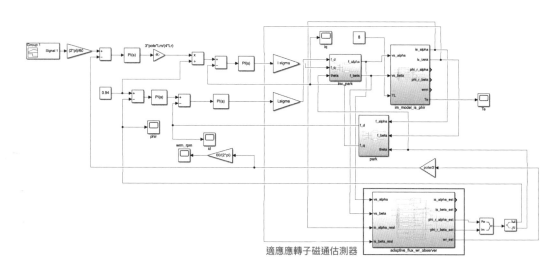

適應應轉子磁通估測器　adaptive_flux_wr_observer

圖 5-1-3　（範例程式：im_foc_models_sensorless.slx）

　　從圖 5-1-3 可以發現，「適應性轉子磁通估測器」模型會接受定子電壓命令與定子回授電流當作輸入，來估測轉子磁通鏈與轉速，我們將估測轉速作為回授轉速，並將估測出的磁通進行大小與角度計算，作為回授磁通與座標轉換之用。

STEP 3：

　　將圖 5-1-3 的系統方塊建立完成後，我們將估測器參數 k 設為 2，由於「適應性轉子磁通估測器」將提供磁通回授給磁通控制回路進行閉回路運算，為了確保回授響應速度，請將「適應性轉子磁通估測器」中轉速估測 PI 控制器參數設成與轉子磁通 PI 控制器一致，即

$$K_P = K_{P\_phir\_final} = 542$$
$$K_I = K_{I\_phir\_final} = 3829$$

　　將模擬時間設成 2 秒，按下「Run」執行系統模擬（說明：模擬前請先執行本節的範例程式 im_params_sensorless.m，載入馬達與估測器參數），我們觀察轉速 ω_{rm} 響應波形，如圖 5-1-4。

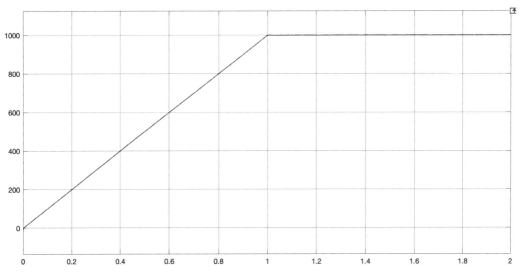

圖 5-1-4　（範例程式：im_foc_models_sensorless.slx）

STEP 4：

　　觀察轉速波形，發現速度響應能夠緊緊跟隨命令，以下分別列出定子 d 軸電流 i_{ds}^e、定子 q 軸電流 i_{as}^e、轉子磁通鏈 Φ_r 與電磁轉矩 T_e 波形。

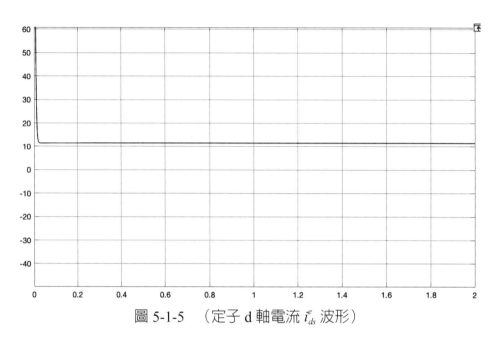

圖 5-1-5　（定子 d 軸電流 i_{ds}^e 波形）

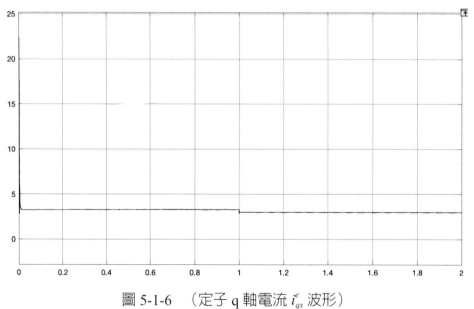

圖 5-1-6　（定子 q 軸電流 i_{qs}^e 波形）

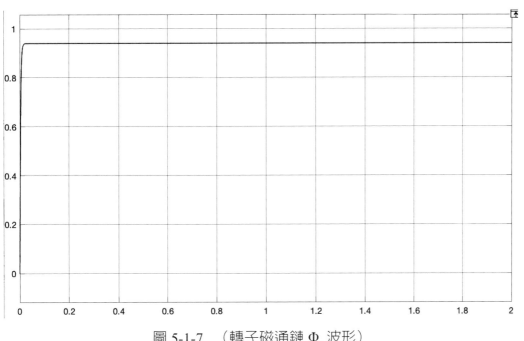

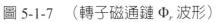

圖 5-1-7　（轉子磁通鏈 Φ_r 波形）

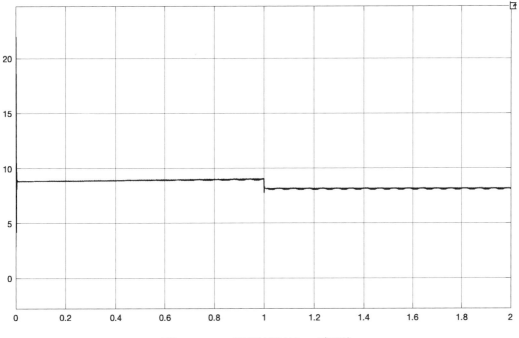

圖 5-1-8　（電磁轉矩 T_e 波形）

5.1.2　永磁同步馬達速度無感測器技術

在 5.1.1 節，筆者為各位介紹了一個經典的感應馬達速度無感測器技術：適應性轉子磁通估測器，而此種估測架構也被稱作適應性參考模型系統（Model Reference Adaptive System, MRAS）[1, 2-4]，其設計思路為使用一個可調模型（在此為估測器）與線上估測參考模型（在此為真實的馬達系統）的一個可量測系統狀態（在此為定子電流）進行狀態估測，當可調模型的輸出（估測的定子電流）與參考模型的輸出（量測的定子電流）一致的時候，也代表可調模型所調適的系統狀態值（估測的馬達轉子磁通與轉速）也與馬達的真實狀態（馬達實際的轉子磁通與轉速）一致。

本節中我們將繼續使用 MRAS 的方法：Luenberger 估測器[2-4] 來實現永磁同步馬達的速度無感測器技術，由於永磁同步馬達的轉子是以同步轉速旋轉，在運轉中轉子的磁通會切割定子繞組而產生反電動勢，因此定子的反電動勢的頻率即為轉子的同步轉速，而在二軸靜止座標下的反電動勢 α 與 β 分量之間的相位關係即包含了轉子的角度訊息，Luenberger 估測器可以線上估測反電動勢，當所估測的定子電流與實際的馬達定子電流一致時，理論上也代表所估測的反電動勢也與實際的馬達反電動勢一致，我們再從反電動勢估測值計算出馬達轉速與轉子角度作為永磁馬達速度回授與 Park 座標轉換的角度輸入，即可完成一個通用型的永磁馬達速度無感測器系統。

■永磁同步馬達 Luenberger 估測器

考慮永磁同步馬達在二軸靜止座標下（α-β）的數學模型[3-4]，如下：

$$v_{s\alpha} = R_s i_{s\alpha} + L_s \frac{d}{dt} i_{s\alpha} + e_{s\alpha} \tag{5.1.14}$$

$$v_{s\beta} = R_s i_{s\beta} + L_s \frac{d}{dt} i_{s\beta} + e_{s\beta} \tag{5.1.15}$$

可以整理成

$$\frac{d}{dt}i_{s\alpha} = \frac{1}{L_s}v_{s\alpha} - \frac{R_s}{L_s}i_{s\alpha} - \frac{1}{L_s}e_{s\alpha} \tag{5.1.16}$$

$$\frac{d}{dt}i_{s\beta} = \frac{1}{L_s}v_{s\beta} - \frac{R_s}{L_s}i_{s\beta} - \frac{1}{L_s}e_{s\beta} \tag{5.1.17}$$

其中，$v_{s\alpha}$ 與 $v_{s\beta}$ 爲二軸靜止座標下（α-β）的馬達定子電壓，$i_{s\alpha}$ 與 $i_{s\beta}$ 爲二軸靜止座標下（α-β）的馬達定子電流，$e_{s\alpha}$ 與 $e_{s\beta}$ 爲二軸靜止座標下（α-β）的馬達定子反電動勢，L_s 爲馬達定子繞組電感值，$L_s = \dfrac{L_d + L_q}{2}$。

二軸靜止座標下（α-β）的馬達定子反電動勢 $e_{s\alpha}$ 與 $e_{s\beta}$ 可以表示如下 [3-4]：

$$e_{s\alpha} = -\lambda_f \omega_r \sin(\theta_r) \tag{5.1.18}$$
$$e_{s\beta} = \lambda_f \omega_r \cos(\theta_r) \tag{5.1.19}$$

從（5.1.18）與（5.1.19）式可以推導（5.1.20）與（5.1.21）式分別得到轉子位置與轉速資訊

$$\theta_r = \tan^{-1}\frac{-e_{s\alpha}}{e_{s\beta}} \tag{5.1.20}$$

$$\omega_r = \frac{\sqrt[2]{e_{s\alpha}{}^2 + e_{s\beta}{}^2}}{\lambda_f} \tag{5.1.21}$$

因此，我們需要設計一個估測器來估測馬達定子反電動勢 $e_{s\alpha}$ 與 $e_{s\beta}$，一個典型的 Luenberger 估測器可以被設計如下：

$$\frac{d}{dt}\widehat{i_{s\alpha}} = \frac{1}{L_s}v_{s\alpha} - \frac{R_s}{L_s}\widehat{i_{s\alpha}} - \frac{1}{L_s}\widehat{e_{s\alpha}} - K_{i\alpha}(\widehat{i_{s\alpha}} - i_{s\alpha}) \tag{5.1.22}$$

$$\frac{d}{dt}\widehat{i_{s\beta}} = \frac{1}{L_s}v_{s\beta} - \frac{R_s}{L_s}\widehat{i_{s\beta}} - \frac{1}{L_s}\widehat{e_{s\beta}} - K_{i\beta}(\widehat{i_{s\beta}} - i_{s\beta}) \tag{5.1.23}$$

假設我們已知馬達參數 R_s 與 L_s（說明：可以使用 5.2 節的永磁馬達自學習技術得到），$v_{s\alpha}$ 與 $v_{s\beta}$ 可以從 d、q 電流控制器的輸出值再經由 Park 反轉換得到，反動電勢 $\widehat{e_{s\alpha}}$ 與 $\widehat{e_{s\beta}}$ 估測器可以被設計如下

$$\frac{d}{dt}\widehat{e_{s\alpha}} = K_{e\alpha}\,(\widehat{i_{s\alpha}} - i_{s\alpha}) \qquad (5.1.24)$$

$$\frac{d}{dt}\widehat{e_{s\beta}} = K_{e\beta}\,(\widehat{i_{s\beta}} - i_{s\beta}) \qquad (5.1.25)$$

一般會將 Luenberger 估測器的參數設計成：$K_{i\alpha} = K_{i\beta} = K_i$，$K_{e\alpha} = K_{e\beta} = K_e$。

利用（5.1.20）與（5.1.21）式，我們可以從 Luenberger 估測器所估測出的反電動勢得到到轉子角度與轉速的估測值$\widehat{\theta_r}$與$\widehat{\omega_r}$，

$$\widehat{\theta_r} = \tan^{-1}\frac{-\widehat{e_{s\alpha}}}{\widehat{e_{s\beta}}} \qquad (5.1.26)$$

$$\widehat{\omega_r} = \frac{\sqrt[2]{\widehat{e_{s\alpha}}^2 + \widehat{e_{s\beta}}^2}}{\lambda_f} \qquad (5.1.27)$$

一個典型的永磁同步馬達 Luenberger 估測器架構如圖 5-1-9，圖中的 $K_i =$ $[K_{i\alpha}\;K_{i\beta}]$，$K_e = [K_{e\alpha}\;K_{e\beta}]$。

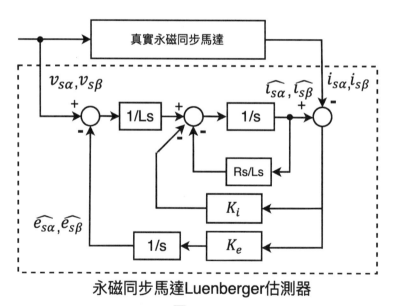

永磁同步馬達Luenberger估測器

圖 5-1-9

■建立永磁同步馬達 Luenberger 估測器 SIMULINK 模型

STEP 1：

由於永磁同步馬達 Luenberger 估測器本身是以永磁同步馬達模型為基礎進行狀態估測，因此在結構上與永磁同步馬達模型相當相似，各位可以使用 SIMULINK 新增一個空白的 Subsystem，將系統方塊設計如圖 5-1-10 所示。

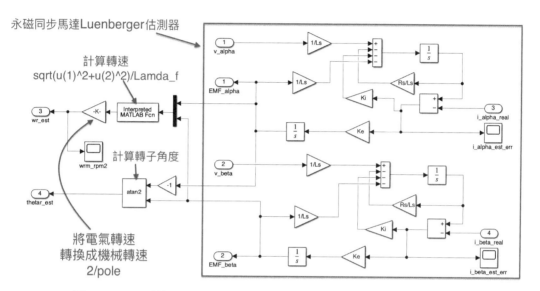

圖 5-1-10　（範例程式：pm_theta_r_observer_backEMF.slx）

STEP 2：

建立完成後，選取所有方塊（可以使用 CTRL + A），按滑鼠右鍵並選擇「Create Subsystem from Selection」，即可建立單一 Subsystem 元件，如圖 5-1-11 所示，將其取名為「pm_theta_r_observer_backEMF」後將其存檔。

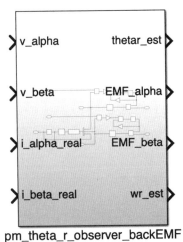

圖 5-1-11   （範例程式：pm_theta_r_observer_backEMF.slx）

STEP 3：

接著將永磁同步馬達 Luenberger 估測器「pm_theta_r_observer_back-
EMF」元件加入圖 3-2-17 的 SIMULINK 模型中，如圖 5-1-12，除了將「永磁
同步馬達 Luenberger 估測器」加入，為了模擬真實的電流回授，我們加入了
Park 反轉換與 Park 轉換，並將它們所用的角度由估測器提供，同樣的，也將
輸入給馬達模型的 dq 軸電壓命令利用 Park 反轉換成二軸靜止座標下（α-β）
的定子電壓命令給估測器使用。

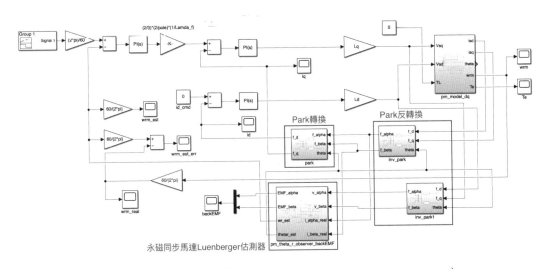

圖 5-1-12   （範例程式：pm_foc_sensorless_backEMF.slx）

STEP 4：

　　圖 5-1-12 的系統方塊建立完成後，請將 Luenberger 估測器的兩個參數值 K_e 與 K_i 設成 $K_e = 100000$，$K_i = 10$，另外，為了避免在模擬過久，可以先將負載轉矩 T_L 設為零可以加快模擬速度。將模擬時間設成 2 秒，並將 SIMULINK 的模擬解題器的 Type 設為「Variable-step」，Solver 設為「auto」，按下「Run」執行系統模擬（說明：模擬前請先執行本節的範例程式 pm_params_sensorless.m，載入永磁馬達與估測器參數），我們觀察轉速 ω_{rm} 響應波形，如圖 5-1-13。

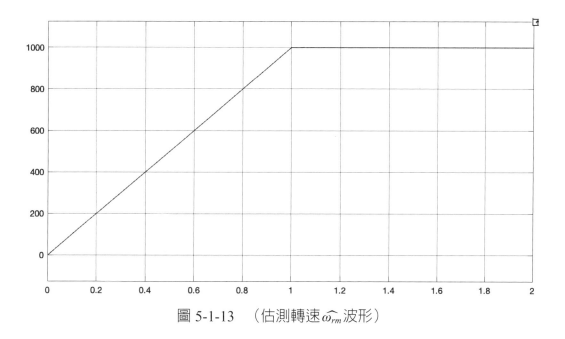

圖 5-1-13　（估測轉速 $\widehat{\omega_{rm}}$ 波形）

STEP 5：

　　觀察轉速波形，發現適應性永磁同步馬達狀態估測器運作相當良好，暫態與穩態的速度響應皆非常平順，我們打開 wrm_est_err 示波器方塊來觀察估測轉速與實際轉速相減後的誤差值，如圖 5-1-14。

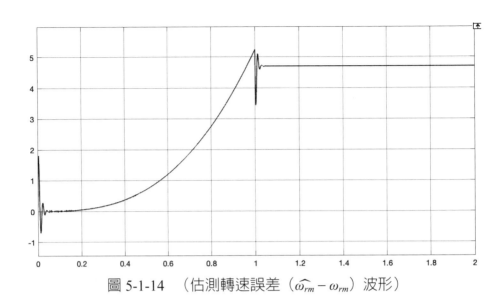

圖 5-1-14　（估測轉速誤差（$\widehat{\omega_{rm}} - \omega_{rm}$）波形）

　　從估測轉速誤差波形可以得知，估測轉速與實際轉速相當接近，但在穩態仍有約 4.7（rpm）的估測誤差。

STEP 6：

　　接下來我們打開 backEMF 示波器方塊來觀察估測的反電動勢波形，如圖 5-1-15，從波形可知，估測出的靜止二軸反電動勢爲完美的弦波值，並且$\widehat{e_{s\alpha}}$領先$\widehat{e_{s\beta}}$ 90 度，符合空間向量的理論。

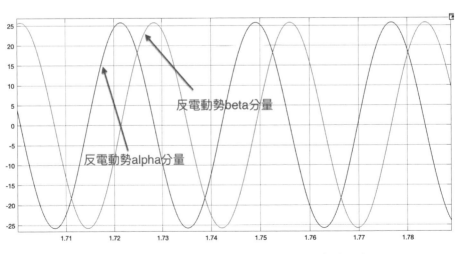

圖 5-1-15　（估測的反電動勢$\widehat{e_{s\alpha}}$與$\widehat{e_{s\beta}}$波形）

STEP 7：

接著請打開 i_alpha_est_err 與 i_beta_est_err 來觀察一下定子電流的估測誤差，如圖 5-1-16 與圖 5-1-17，從波形可知，α 與 β 軸的定子電流估測穩態誤差在 ±0.06（A）之間變化。

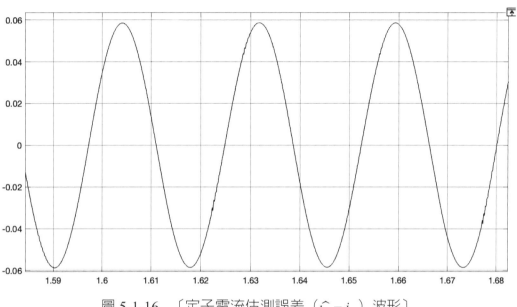

圖 5-1-16　〔定子電流估測誤差（$\widehat{i_{s\alpha}} - i_{s\alpha}$）波形〕

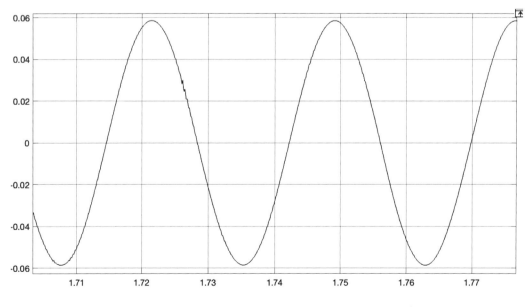

圖 5-1-17　〔定子電流估測誤差（$\widehat{i_{s\beta}} - i_{s\beta}$）波形〕

STEP 8：

以下分別列出定子 d 軸電流 i_{ds}^r、定子 q 軸電流 i_{qs}^r 與電磁轉矩 T_e 波形。

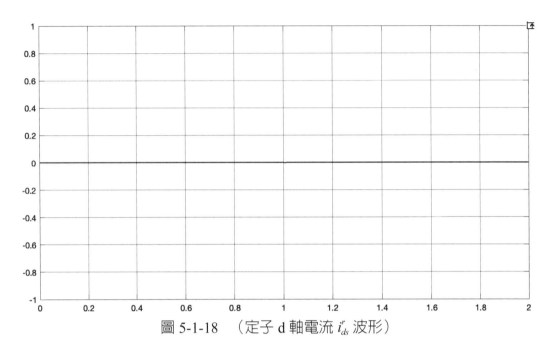

圖 5-1-18　（定子 d 軸電流 i_{ds}^r 波形）

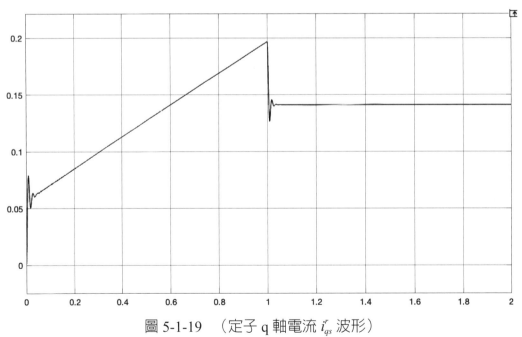

圖 5-1-19　（定子 q 軸電流 i_{qs}^r 波形）

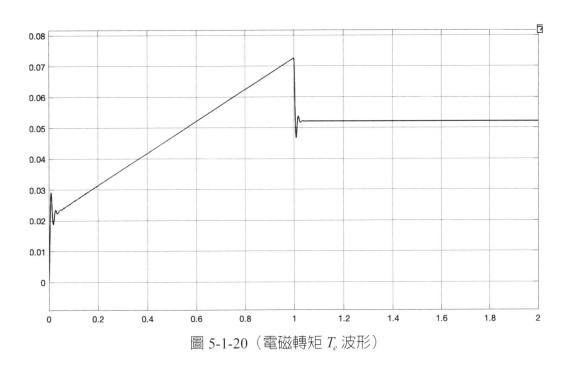

圖 5-1-20（電磁轉矩 T_e 波形）

◎ 5.1.3　結論

➤ 本節所介紹的速度無感測器技術是基於適應性參考模型系統（Model Reference Adaptive System, MRAS）技術來實現的，需要精確的馬達參數模型、定子電流的量測值與電壓命令值進行速度估測，但在低轉速時，由於變頻器的死區與非線性效應的影響 [6]，若沒有對死區與非線性效應進行適當補償，此時的電壓命令可能與真實的馬達輸入電壓有相當大的落差，而限制了最低運轉速度。

➤ 若要在低轉速（馬達額定轉速的 1/100 左右）應用本節所介紹的速度無感測器技術，則須要做好變頻器的死區與非線性效應的補償工作，除此之外，電路的雜訊抑制也需要同步優化。

➤ 一般來說，本節介紹的基於馬達模型的速度無感測器技術有其運作的物理極限，若要在極低轉速（低於馬達額定轉速的 1/100）進行交流馬達的速度無感測器運轉，則需藉助其它方法，例如高頻注入技術 [5, 6] 來達成。

5.2　永磁同步馬達參數自學習技術

　　在第二章我們為各位推導並建立了交流電機的空間向量模型，在第三章，使用了第二章所建立的交流馬達模型進行磁場導向控制法則的推導、設計與模擬，然而磁場導向系統的控制性能取決於控制迴路精準度，而控制迴路的精準度又取決於馬達參數的精確度[2]，因此精確的馬達參數就成為高性能磁場導向控制系統的必要條件。

　　本節將以永磁同步馬達為對象，教各位如何使用馬達的 dq 軸等效電路發展出馬達電機參數自學習（Aututune）算法。

5.2.1　永磁同步馬達 dq 軸等效電路

　　在 2.6 節，我們曾經將永磁同步馬達的轉子參考座標模型畫成等效電路，如圖 5-2-1。

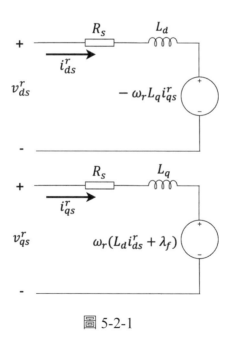

圖 5-2-1

　　假設在轉子靜止狀態下，即 $\omega_r = 0$，圖 5-2-1 的電路可以簡化成圖 5-2-2。

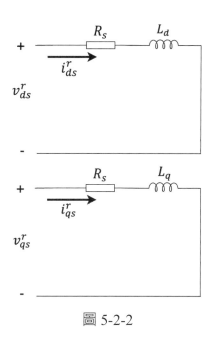

圖 5-2-2

圖 5-2-2 告訴我們，當轉子靜止時，由於不存在反電動勢，因此 dq 軸等效電路就變成了單純的 R-L 串聯電路，因此我們可以藉由電壓與電流的關係，找出等效電路中定子電阻 R_s，d 軸電感 L_d 與 q 軸電感 L_q 的值。

■R-L 串聯電路的電壓與電流關係

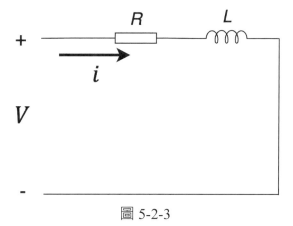

圖 5-2-3

　　圖 5-2-3 為一個 R-L 串聯電路，假設輸入電壓 V 為直流，則電流 $i = \dfrac{V}{R}$，因為對於電感 L 來說，它的阻抗值為 ωL，由於直流電壓的頻率為零，因此電感的阻抗值也為零，此時將輸入電壓 V 除以電流 i 就可以得到電阻 R 的值。

　　考慮另一種情況，假設輸入為正弦波電壓

$$V = V_{max} \sin (\omega_1 t) \qquad (5.2.1)$$

　　則此時電感 L 的阻抗值就不為零，它的阻抗值會變成 $\omega_1 L$，根據電路學公式，此時的電路總阻抗 Z 可以表示為

$$Z = R + j\omega_1 L = \sqrt{R^2 + (\omega_1 L)^2} \angle \tan^{-1} \frac{\omega_1 L}{R} \qquad (5.2.2)$$

其中，Z 為 R-L 串聯電路總阻抗，$\sqrt{R^2 + (\omega_1 L)^2}$ 為阻抗的大小值，$\tan^{-1} \dfrac{\omega_1 L}{R}$ 為阻抗的電工角。

　　電流 i 可以表示為

$$i = \frac{V}{Z} = \frac{V_{max}}{\sqrt{R^2 + (\omega_1 L)^2}} \angle \tan^{-1} \frac{\omega_1 L}{R} \qquad (5.2.3)$$

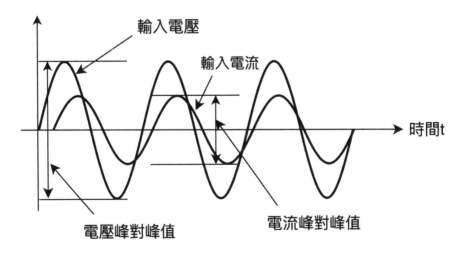

圖 5-2-4

　　（5.2.1）與（5.2.3）式分別表示為圖 5-2-4 中的輸入電壓與輸入電流，若只考慮電壓、電流與阻抗之間的大小值關係，各位可以經由簡單的推導得到以下的式子

$$|Z| = \sqrt{R^2 + (\omega_1 L)^2} = \frac{\text{電壓峰對峰值 } V_{p\text{-}p}}{\text{電流峰對峰值 } I_{p\text{-}p}} \qquad (5.2.4)$$

　　接下來我們就要應用（5.2.4）式，找出永磁同步馬達的電機參數：定子電阻 R_s，d 軸電感 L_d 與 q 軸電感 L_q。

　　在進行模擬之前，我們先輸入永磁同步馬達模型的電機參數，如表 5-2-1，請先執行本節的範例程式 pm_params.m，載入永磁同步馬達參數。

表 5-2-1　永磁同步馬達電機參數

馬達參數	值
定子電阻Rs	1.2（Ω）
定子d軸電感Ld	0.0057（H）
定子q軸電感Lq	0.0125（H）

5.2.2　找出定子電阻、d 軸與 q 軸電感參數值

■找出定子電阻 R_s

STEP 1：

　　我們可以將圖 3-2-17 的永磁同步馬達磁場導向控制系統中的轉速控制回路移除，並將 q 軸電流命令設為 0，d 軸電流命令設為 3，負載轉矩 T_L 設為零，如圖 5-2-5。

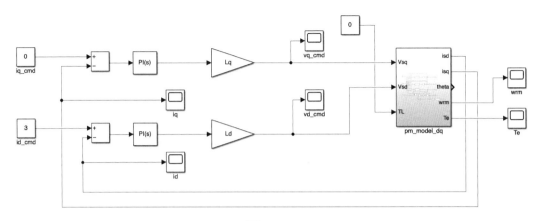

圖 5-2-5

STEP 2：

接著，保持 d、q 軸電流 PI 控制器的參數值與 3.2 節所設計的值相同，如下所示。

d 軸電流 PI 控制器的參數值：

$$K_{P\_id\_final} = 6283$$
$$K_{I\_id\_final} = 1308958$$

q 軸電流 PI 控制器的參數值：

$$K_{P\_id\_final} = 6283$$
$$K_{I\_id\_final} = 604134$$

STEP 3：

接下來我們需要將永磁馬達控制在靜止狀態，讓永磁馬達的 dq 軸等效電路成為單純的 R-L 串聯電路，要如何讓永磁馬達處於靜止狀態呢？答案就是將座標轉換所需的角度設定為零，請將座標轉換的 Park 與 Park 反轉換方塊加入到圖 5-2-5 的系統中，如圖 5-2-6 所示。

在圖 5-2-6 中的 Park 轉換與 Park 反轉換方塊是負責將永磁馬達的回授電

流進行座標轉換，一般來說，若處於馬達正常運轉下，Park 轉換所需要的角度是由馬達的轉子角速度積分得來，但由於我們需要讓轉子處於靜止狀態，因此將 Park 座標轉換所需的角度故意設定為零。

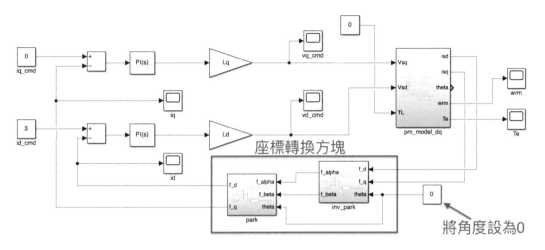

圖 5-2-6　（範例程式：pm_foc_autotune_rs.slx）

在圖 5-2-6 中，我們將 d 軸電流命令設定為 3（單位：安培）（說明：電流命令值並非固定，以不超過馬達額定電流為原則），目的是將轉子（d 軸位置）固定在 α 軸（說明：因為 d 軸不旋轉，故與 α 軸重合），另外由於 q 軸電流可以控制轉矩的大小，因此將 q 軸電流命令設定為零的目的就是不希望馬達旋轉。在此情況下，d-q 軸參考座標系仍然成立，因此我們可以使用 d 軸等效電路來求取定子電阻值 R_s。

STEP 4：

請將 SIMULINK 模擬解題器類型設成「Fixed-step」，並將「Fixed-step size」設成 0.00025 來模擬 250us 的微控制器中斷時間，將模擬時間設成 2 秒，按下「Run」執行系統模擬（說明：模擬前請先執行本節的範例程式 pm_params.m，載入馬達參數）。

STEP 5：

模擬完成後，可以先打開 wrm 示波器方塊，觀察一下馬達的轉速，如圖 5-2-7，可以發現馬達處於靜止狀態。

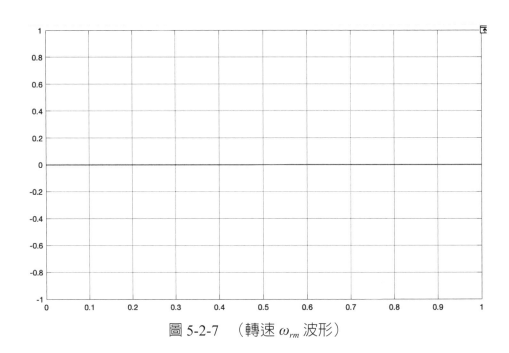

圖 5-2-7　（轉速 ω_{rm} 波形）

STEP 6：

接下來我們打開 id 與 vd_cmd 示波器方塊，觀察定子電流與定子電壓波形。

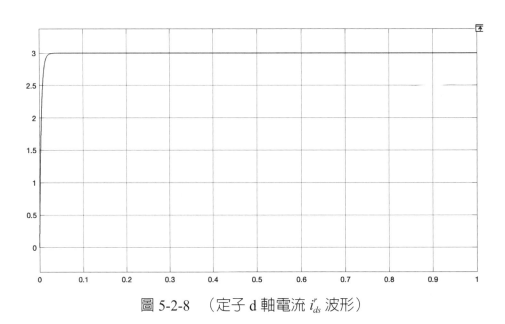

圖 5-2-8　（定子 d 軸電流 i_{ds}^r 波形）

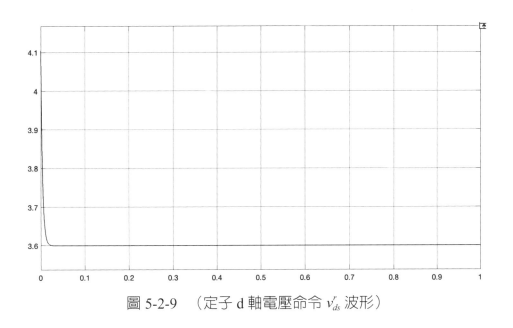

圖 5-2-9　（定子 d 軸電壓命令 v_{ds}^r 波形）

　　從圖 5-2-8 與圖 5-2-9，可以發現，d 軸電壓與電流的穩態值分別為 3（A）與 3.6（V），我們直接將電壓除以電流就可以得到定子電阻值。

$$定子電阻值 R_s = \frac{3.6}{3} = 1.2 \ (\Omega)$$

Tips：
在實務上，我們通常會使用二次不同的電流命令來得到二個不同的電壓值，再將電壓差 ΔI 除上電流差 ΔI 得到定子電阻值，這樣可以消除掉可能會影響量測的偏移值（Offset）。

■ 找出定子 d 軸電感 L_d

STEP 1：
　　找出定子電阻值後，接下來我們需要找出 d 軸電感值，要找出 d 軸電感，則需要在 d 軸電流控制回路使用弦波命令，因此將 d 軸電流命令設定如下：

$$i_{d\_cmd} = 3 + 1 \times \sin(2 \times \pi \times 100) \tag{5.2.5}$$

將圖 5-2-6 的 d 軸電流命令修改成（5.2.5）式，如圖 5-2-10。

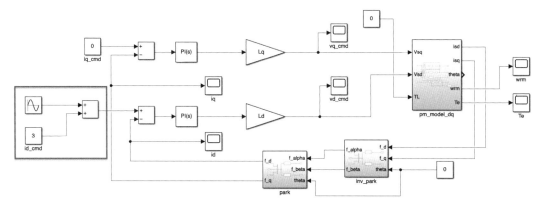

圖 5-2-10　（範例程式：pm_foc_autotune_Ld.slx）

說明：
d 軸電流命令使用直流量加弦波量的目的是，直流量可以將轉子保持與 α 軸重合，弦波量則是用來找出電感值。

STEP 2：

　　請將 SIMULINK 模擬解題器類型設成「Fixed-step」，並將「Fixed-step size」設成 0.00025 來模擬 250us 的微處理器中斷時間，將模擬時間設成 3 秒，按下「Run」執行系統模擬（說明：模擬前請先執行本節的範例程式 pm_params.m，載入馬達參數）。

STEP 3：

　　模擬完成後，先打開 wrm 示波器方塊，確認馬達是否處於靜止狀態，如圖 5-2-11，可以發現馬達處於靜止狀態，可見在 d 軸輸入的高頻弦波電流並未造成轉子轉動。

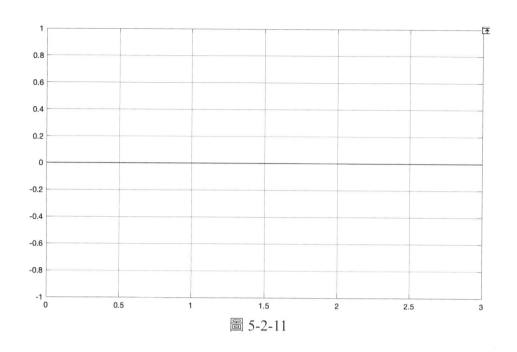

圖 5-2-11

STEP 4：

　　接下來我們打開 id 與 vd_cmd 示波器方塊，觀察定子電流與定子電壓波形。

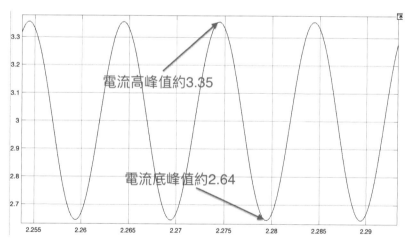

電流高峰值約3.35

電流底峰值約2.64

圖 5-2-12 （定子 d 軸電流 i_{ds}^r 波形）

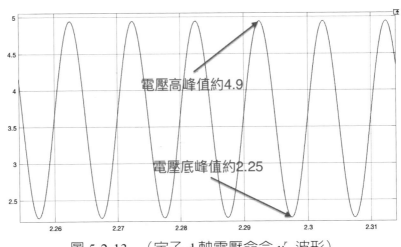

圖 5-2-13　（定子 d 軸電壓命令 v_{ds}^r 波形）

STEP 5：

接下來我們可以使用（5.2.4）式將定子 d 軸電感 L_d 求出。

$$定子 d 軸電感 L_d = \sqrt[2]{\left[\frac{(電壓峰對峰值\ V_{p\text{-}p})^2}{(電流峰對峰值\ I_{p\text{-}p})^2} - R_s^2\right] \times \frac{1}{(2 \times \pi \times f)^2}}$$

$$= \sqrt[2]{\left[\frac{(4.9 - 2.25)^2}{(3.35 - 2.64)^2} - 1.2^2\right] \times \frac{1}{(2 \times \pi \times 100)^2}} = 0.0056 \quad （5.2.6）$$

我們計算得出的定子 d 軸電感 L_d 值為 0.0056（H），與實際值 0.0057（H）相當接近，估測誤差為

$$d 軸電感估測誤差 = \frac{0.0057 - 0.0056}{0.0057} \times 100\% = 1.75\% \quad （5.2.7）$$

■找出定子 q 軸電感 L_q

STEP 1：

接著再使用相同方法找出 q 軸電感值，要找出 q 軸電感，則需要在 q 軸電流輸入弦波命令值，由於 q 軸電流會產生轉矩，可能使馬達轉子旋轉而產生

反電動勢，而造成較大的量測誤差，因此需將輸入 q 軸的弦波電流命令減小成 0.2（A），如下：

$$i_{q\_cmd} = 0.2 \times \sin(2 \times \pi \times 100) \qquad (5.2.8)$$

同時，爲了保持 dq 軸仍然保持解耦合狀態，我們仍需在 d 軸電流回路輸入 3（A）的直流命令，如圖 5-2-14。

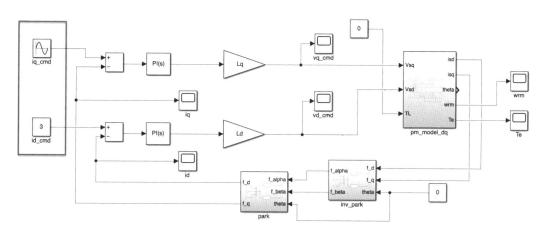

圖 5-2-14　（範例程式：pm_foc_autotune_Lq.slx）

STEP 2：

請將 SIMULINK 模擬解題器類型設成「Fixed-step」，並將「Fixed-step size」設成 0.00025 來模擬 250us 的微處理器中斷時間，將模擬時間設成 3 秒，按下「Run」執行系統模擬（說明：模擬前請先執行本節的範例程式 pm_params.m，載入馬達參數）。

STEP 3：

模擬完成後，可以先打開 wrm 示波器方塊，確認馬達是否處於靜止狀態，如圖 5-2-15，可以發現無可避免的我們輸入的 q 軸電流命令造成馬達轉子的輕微振動，可能會產生些許的 q 軸反電動勢而影響 q 軸電感的量測結果。

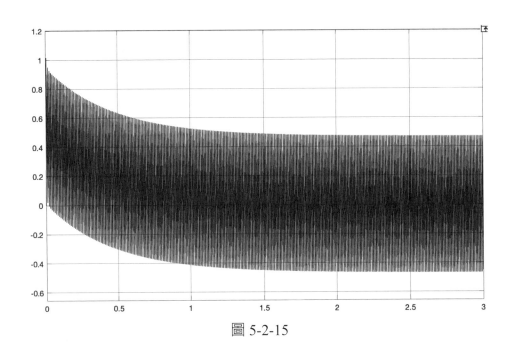

圖 5-2-15

STEP 4：

　　接下來我們打開 iq 與 vq_cmd 示波器方塊，觀察定子電流與定子電壓波形。

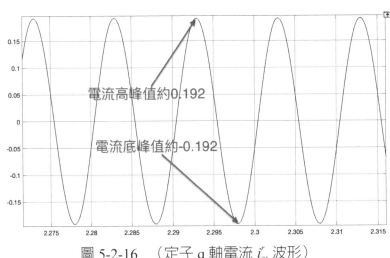

電流高峰值約0.192

電流底峰值約-0.192

圖 5-2-16　（定子 q 軸電流 i_{qs}^r 波形）

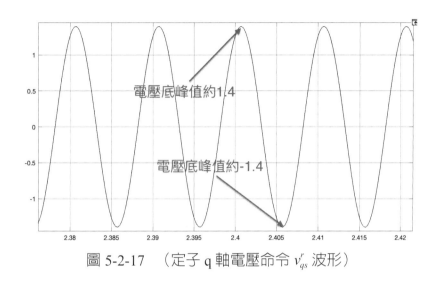

圖 5-2-17　（定子 q 軸電壓命令 v_{qs}^r 波形）

STEP 5：

接下來我們可以使用（5.2.4）式將定子 q 軸電感 L_q 求出。

$$定子\ q\ 軸電感 L_q = \sqrt[2]{\left[\frac{（電壓峰對峰值\ V_{p\text{-}p}）^2}{（電流峰對峰值\ I_{p\text{-}p}）^2} - R_s^2\right] \times \frac{1}{(2\times\pi\times f)^2}}$$

$$= \sqrt[2]{\left[\frac{(1.4+1.4)^2}{(0.192+0.192)^2} - 1.2^2\right] \times \frac{1}{(2\times\pi\times100)^2}} = 0.0114 \qquad （5.2.9）$$

經由計算，定子 d 軸電感 L_d 值為 0.0114（H），與實際值 0.0125（H）接近，但存在一些誤差，估測誤差為

$$q\ 軸電感估測誤差 = \frac{0.0125 - 0.0114}{0.0125} \times 100\% = 8.8\% \qquad （5.2.10）$$

說明：
對於 q 軸電感值的估測，各位可以試著減小輸入 q 軸的電流命令大小，並且增加取樣頻率，應該可以有效增加 q 軸電感值的估測精準度。

5.2.3　結論

➤ 以永磁馬達 d、q 軸電感參數來說，傳統上需要使用 LCR meter 來進行外部量測，並將測量的結果進行計算才能夠得出，耗費大量時間。

➤ 利用本節所介紹的永磁馬達自學習技術，可以有效的將永磁馬達電機參數找出，由模擬結果可知，參數估測誤差可以被控制在 10% 以內，精準度滿足高性能磁場導向控制的需求。

➤ 利用馬達參數自學習技術可以提供磁場導向控制回路設計所需的精確電機參數值，來達到交流馬達高性能運轉。

➤ 由於馬達參數容易隨著運轉環境與條件（如溫度與電流大小）而產生變化，因此若要讓交流馬達控制回路具備參數變動的強健性，可視需求設計參數估測器來對參數變化進行即時估測與補償。

5.3　交流電機弱磁控制技術

　　對於交流電機驅動系統來說，一般普遍的作法是使用 PWM Inverter（又稱為變頻器）來驅動交流馬達，而 PWM Inverter 的電壓輸出能力是有極限的，當馬達運轉超過額定轉速時，馬達的線對線電壓（v_{ab}、v_{bc}、v_{ca}）可能會逼近甚至超過 PWM 變頻器的直流鏈電壓（V_{dc}），當馬達的線對線電壓超過「PWM Inverter」的直流鏈電壓（V_{dc}）時，此時 PWM Inverter 將無法輸出能量至馬達端，此時馬達電流將會流經 PWM Inverter 的飛輪二極體進行續流，因此電流將下降連帶也使馬達轉矩下降，馬達轉矩下降也會使轉速下降，最終 PWM Inverter 與馬達之間的能量交換會達到一個平衡點，此時的轉速會在馬達的額定轉速附近，若不改變控制方法，則馬達無法超過額定轉速運轉。

　　若要使交流電機超過額定轉速運轉，則需要使用「弱磁（Flux weakening）技術」[2, 4, 7]，「弱磁」即減弱磁通，是以降低轉矩為代價使電機運轉超過其額定轉速的控制技術，普遍用於工具機、電動汽車與牽引電機控制等領域。

　　當馬達超過額定轉速運轉時，「弱磁技術」可將馬達的氣隙磁通降低，降低氣隙磁通可以有效減小馬達的反電動勢而讓馬達的線對線電壓下降，讓 PWM Inverter 的直流鏈電壓（V_{dc}）可以繼續輸出能量至馬達端，讓馬達超過

額定轉速運轉。一般來說，當馬達超過額定轉速，在不過載的情況下，則會進入馬達的定功率區，馬達轉速與轉矩的乘積需維持定值（即定功率），在定功率區內，馬達轉速雖然被提升，但馬達的輸出轉矩會呈現比例下降，以維持馬達定功率輸出（說明：馬達輸出功率為轉速與轉矩的乘積）。

5.3.1　感應馬達弱磁控制技術

在同步旋轉座標下，感應馬達的的定子電壓方程式可以表示如下：

$$R_s\, i^e_{ds} + L_\sigma \frac{di^e_{ds}}{dt} - \omega_e L_\sigma\, i^e_{qs} + \frac{L_m}{L_r} \frac{d\phi^e_{dr}}{dt} - \frac{\omega_e L_m}{L_r} \phi^e_{qr} = v^e_{ds} \qquad (5.3.1)$$

$$\omega_e L_\sigma\, i^e_{ds} + R_s\, i^e_{qs} + L_\sigma \frac{di^e_{qs}}{dt} + \omega_e \frac{L_m}{L_r} \phi^e_{dr} + \frac{L_m}{L_r} \frac{d\phi^e_{qr}}{dt} = v^e_{qs} \qquad (5.3.2)$$

當在高速弱磁區，可忽略定子電阻壓降，考慮穩態情況則可忽略電流微分項，並假設轉子磁通鏈變化相對緩慢，則可忽略轉子磁通鏈微分項，基於以上假設，（5.3.1）與（5.3.2）式可以表示為

$$v^e_{ds} = -\omega_e L_\sigma\, i^e_{qs} \qquad (5.3.3)$$

$$v^e_{qs} = \omega_e L_\sigma\, i^e_{ds} + \omega_e \frac{L_m}{L_r} \phi^e_{dr} \qquad (5.3.4)$$

假設相較於轉子時間常數，轉子磁通鏈變化相對緩慢 [2]，則轉子磁通鏈可以表示成

$$\phi^e_{dr} = L_m\, i^e_{ds} \qquad (5.3.5)$$

將（5.3.5）代入（5.3.4）式，可得

$$v^e_{qs} = \omega_e L_s\, i^e_{ds} \qquad (5.3.6)$$

我們可以利用（5.3.3）與（5.3.6）式計算穩態時的電壓輸出 V_s

$$V_s = \sqrt{v_{ds}^{e\,2} + v_{qs}^{e\,2}} = \omega_e \frac{L_s}{L_m} \sqrt{\phi_r^{e2} + (\sigma L_m i_{qs}^e)^2} \qquad (5.3.7)$$

其中，$\phi_r^e = \phi_{dr}^e$，$\sigma = 1 - \dfrac{L_m^2}{L_m L_s}$。

（5.3.7）式可以整理為

$$\phi_r^e = \sqrt{\left(\frac{L_m}{L_s}\frac{V_s}{\omega_e}\right)^2 - (\sigma L_m i_{qs}^e)^2} \qquad (5.3.8)$$

（5.3.8）式所代表的意義是在穩態弱磁區，轉子磁通與輸出電壓 V_s 跟 q 軸電流 i_{qs}^e 的關係式，而我們可以利用（5.3.8）式計算出在弱磁區所需的轉子磁通命令值 ϕ_r^*，可以令 V_s 為最大電壓值 V_s^*（說明：即最大可輸出電壓值），i_{qs}^e 設為 q 軸電流命令 $i_{qs}^{e\,*}$，因此（5.3.8）式可以表示成 [2, 4]

$$\phi_r^* = \sqrt{\left(\frac{L_m}{L_s}\frac{V_s^*}{\omega_e}\right)^2 - (\sigma L_m i_{qs}^{e\,*})^2} \qquad (5.3.9)$$

（5.3.9）式即為在弱磁區感應馬達轉子磁場導向的磁通命令式，當馬達運轉超過額定轉速時，使用（5.3.9）式來產生磁通命令可以讓馬達的反電動勢下降，讓 PWM 變頻器可以繼續在高速下輸出能量至馬達端，使馬達輸出轉矩。

> **Tips：**
> 感應馬達轉子磁場導向控制架構的弱磁區磁通命令式（5.3.9）較為複雜，若是使用感應馬達定子磁場導向控制架構，其弱磁區的磁通命令式為 $\phi_r^* = \dfrac{V_s^*}{\omega_e}$，較為簡單，但二者效果是一致的。

■感應馬達弱磁控制 SIMULINK 模擬

STEP 1：

　　使用與 3.1 節同樣的感應馬達參數進行模擬，感應馬達參數值請參考表 5-3-1，請先使用MATLAB 執行範例程式im_params_fw.m載入感應馬達參數。

表 5-3-1　感應馬達參數

馬達參數	值
定子電阻Rs	0.8（Ω）
轉子電阻Rr	0.6（Ω）
定子電感Ls	0.085（H）
轉子電感Lr	0.085（H）
互感Lm	0.082（H）
馬達極數pole	4
額定轉速	1450（rpm）
轉動慣量J	0.033（kg·m^2）
摩擦系數B	0.00825（N·m·sec/rad）

MATLAB 範例程式 im_params_fw.m：

```
Rs = 0.8;
Rr = 0.6;
Ls = 0.085;
Lr = 0.085;
Lm = 0.082;
pole = 4;
J = 0.033;
B = 0.00825;
w = Ls*Lr - Lm^2;
Lsigma = w/Lr;
sigma = 1 - Lm^2/(Ls*Lr);
```

STEP 2：

　　接著使用 3.1 節所建立的感應馬達磁場導向控制模擬程式來驗證（5.3.9）式的弱磁控制法則，首先，我們開啟範例程式 im_foc_models.slx 檔案，開啟後，加入相關控制方塊計算輸出電壓值，並將轉速命令設成 1500（rpm），如圖 5-3-1 所示。

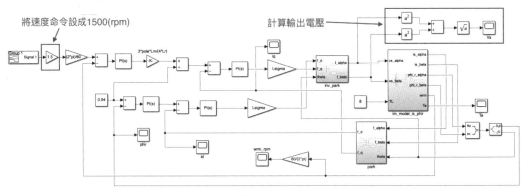

圖 5-3-1

STEP 3：

　　將圖 5-3-1 的系統方塊建立完成後，將模擬時間設成 4 秒，按下「Run」執行系統模擬（說明：模擬前請先執行 im_params_fw.m，載入馬達參數）。

STEP 4：

　　模擬完畢後，雙擊 Vs 示波器方塊觀察輸出電壓波形，如圖 5-3-2，可以觀察到輸出電壓的穩態值約為 311（V）。

STEP 5：

　　接著，將轉速命令設成 2000（rpm），再執行一次模擬，模擬完成後，雙擊 Vs 示波器方塊觀察輸出電壓波形，如圖 5-3-3，可以觀察到輸出電壓的穩態值約為 413（V）。

　　從二次的模擬中可以很清楚的看到，當馬達轉速增加，為了克服馬達的反電動勢，控制器的輸出電壓明顯上升。

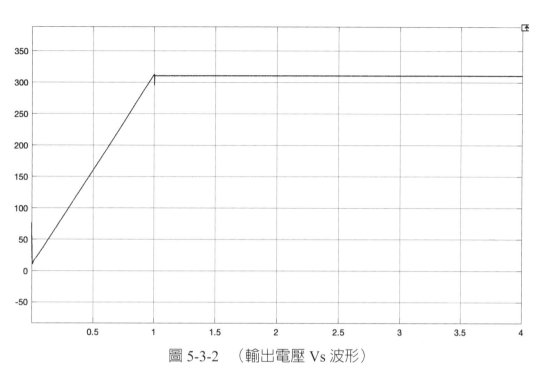

圖 5-3-2　（輸出電壓 Vs 波形）

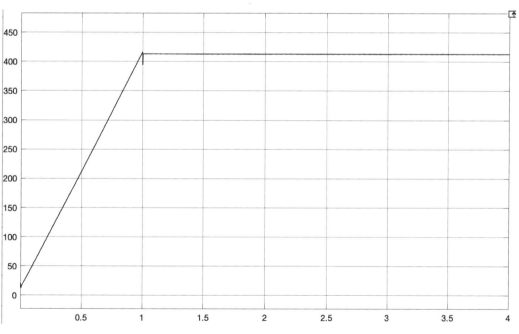

圖 5-3-3　（輸出電壓 Vs 波形）

STEP 6：

接下來進行弱磁控制的模擬，假設控制器最大輸出電壓為 330 V，我們希望將輸出電壓限制在 311（V），將電壓限制在 311 是為了留有 6% 左右的餘裕，因此將（5.3.9）式中的 V_s^* 設為 311，而在（5.3.9）式中需要同步轉速 ω_e 的資訊才能夠計算轉子磁通命令，但在模擬系統中，我們並沒有同步轉速 ω_e 的資訊，要如何克服這個問題呢？我們可以使用轉子磁場導向的滑差轉速公式 [8]

$$\omega_{slip} = \frac{R_e \, \tilde{i}_{qs}^e}{L_r \, \tilde{i}_{ds}^e} \qquad (5.3.10)$$

其中，$\tilde{i}_{qs}^e$ 與 $\tilde{i}_{ds}^e$ 代表 q 軸與 d 軸電流的穩態值。

同步轉速 ω_e 可以表示成

$$\omega_e = \omega_r + \omega_{slip} \qquad (5.3.11)$$

其中，感應馬達模型可以提供轉子轉速 ω_r 的資訊，因此我們只需要計算滑差頻率 ω_{slip} 即可得到同步轉速 ω_e。

請在模擬系統中建立一個 Matlab Function 方塊 we，並將以下程式鍵入

Matlab Function 方塊 we 程式：
```
function y = we(u)
    Rr = 0.6;
    Lr = 0.085;
    pole = 4;
    y = (u(1)*Rr)/(u(2)*Lr+1e-8)+u(3)*pole/2; % 加入 1e-8 是為了防止分母
為 0
```

STEP 7：

接著我們要為（5.3.9）式的轉子磁通命令建立控制方塊，請在模擬系統

中建立一個 Matlab Function 方塊 im_fw，並將以下程式鍵入

Matlab Function 方塊 im_fw 程式：

```
function y = im_fw(u)
    Ls = 0.085;
    Lr = 0.085;
    Lm = 0.082;
    sigma = 1 - Lm^2/(Ls*Lr);
    if (u(1)<=1450)
        y = 0.94;
    else
        y = sqrt(((Lm/Ls)*(311/u(3)))^2-(sigma*Lm*u(2))^2);
    end
```

STEP 8：

　　將同步轉速與轉子磁通命令的 MATLAB Function 方塊建立完成後，請將它們連接如圖 5-3-4，並將速度命令設為 2500（rpm），同時將負載轉矩設成 4（Nm）。

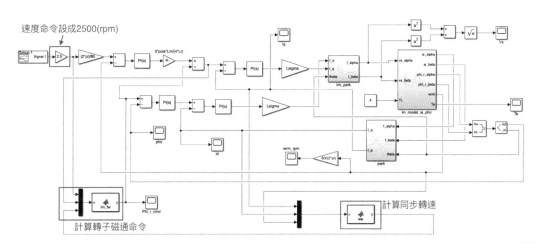

圖 5-3-4　（範例程式：im_foc_fw.slx）

STEP 9：

　　將圖 5-3-4 的系統方塊建立完成後，將模擬時間設成 4 秒，按下「Run」執行系統模擬。模擬完成後，請雙擊 wrm_rpm 示波器方塊觀察速度波形，如圖 5-3-5，從波形看到馬達轉速順利提升至 2500（rpm），約 1.7 倍額定轉速。

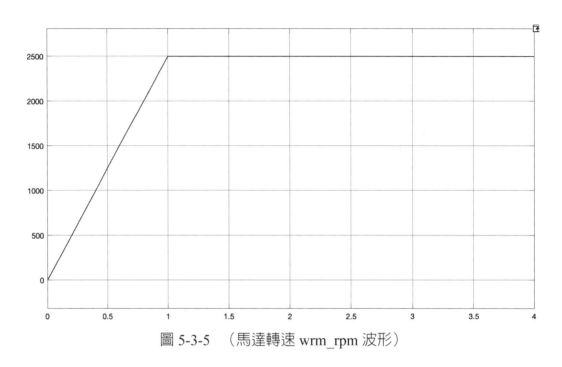

圖 5-3-5 　（馬達轉速 wrm_rpm 波形）

STEP 10：

　　請雙擊 Vs 示波器方塊觀察控制器輸出電壓，如圖 5-3-6，從波形結果可以看出，當速度超過額定轉速，弱磁控制算法會將輸出電壓 Vs 降低，最後的穩態值被限制在約 314（V）左右，雖然我們將最大電壓限制在 311（V），但（5.3.9）式並未考慮電阻壓降，而實際的輸出電壓會包含電阻壓降，因此實際的輸出電壓會與設定值有些微差異。

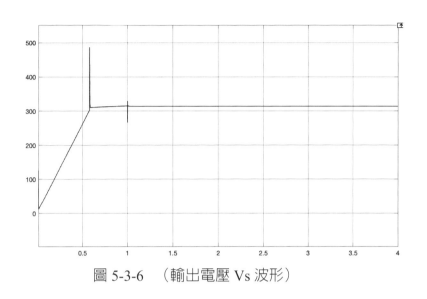

圖 5-3-6　（輸出電壓 Vs 波形）

STEP 11：

接著請雙擊 Phi_r_cmd 示波器方塊觀察轉子磁通命令波形，如圖 5-3-7，從波形可以得知，在額定轉速下，轉子磁通命令維持在額定值 0.94（Wb），當轉速高於馬達額定轉速時，（5.3.9）式會自動調降轉子磁通命令以降低反電動勢，當轉速達到 2500（rpm）時，此時的轉子磁通命令約為 0.56（Wb），約為額定轉子磁通命令的 1/1.7 倍。

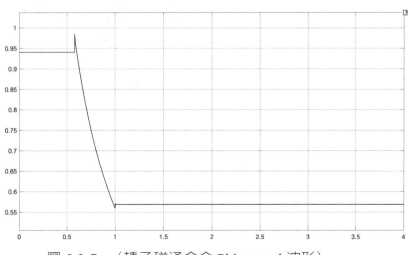

圖 5-3-7　（轉子磁通命令 Phi_r_cmd 波形）

　　從模擬結果可知,當感應馬達超過額定轉速運轉時,所推導的感應馬達弱磁控制法則〔(5.3.9)式〕可以有效的將馬達的反電動勢下降,並將控制器的輸出電壓(即馬達的輸入電壓)控制在設定值v_s^*附近,從模擬結果可以看到,當馬達在 1.7 倍額定轉速下運轉時,轉子磁通命令值下降爲額定值的 1/1.7 倍,此時控制器的輸出電壓(即馬達的輸入電壓)仍被有效的控制在設定值附近,因此我們完成了感應馬達弱磁控制法則的推導、模擬與驗證。

5.3.2　永磁同步馬達弱磁控制技術(使用 MTPA)

　　本節我們將學習永磁同步馬達的弱磁控制技術[2, 7],在此筆者將爲各位推導並模擬以 MTPA 爲基礎的永磁同步馬達弱磁控制方法,所謂的 MTPA(Maximum torque-per-ampere)就是最大化單位電流所產生的轉矩,利用 MTPA 技術可以最大化馬達的輸出效率與高速弱磁區的轉矩輸出性能。

■永磁同步馬達的 MTPA 法則

　　在二軸同步旋轉座標下,IPM 永磁同步馬達數學模型可以表示如下

$$v_{ds}^r = R_s\, i_{ds}^r + L_d \frac{di_{ds}^r}{dt} - \omega_r L_q\, i_{qs}^r \qquad (5.3.12)$$

$$v_{qs}^r = R_s\, i_{qs}^r + L_q \frac{di_{qs}^r}{dt} + \omega_r\,(L_d\, i_{ds}^r + \lambda_f) \qquad (5.3.13)$$

　　假設系統處於穩態,則可忽略電流微分項,(5.3.12)與(5.3.13)式可以表示成

$$v_{ds}^r = R_s\, i_{ds}^r - \omega_r L_q\, i_{qs}^r \qquad (5.3.14)$$

$$v_{qs}^r = R_s\, i_{qs}^r + \omega_r\,(L_d\, i_{ds}^r + \lambda_f) \qquad (5.3.15)$$

　　IPM 永磁同步馬達的轉矩方程式爲

$$T_e = \frac{3}{2} \frac{P}{2} \left[\lambda_f i_{qs}^r + (L_d - L_q) i_{ds}^r i_{qs}^r \right] \qquad (5.3.16)$$

從（5.3.16）式中可以發現，對於 IPM 永磁同步馬達來說，轉矩含有二個成分，一個是由磁通鏈所產生的轉矩（即 $\lambda_f i_{qs}^r$ 項），另一個是由凸極比（Saliency）所產生的磁阻轉矩（即 $(L_d - L_q) i_{ds}^r i_{qs}^r$ 項），而 IPM 永磁同步馬達的 q 軸電感會大於 d 軸電感，即 $L_q > L_d$，因此若要充分利用 IPM 永磁同步馬達的轉矩輸出能力，需要將磁阻轉矩作爲可用的轉矩成分之一。

馬達電流的大小 i_s^r 可以表示成

$$i_s^r = \sqrt{i_{ds}^{r\,2} + i_{qs}^{r\,2}} \qquad (5.3.17)$$

使用（5.3.16）與（5.3.17）式可以推導滿足 MTPA 條件的 dq 軸電流條件 [2, 7]

$$i_{ds}^r = \frac{\lambda_f - \sqrt{\lambda_f^2 + 8(L_q - L_q)^2 i_s^{r2}}}{4(L_q - L_d)} \qquad (5.3.18)$$

$$i_{qs}^r = sign\,(i_s^r) \cdot \sqrt{i_s^{r2} - i_{ds}^{r\,2}} \qquad (5.3.19)$$

其中，當 $i_s^r \geq 0$ 時，$sign\,(i_s^r) = 1$；當 $i_s^r < 0$ 時，$sign\,(i_s^r) = -1$。[7]

因此（5.3.18）與（5.3.19）式爲 IPM 永磁同步馬達的 MTPA 控制策略，可最大化馬達的單位電流轉矩輸出。

■ 使用 MTPA 策略的弱磁控制

對於一個馬達驅動系統來說，一般存在二個限制條件，第一個限制條件是最大電流限制 $I_{s,\,max}$，它由馬達額定電流與驅動器的可輸出最大電流來決定；第二個限制條件是最大電流限制 $V_{s,\,max}$，一般來說它是由驅動器的可輸出最大電壓來決定，根據不同的調變方式會有些許不同，若驅動器所使用的調變方式爲空間向量調變，則線性區的最大輸出電壓爲直流鏈電壓除以 $\sqrt{3}$，即 $V_{dc}/\sqrt{3}$。

因此永磁同步馬達的電壓與電流需滿足以下條件

$$v_{ds}^{r\,2} + v_{qs}^{r\,2} \leq V_{s,\,max}^{\,2} \tag{5.3.20}$$

$$i_{ds}^{r\,2} + i_{qs}^{r\,2} \leq I_{s,\,max}^{\,2} \tag{5.3.21}$$

將（5.3.14）與（5.3.15）式代入（5.3.20）式，並忽略電阻壓降，整理後可以表示成

$$(\omega_r L_d)^2 \left(i_{ds}^r + \frac{\lambda_f}{L_d}\right) + (\omega_r L_d)^2 i_{qs}^{r\,2} \leq V_{s,\,max}^{\,2} \tag{5.3.22}$$

滿足（5.3.22）式的 i_{ds}^r 與 i_{qs}^r 可以表示成圖 5-3-8 中橢圓的內部區域，圖 5-3-8 顯示二個虛線橢圓，一個是當 $\omega_r = \omega_1$ 的較大橢圓，一個是當 $\omega_r = \omega_2$ 的較小橢圓，而 $\omega_2 > \omega_1$，當轉速 ω_r 上升時，電壓限制橢圓會縮小，（5.3.21）式的電流限制條件在圖 5-3-8 中可以表示成電流限制圓，滿足（5.3.21）式為電流限制圓的內部區域。

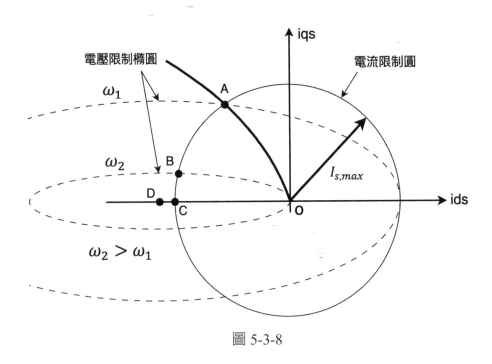

圖 5-3-8

說明：

當橢圓與圓僅有一個交點時，這時的速度稱爲最大速度 ω_m，高於最大速度，則橢圓與圓沒有交點，對 IPM 而言，最大速度 ω_m 爲 $\omega_{max,\,IPM} = \dfrac{V_{s,\,max}}{\lambda_f - L_d I_{s,\,max}}$，其中 $\lambda_f > L_d L_{s,\,m}$；對 SPM 而言，最大速度爲 $\omega_{max,\,SPM} = \dfrac{V_{s,\,max}}{\lambda_f - L_s I_{s,\,max}}$，其中 $\lambda_f > L_s L_{s,\,m}$。

最大基準速度 ω_b 定義爲在 MTPA 下能馬達能達到的最大速度，在最大基準速度內稱爲定轉矩區，高於最大基準速度則進入弱磁區，假設圖 5-3-8 中的 ω_1 爲 IPM 永磁同步馬達的最大基準速度。

IPM 永磁同步馬達的最大基準速度 ω_b 可以表示成

$$\omega_b = \frac{V_{s,\,max}}{\sqrt{(L_d i_{ds1}^r + \lambda_f)^2 + (L_q i_{qs1}^r)^2}} \tag{5.3.23}$$

其中，

$$i_{ds1}^r = \frac{\lambda_f - \sqrt{\lambda_f^{\ 2} + 8(L_q - L_q)^2 I_{s,\,max}^{\ 2}}}{4(L_q - L_d)} \tag{5.3.24}$$

$$i_{qs1}^r = \pm\sqrt{I_{s,\,max}^{\ 2} - i_{ds1}^{r\ 2}} \tag{5.3.25}$$

說明：

對 SPM 而言，最大基準速度 $\omega_b = \dfrac{V_{s,\,max}}{\sqrt{\lambda_f^{\ 2} + (L_s I_{s,\,max})^2}}$。

可以發現，由於使用 MTPA 策略，因此（5.3.24）、（5.3.25）式與（5.3.18）、（5.3.19）式是一致的，i_{ds1}^r 爲在 MTPA 控制策略下，IPM 永磁同步馬達在最大基準速度 ω_b 時的 d 軸電流大小（當最大輸出電流爲 $I_{s,\,max}$），而 i_{qs1}^r 爲在此工作點的 q 軸電流的最大值（當最大輸出電流爲 $I_{s,\,max}$）。

從（5.3.23）～（5.3.25）式可知，IPM 永磁同步馬達的最大基準速度 ω_b 不

只跟馬達參數有關，也跟最大電壓 $V_{s,max}$ 與最大電流 $I_{s,max}$ 相關，若使用不同的最大電壓 $V_{s,max}$ 與最大電流 $I_{s,max}$，所得到的最大基準速度 ω_b 也會不同。

當使用（5.3.18）與（5.3.19）式的 MTPA 控制策略，馬達會循 OA 的軌跡到達最大基準速度，O 到 A 的軌跡稱作「定轉矩區」，當速度高於最大基準速度將進入弱磁區，MTPA 控制策略將會提供 A→C 的電流限制軌跡（即電流限制圓邊界）讓馬達進行最大化單位電流轉矩（MTPA）輸出。

由於我們使用以 MTPA 策略為基礎的弱磁控制，因此當進入弱磁區後，電流限制軌跡是從 A 點沿著電流限制圓邊界移動，我們可以使用一個電壓判斷回路，當控制器輸出電壓大於電壓限制 $V_{s,max}$ 時，將電壓限制與回授電壓的差值進行 PI 控制器計算後輸出一個微小 d 軸電流增量 Δi_{ds}，此電流增量 Δi_{ds} 再與（5.3.18）式計算的 MTPA 電流命令相加，得到 d 軸電流命令，再利用（5.3.19）式計算 q 軸電流命令，最後 d、q 軸電流命令將進入電流控制回路進行運算並驅動馬達運轉。請注意，在控制回路使用（5.3.18）與（5.3.19）式時，要將式中的 i_s^r 用速度控制器所輸出的電流命令 i_s^* 取代，如圖 5-3-9。[2, 7]

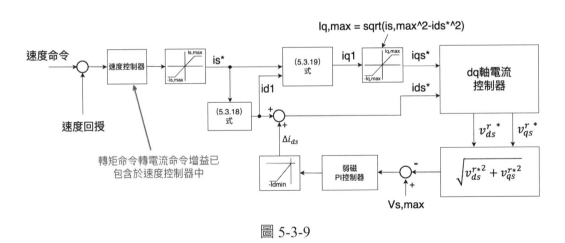

圖 5-3-9

另外由於微小增量 Δi_{ds} 會占用一部分的可用電流額度，因此由（5.3.19）式所算出的 q 軸電流命令會再經過一個 q 軸電流限制器，限制器的上下限會根據計算出的 ids* 而動態調整，讓總輸出電流不會超過最大輸出電流 $I_{s,max}$。

■永磁同步馬達 MTPA 弱磁控制的 SIMULINK 模擬

STEP 1：

本節將使用表 5-3-2 的 IPM 永磁同步馬達參數進行模擬[7]，請先使用 MATLAB 執行範例程式 ipm_params_fw.m 載入馬達參數。

表 5-3-2　IPM 永磁同步馬達參數[7]

馬達參數	值
定子電阻Rs	4.3（Ω）
定子d軸電感Ld	27（mH）
定子q軸電感Lq	67（mH）
磁通鏈λ_f	0.272（Wb）
馬達極數pole	4
轉動慣量J	0.0002（N・m・sec^2/rad）
摩擦系數B	0.0005（N・m・sec/rad）
額定電流	3（A）
馬達額定功率	900（W）
馬達額定轉速	1700（rpm）
最大電流限制$I_{s,\,max}$	6（A）
最大電壓限制$V_{s,\,max}$	300/$\sqrt{3}$（V） （說明：$V_{dc} = 300$（V））

MATLAB 範例程式 ipm_params_fw.m：

```
Rs = 4.3;
Ld = 27e-3;
Lq = 67e-3;
Lamda_f = 0.272;
pole = 4;
J = 0.0002;
B = 0.0005;
```

```
I_rate = 3;
Ismax = 6;
Vsmax = 300/sqrt(3);
```

STEP 2：

接下來我們使用（5.3.18）、（5.3.19）式與（5.3.23）式來計算一下，當使用最大電流限制（$I_{s,\ max} = 6$）時，d 軸、q 軸電流與最大基準速度 ω_b，可以使用以下 MATLAB 範例程式進行計算。

MATLAB 範例程式 ipm_id_iq_wb.m：

```
Ld = 27e-3;
Lq = 67e-3;
Lamda_f = 0.272;
Ismax = 6;
Vsmax = 300/sqrt(3);
ids1 = (Lamda_f - sqrt(Lamda_f^2 + 8*(Lq-Ld)^2*Ismax^2))/(4*(Lq-Ld))
iqs1 = sqrt(Ismax^2 - ids1^2)
wb_IPM = Vsmax/sqrt((Ld*ids1+Lamda_f)^2 + (Lq*iqs1)^2)
```

執行本程式，可以得到以下結果

MATLAB 範例程式 ipm_id_iq_wb.m 執行結果：

```
ids1 = -2.8706
iqs1 = 5.2688
wb_IPM = 429.7450
```

從程式執行結果可以發現，電氣角速度 429.7（rad/s）為此 IPM 馬達的最大基準速度 ω_b，換算成 rpm 為單位的機械轉速約為 2051（rpm），當 IPM 馬達在此基準速度並且輸出最大電流 6（A）時，d 軸電流的大小為 -2.8（A）， q 軸電流的大小約為 5.2（A）。

Tips：
各位也可以將 $I_{s, max}$ 設成與馬達的額定電流一致，此時算出的 MTPA 下的 d、q 軸電流也會變小。

STEP 3：
　　接下來，我們可以修改 3.2 節所建立的永磁同步馬達磁場導向控制模擬程式來驗證本節所推導的 MTPA 弱磁控制法則，首先，開啓範例程式 pm_foc_models.slx 檔案，開啓後，將程式方塊修改成圖 5-3-10。

說明：
由於本 IPM 馬達參數與 3.2 節的永磁同步馬達參數差異並不大，因此進行 MTPA 弱磁控制驗證所需的控制回路 PI 控制器參數可以沿用 3.2 節所設計的參數值。

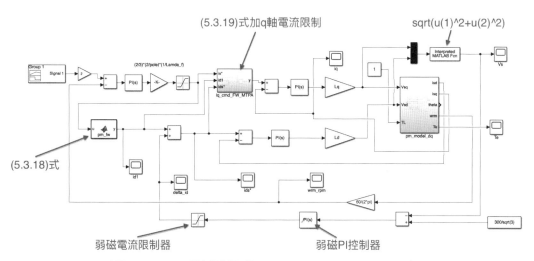

圖 5-3-10　（範例程式：ipm_foc_MTPA_fw.slx）

Matlab Function 方塊 pm_fw 程式：

```
function y = pm_fw(u)
    Ld = 27e-3;
    Lq = 67e-3;
    Lamda_f = 0.272;
    y = (Lamda_f - sqrt(Lamda_f^2 + 8*(Lq-Ld)^2*u^2))/(4*(Lq-Ld));
```

■ Iq_cmd_FW_MTPA Subsystem 內容

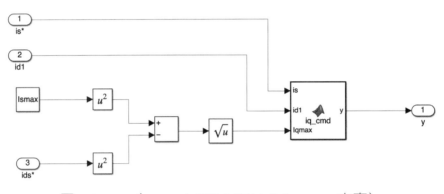

圖 5-3-11　（Iq_cmd_FW_MTPA Subsystem 內容）

Matlab Function 方塊 iq_cmd 程式：

```
function y = iq_cmd(is, id1, Iqmax)
    iq1 = sqrt(is^2-id1^2);
    if (iq1 > Iqmax)
        y = Iqmax;
    elseif (iq1 < -Iqmax)
        y = -Iqmax;
    else
        y = iq1;
    end
```

■ 弱磁 PI 控制器

在圖 5-3-10 中，請將弱磁電壓回路的 PI 控制器的參數設定如下：

$$K_p = 0.1, \ K_i = 1$$

由於弱磁控制回路隨時都在監控輸出電壓是否高於設定值（$300/\sqrt{3}$），但為了避免 PI 控制器在定轉矩區所造成的積分器飽合現象影響進入弱磁區的反應速度，因此請將 PI 控制器的輸出上下限設置成 ±20，並將「Anti-windup Method」設成「clamping」，如圖 5-3-12。

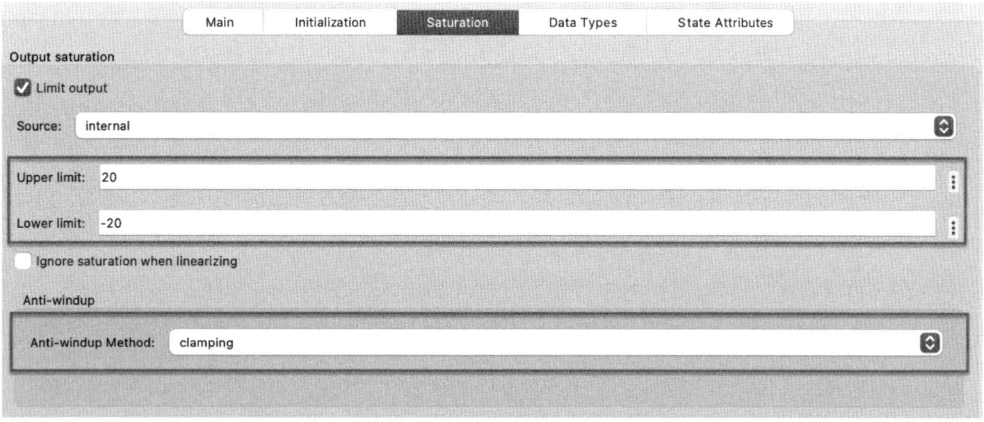

圖 5-3-12

■ 弱磁電流限制器

在圖 5-3-10 中，請將弱磁電壓回路的弱磁電流限制器的正限制值設為 0，負限制值設為 -3.13（即 $I_{d,\,min}$），$I_{d,\,min}$ 的設定方法如下 [7]

$$I_{d,\,min} = -(I_{s,\,max} - |I_{d,\,A}|) \tag{5.3.26}$$

其中，$I_{d,\,min}$ 為弱磁電壓回路的 PI 控制器輸出限制值，$I_{d,\,A}$ 為在圖 5-3-8 中 A 點的 d 軸電流（說明：即為範例程式 ipm_id_iq_wb.m 所算出的 ids1=

-2.8706），因此 $I_{d,\,min} = -(6 - 2.8706) = -3.13$。

STEP 4：

　　將以上系統方塊設置完成後，將速度命令設為 2000（rpm）（說明：接近馬達的最大基準速度 2051 rpm），並將負載轉矩設成 4（Nm）來模擬「定轉矩區」操作，將模擬時間設成 4 秒，按下「Run」執行系統模擬。模擬完成後，請雙擊 wrm_rpm 示波器方塊觀察速度波形，如圖 5-3-13，從波形看到馬達轉速順利提升至 2000（rpm）。

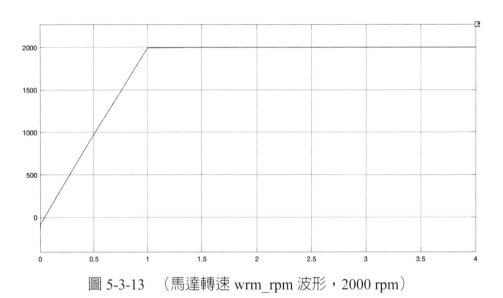

圖 5-3-13　（馬達轉速 wrm_rpm 波形，2000 rpm）

STEP 5：

　　請雙擊 Vs 示波器方塊觀察控制器輸出電壓，如圖 5-3-14，從波形結果可以看出，輸出電壓 Vs 的穩態值約為 162.5（V）左右，並未超過最大電壓值 173（V）（說明：$300/\sqrt{3} = 173$），因此馬達仍然操作在「定轉矩區」。

STEP 6：

　　接著我們觀察一下在「定轉矩區」時的 d 軸電流命令，請雙擊 id1 示波器方塊觀察 MTPA 所計算的 d 軸電流命令，如圖 5-3-15，從波形結果可以看出，穩態下的 d 軸電流命令值約為 −1.8（A）（說明：負的 d 軸電流命令可以讓馬達輸出磁阻轉矩，並在 MTPA 法則作用下，最大化每單位電流的輸出轉矩）。

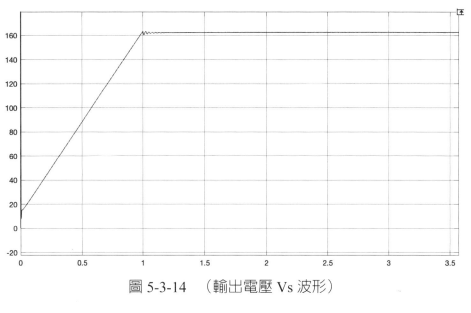

圖 5-3-14　（輸出電壓 Vs 波形）

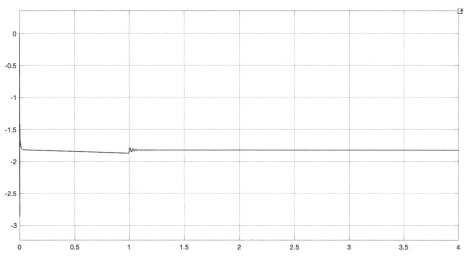

圖 5-3-15　（MTPA 計算的 d 軸電流命令波形）

STEP 7：

　　接下來為了測試弱磁控制回路的性能，我們試著將速度命令設為 4000（rpm）（約二倍的最大基準速度），並將負載轉矩設成 1（Nm）（說明：模擬定功率區操作），將模擬時間設成 4 秒，按下「Run」執行系統模擬。模擬

完成後，請雙擊 wrm_rpm 示波器方塊觀察速度波形，如圖 5-3-16，從波形看到馬達轉速順利提升至 4000（rpm）。

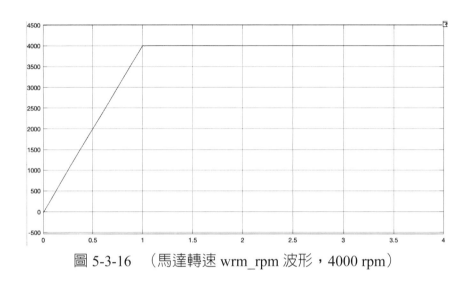

圖 5-3-16　（馬達轉速 wrm_rpm 波形，4000 rpm）

STEP 8：

　　請雙擊 Vs 示波器方塊觀察控制器輸出電壓，如圖 5-3-17，從波形結果可以看出，輸出電壓 Vs 最高值約為 250（V），而當輸出電壓超過最大電壓限制 173（V）時，弱磁電壓回路會自動啓動並調整 d 軸電流，並輸出電壓下降至最大電壓限制 173（V）附近，由圖 5-3-17 的波形可以得到驗證。

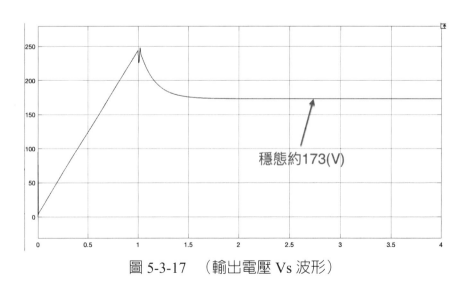

圖 5-3-17　（輸出電壓 Vs 波形）

STEP 9：

接著請雙擊 delta_id 示波器圖示觀測弱磁控制器的輸出電流，如圖 5-3-18，我們可以看到弱磁控制器的輸出電流為弱磁電流限制器的下限值 −3.13（A），代表弱磁控制器處於完全輸出狀態以滿足弱磁區的 MTPA 操作條件。

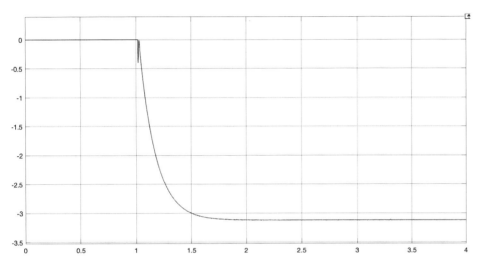

圖 5-3-18　（弱磁控制器輸出 delta_id 波形）

STEP 10：

請再雙擊 ids* 與 iqs* 示波器方塊觀察 d 軸電流與 q 軸電流命令值，如圖 5-3-19 與圖 5-3-20，可以看到穩態的 d 軸電流命令值約為 −3.26（A），穩態的 q 軸電流命令值約為 1（A），總電流命令約為 3.4（A）（說明：$\sqrt{3.26^2+1}=3.4$），稍微超過馬達的額定電流 3（A），可知 1（Nm）的負載轉矩讓馬達輕微過載。

從模擬結果可知，當 IPM 永磁同步馬達運轉超過 MTPA 的最大基準速度 ω_b 時，所推導的 IPM 永磁同步馬達 MTPA 弱磁控制法則（5.3.18 與 5.3.19 式）可以有效的將馬達的轉速提升至二倍的最大基準速度，並將馬達的輸入電壓控制在設定值 $V_{s,\,max}$，從模擬結果可以看到，當馬達在二倍最大基準速度運轉時，馬達輸入電壓仍能被有效的控制在設定值 173（V）附近，因此完成了 IPM 永磁同步馬達 MTPA 弱磁控制法則的推導、模擬與驗證。

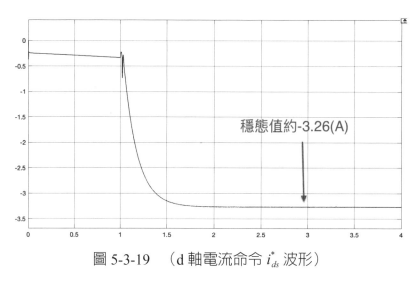

圖 5-3-19　（d 軸電流命令 i_{ds}^* 波形）

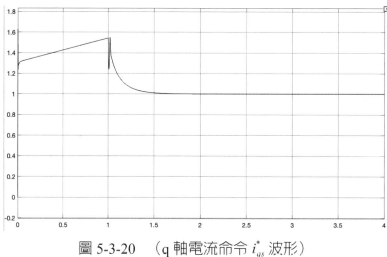

圖 5-3-20　（q 軸電流命令 i_{qs}^* 波形）

5.3.3　結論

➢ 一般來說，交流電機的熱時間常數遠大於交流驅動器的熱時間常數，因此交流電機允許在短時間內通過幾倍的額定電流，因此在定轉矩區，交流電機可輸出的最大轉矩由交流驅動器的最大電流限制 $I_{s,\,max}$ 所決定。

➢ 交流電機驅動器的電壓輸入限制也決定其電壓輸出限制 $V_{s,\,max}$，即便驅動器

能提供足夠大的電壓輸出，交流電機本身的絕緣材料有其電壓輸入限制。

➤ 交流電機本身的磁路飽合特性與溫度耐受性限制了電機的電流輸入能力。

➤ 弱磁即減弱磁通，是以降低轉矩為代價使電機運轉超過其額定轉速的控制技術，普遍用於工具機、電動汽車與牽引電機控制等領域。

➤ 應用交流電機的 MTPA 技術可以最有效率的使用交流驅動器的電流輸出能力 $I_{s,max}$，讓單位電流所產生的轉矩最大化，因此利用 MTPA 技術可以最大化馬達的輸出效率與高速弱磁區的轉矩輸出性能。

5.4　標么系統（Per-Unit System）

　　一般來說人們會比較習慣使用以 MKS 為單位的電機參數，因為較具有物理量的對應關係，但當比較不同電機的特性與性能時，單單使用 MKS 單位的馬達參數並沒有多大的意義，例如，一個 2.2kW，440V 的感應電機的定子電阻可能是 3 歐姆，而一個 110kW，220V 的感應電機的定子電阻可能只有 0.1Ω，但並不能說二者的定子銅損有 30 倍的差距 [2]，同樣的，若一個系統是由多個不同額定功率與不同額定電壓的電機所組成，使用 MKS 物理參數來理解整個系統可能會造成盲點與困擾，因此在實務上一般會使用標么值 [2, 8] 來解決這個問題，可以使用一個特定功率、電壓與頻率當作基準值，將電機參數標么化（即表示為基準值的相對值），被標么化後的電機參數沒有單位，它們只是基準值的相對值而已，有了共同的基準值，不同的電機參數就可以進行有意義的比較。

　　對於三相馬達而言，傳統上會使用馬達的額定功率 P_b 作為功率基準值，馬達的相電壓有效值 $V_{b,rms}$ 與馬達的相電流有效值 $I_{b,rms}$ 作為電壓與電流的基準值，三者關係為

$$P_b = 3V_{b,rms}I_{b,rms} \qquad\qquad （5.4.1）$$

（說明：若為 5 相馬達，則 5.4.1 式會變成 $P_b = 5V_{b,rms}I_{b,rms}$）

但從磁場導向控制的觀點而言，所使用的 dq 軸的物理量並非有效值，而

是峰值，因此使用電壓與電流的峰值作爲基準值可能更加適合，一般會選擇馬達的相電壓峰值 V_b 與相電流峰值 I_b 作爲基準值，峰值與有效值的關係如下（說明：在此特以 V_b 與 I_b 表示相電壓與相電流峰值）

$$V_{b,\,rms} = \frac{V_b}{\sqrt{2}} \tag{5.4.2}$$

$$I_{b,\,rms} = \frac{I_b}{\sqrt{2}} \tag{5.4.3}$$

因此，（5.4.1）式可以表示成

$$P_b = \frac{3}{2} V_b I_b \tag{5.4.4}$$

阻抗的基準值爲

$$Z_b = \frac{V_b}{I_b} \tag{5.4.5}$$

轉矩基準值爲

$$T_b = \frac{P_b}{(2/P)\omega_b} \tag{5.4.6}$$

其中，ω_b 爲馬達的頻率基準值（電氣角頻率），一般可由馬達額定轉速計算得到，例如馬達爲 4 極，額定轉速爲 1800（rpm），則馬達的頻率基準值爲 377（rad/s），計算方式如下：

$$1800 \times \frac{P}{2} \times \frac{2\pi}{60} = 377 \text{（rad/s）}$$

馬達的磁通鏈基值 λ_b 可以表示成

$$\lambda_b = \frac{V_b}{\omega_b} \tag{5.4.7}$$

◎ 5.4.1　永磁同步馬達 dq 軸模型標么化

接下來我們將以永磁同步馬達 dq 軸數學模型為例，將 MKS 單位的數學模型轉換成標么化的數學模型。

我們先將永磁同步馬達 dq 軸數學模型（MKS 單位）寫出。

$$v_{ds}^r = R_s\, i_{ds}^r + L_d p i_{ds}^r - \omega_r L_q\, i_{qs}^r \tag{5.4.8}$$

$$v_{qs}^r = R_s\, i_{qs}^r + L_d p i_{qs}^r + \omega_r \left(L_d\, i_{ds}^r + \lambda_f \right) \tag{5.4.9}$$

$$T_e = \frac{3}{2}\,\frac{P}{2}\left[\lambda_f i_{qs}^r + (L_d - L_q)\, i_{ds}^r\, i_{qs}^r \right] \tag{5.4.10}$$

其中，$p = \dfrac{d}{dt}$。

定義 $X_d = \omega_b L_d$ 與 $X_q = \omega_b L_q$，我們先將（5.4.8）式標么化，

$$\frac{v_{ds}^r}{V_b} = \frac{R_s}{Z_b}\cdot\frac{i_{ds}^r}{I_b} + \frac{X_d}{\omega_b}\cdot p i_{ds}^r \cdot \frac{1}{I_b}\cdot\frac{1}{Z_b} - \frac{\omega_r}{\omega_b}\cdot\frac{X_q}{\omega_b}\cdot i_{qs}^r\cdot\frac{1}{I_b}\cdot\frac{\omega_b}{z_d} \tag{5.4.11}$$

可以表示成

$$\overline{v_{ds}^r} = \overline{R_s}\cdot\overline{i_{ds}^r} + \frac{\overline{X_d}}{\omega_b}p\overline{i_{ds}^r} - \overline{\omega_r}\cdot\overline{X_q}\cdot\overline{i_{qs}^r} \tag{5.4.12}$$

其中，$\overline{v_{ds}^r} = \dfrac{v_{ds}^r}{V_b}$，$\overline{R_s} = \dfrac{R_s}{Z_b}$，$\overline{i_{ds}^r} = \dfrac{i_{ds}^r}{I_b}$，$\overline{X_d} = \dfrac{X_d}{Z_b}$，$\overline{\omega_r} = \dfrac{\omega_r}{\omega_d}$，$\overline{i_{qs}^r} = \dfrac{i_{qs}^r}{I_b}$，$\overline{X_q} = \dfrac{X_q}{Z_b}$
一代表標么值。

（5.4.12）式為標么化後的永磁同步馬達 d 軸電壓方程式。

使用相同的方法，可以得到標么化後的永磁同步馬達 d 軸電壓方程式如下

$$\overline{v_{qs}^r} = \overline{R_s}\cdot\overline{i_{qs}^r} + \frac{\overline{X_q}}{\omega_b}p\overline{i_{qs}^r} - \overline{\omega_r}\cdot\overline{X_d}\cdot\overline{i_{ds}^r} + \overline{\omega_r}\cdot\overline{\lambda_f} \tag{5.4.13}$$

其中，$\overline{v_{qs}^r} = \dfrac{v_{qs}^r}{V_b}$，$\overline{\iota_{qs}^r} = \dfrac{i_{qs}^r}{I_b}$，$\overline{X_q} = \dfrac{X_q}{Z_b}$，$\overline{\lambda_f} = \dfrac{\lambda_f}{\lambda_b}$。

再將（5.4.10）式的轉矩方程式標么化

$$\overline{T_e} = \overline{\lambda_f} \cdot \overline{\iota_{qs}^r} + (\overline{X_d} - \overline{X_q}) \cdot \overline{\iota_{ds}^r} \cdot \overline{\iota_{qs}^r} \tag{5.4.14}$$

其中，$\overline{T_e} = \dfrac{T_e}{T_b}$。

接著再將馬達機械方程式標么化，先將 MKS 的馬達機械方程式寫出

$$T_e = Jp\omega_{rm} + B\omega_{rm} + T_L \tag{5.4.15}$$

我們對（5.4.15）式進行標么化

$$\frac{T_e}{T_b} = J\frac{\omega_b}{T_b} \cdot Jp\omega_{rm} \cdot \frac{1}{\omega_b} + B\frac{\omega_b}{T_b} \cdot \omega_{rm} \cdot \frac{1}{\omega_b} + \frac{T_L}{T_b} \tag{5.4.16}$$

標么化後的馬達機械方程式可以表示成

$$\overline{T_e} = \overline{J}p\overline{\omega_{rm}} + \overline{B} \cdot \overline{\omega_{rm}} + \overline{T_L} \tag{5.4.17}$$

其中，$\overline{T_e} = \dfrac{T_e}{T_b}$，$\overline{J} = J\dfrac{\omega_b}{T_b}$，$\overline{B} = \dfrac{\omega_b}{T_b}$，$\overline{T_L} = \dfrac{T_L}{T_b}$。

（5.4.12）、（5.4.13）、（5.4.14）式與（5.4.17）式即為標么化後的永磁同步馬達數學模型。

5.4.2　永磁同步馬達標么化系統模擬

STEP 1：

接著使用 MATLAB/SIMULINK 來驗證所推導的永磁同步馬達標么化模型，本節將使用與 3.2 節一致的永磁同步馬達參數進行模擬，永磁同步馬達參數列於表 5-4-1，請先使用 MATLAB 執行本節範例程式 pm_params_pu.m 載入

馬達參數。

表 5-4-1　永磁同步馬達參數

馬達參數	值
定子電阻Rs	1.2（Ω）
定子d軸電感Ld	0.0057（H）
定子q軸電感Lq	0.0125（H）
磁通鏈λ_f	0.123（Wb）
馬達極數pole	4
轉動慣量J	0.0002（N・m・sec_2/rad）
摩擦系數B	0.0005（N・m・sec/rad）
額定轉矩P_b（3.2節未列出）	890（W）
額定電流I_b（3.2節未列出）	4（A, rms）
額定轉速 $\omega_{rm,b}$（3.2節未列出）	1800（rpm）

MATLAB m-file 範例程式 pm_params_pu.m：

```
Rs = 1.2;
Ld = 0.0057;
Lq = 0.0125;
Lamda_f = 0.123;
pole = 4;
J = 0.0002;
B = 0.0005;
Pb = 890;
Ibrms = 4;
wb = (2*pi*1800/60)*pole/2;
Ib = Ibrms*sqrt(2);
Vb = 2*Pb/(3*Ib);
Zb = Vb/Ib;
Tb = Pb/(wb*2/pole);
```

CHAPTER

5

```
Lamdab = Vb/wb;
Rspu = Rs/Zb;
Xdpu = Ld*wb/Zb;
Xqpu = Lq*wb/Zb;
Lamda_fpu = Lamda_f/Lamdab;
Jpu = J*wb/Tb;
Bpu = B*wb/Tb;
```

STEP 2：

　　接著將 3.2 節的永磁同步馬達 Subsystem 模型修改成為標么化模型，請開啟 3.2 節的範例程式（pm_foc_models.slx），開啟後雙擊「pm_model_dq」方塊，將內容修改如圖 5-4-1（說明：可以參考本節範例程式 pm_foc_models_pu.slx）。

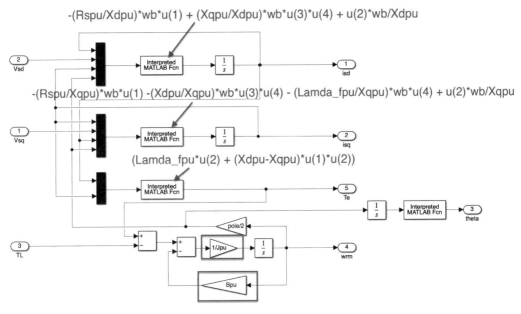

圖 5-4-1　（範例程式：pm_foc_models_allpu.slx）

STEP 3：

接著我們需要根據標幺模型重新設計電流與速度回路的 PI 控制器參數，看所設計的 PI 控制器參數是否與使用 MKS 馬達模型所設計的參數值一致。

先從 d 軸電流控制器開始，忽略非線性耦合項後，永磁同步馬達標幺化的 d 軸電流微分方程式（5.4.12）標幺化可以表示成

$$\overline{v_{ds}^r} = \overline{R_s} \cdot \overline{i_{ds}^r} + \frac{\overline{X_d}}{\omega_b} p\overline{i_{ds}^r} \qquad (5.4.18)$$

可以整理成

$$p\overline{i_{ds}^r} = -\frac{\omega_b}{\overline{X_d}} \overline{R_s} \cdot \overline{i_{ds}^r} + \overline{v_{ds}^r}{}' \qquad (5.4.19)$$

其中，$\overline{v_{ds}^r}{}' = \frac{\omega_b}{\overline{X_d}} \overline{v_{ds}^r}$，載入標幺化後的馬達參數（$\omega_b = 377, \overline{R_s} = 0.0647, \overline{X_d} = 0.1159$），可以得到

$$p\overline{i_{ds}^r} = -210.52 \cdot \overline{i_{ds}^r} + \overline{v_{ds}^r}{}' \qquad (5.4.20)$$

可以得到標幺化後的永磁同步馬達 d 軸電流受控廠轉移函數

$$\frac{\overline{i_{ds}^r}}{\overline{v_{ds}^r}{}'} = \frac{1}{s + 210.52} = \frac{0.0048}{0.0048s + 1} \qquad (5.4.21)$$

可以發現使用標幺化的 d 軸電流微分方程式所推導的轉移函數與使用 MKS 馬達模型所推導的轉移函數一模一樣〔（3.2.9）式〕，相同的狀況也會發生在 q 軸電流回路，這也代表使用標幺化模型所設計的電流回路控制器參數將會與使用 MKS 馬達模型所設計的電流控制器參數一致，因此不需修改電流回路 PI 控制器參數值。

接著我們進行速度回路 PI 控制器的設計，標幺化後的馬達機械方程式可

以表示成

$$\overline{T_e} = \overline{J}p\overline{\omega_{rm}} + \overline{B} \cdot \overline{\omega_{rm}} + \overline{T_L} \qquad (5.4.22)$$

其中，$\overline{T_e} = \dfrac{T_e}{T_b}$，$\overline{J} = J\dfrac{\omega_b}{T_b}$，$\overline{B} = \dfrac{\omega_b}{T_b}$，$\overline{T_L} = \dfrac{T_L}{T_b}$。

可以將（5.4.22）式重寫為

$$\overline{T_e}' = \overline{J}p\overline{\omega_{rm}} + \overline{B} \cdot \overline{\omega_{rm}} \qquad (5.4.23)$$

其中，$\overline{T_e}' = \overline{T_e} - \overline{T_L}$。對（5.4.23）式求拉式轉換並將 $\overline{J} = 0.016$ 與 $\overline{B} = 0.0399$ 代入，可得

$$\overline{\omega_{rm}}(s) = \overline{T_e}'(s) \times \frac{1}{\overline{J}s + \overline{B}} = \overline{T_e}'(s) \times \frac{1}{0.016s + 0.0399} = \overline{T_e}'(s) \times \frac{25.05}{0.4s + 1} \qquad (5.4.24)$$

從（5.4.24）式可以發現轉移函式 $\dfrac{1}{\overline{J}s + \overline{B}} = \dfrac{25.05}{0.4s + 1}$，與 3.2 節的 MKS 轉移函式 $\dfrac{1}{Js + B} = \dfrac{2000}{0.4s + 1}$ 不同，因此需要重新設計速度 PI 控制器，在此將速度回路頻寬設計成與 3.2 節一樣，即 $\omega_{sc} = 628$（rad/s），設計完成的速度 PI 控制器參數如下：

$$K_{P\_wrm\_final} = \frac{1}{25.05} \times 628 \times 0.4 = 10 \qquad (5.4.25)$$

$$K_{I\_wrm\_final} = \frac{1}{25.05} \times 628 \times 1 = 25 \qquad (5.4.26)$$

STEP 4：

完成速度 PI 控制器設計後，將設計完成的速度 PI 控制器參數更新至模擬系統，並將負載轉矩設為 0.4236（說明：0.4236 為標幺值，對應 2 Nm）。

STEP 5：

重新檢視一下整個永磁同步馬達 FOC 控制回路，可以發現 d、q 軸電流 PI 控制器的輸出增益 Ld 與 Lq 仍未標么化，而我們已知

$$\overline{v_{ds}^r}' = \frac{\omega_b}{X_d} \overline{v_{ds}^r} \tag{5.4.27}$$

$$\overline{v_{qs}^r}' = \frac{\omega_b}{X_q} \overline{v_{qs}^r} \tag{5.4.28}$$

d 軸與 q 軸電流控制器的輸出 $\overline{v_{ds}^r}'$ 與 $\overline{v_{qs}^r}'$，要進入標么化永磁同步馬達模型之前，需要乘上 $\frac{\overline{X_d}}{\omega_b}$ 的增益，將 $\frac{\overline{X_d}}{\omega_b}$ 展開可以得到

$$\frac{\overline{X_d}}{\omega_b} = \frac{X_d}{Z_b} \frac{1}{\omega_b} = \frac{\omega_b L_d}{Z_b} \frac{1}{\omega_b} = \frac{L_d}{Z_b} \tag{5.4.29}$$

因此請將 d 軸電流 PI 控制器的輸出增益 Ld 修改為 $\frac{L_d}{Z_b}$；將 q 軸電流 PI 控制器的輸出增益 Lq 修改為 $\frac{L_q}{Z_b}$。

STEP 6：

另外，速度 PI 控制器的輸出增益為 $\frac{2}{3} \frac{2}{P} \frac{1}{\lambda_f}$，此增益也需修改，考慮（5.4.14）式的標么化轉矩方程式，忽略磁阻轉矩後，可以表示成

$$\overline{T_e} = \overline{\lambda_f} \cdot \overline{i_{qs}^r} \tag{5.4.30}$$

從（5.4.30）式可知轉矩命令標么值 $\overline{T_e}^*$ 乘上 $1/\overline{\lambda_f}$ 可以得到 q 軸電流命令標么值 $\overline{i_{qs}^r}^*$，因此請將速度 PI 控制器的輸出增益值修改為 $1/\overline{\lambda_f}$。

STEP 7：

最後，我們要將速度命令修改為速度命令標么值，在 3.2 節所輸入的速度命令為 1000（rpm），可先將其換算成 rad/s，即

$$1000\,(\text{rpm}) = \frac{1000 \times 2 \times \pi}{60} = 104.7\,(\text{rad/s})$$

轉速 104.7（rad/s）的標么值為

$$104.7/\omega_b = \frac{104.7}{377} = 0.2777\,(\text{pu})$$

因此請將速度命令設成 0.2777（pu），如圖 5.4.2 所示。

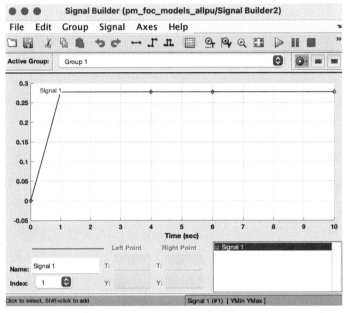

圖 5-4-2　（範例程式：pm_foc_models_allpu.slx）

STEP 8：

　　修改完成的永磁同步馬達磁場導向控制系統如圖 5-4-3 所示，圖中修改處使用框線標註。

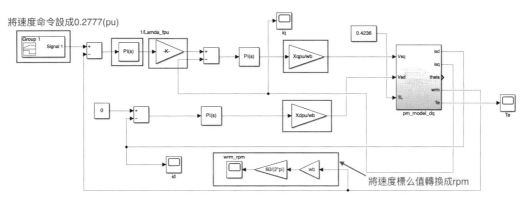

將速度命令設成0.2777(pu)

圖 5-4-3　（範例程式：pm_foc_models_allpu.slx）

STEP 9：

　　修改完成後，將模擬時間設成 2 秒，按下「Run」執行系統模擬。模擬完成後，雙擊 wrm_rpm 示波器方塊觀測轉速波形，可以看到馬達轉速響應與 3.2 節幾乎完全相同，唯一的差別是在此的速度響應是以標么值呈現。

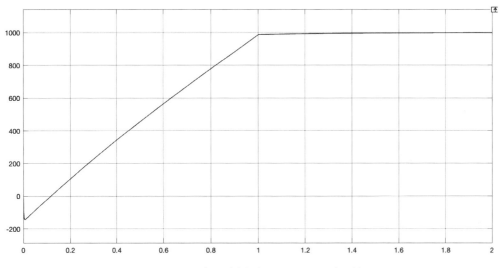

圖 5-4-4　（馬達轉速 wrm_rpm 波形）

STEP 10：

　　接著請雙擊 Te 示波器方塊觀察轉矩輸出波形，如圖 5-4-5，可以看到轉矩響應波形也與 3.2 節的模擬結果完全一致，唯一的差別是在此的轉矩響應是以標么值呈現，轉矩穩態值約為 0.435（pu）。

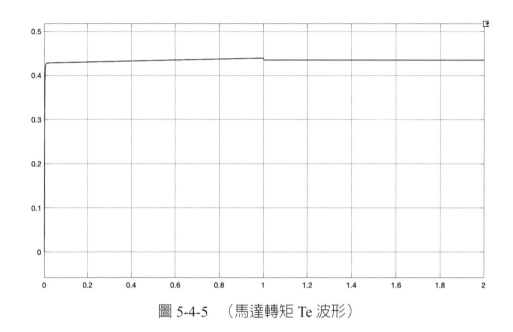

圖 5-4-5　（馬達轉矩 Te 波形）

STEP 11：

　　可以使用示波器方塊觀察永磁同步馬達標么化模型的定子 dq 軸電流，如圖 5-4-6 所示，從波形可以得知標么化的定子 dq 軸電流響應與 3.2 節的模擬結果完全一致，唯一的差別是在此的電流響應是以標么值呈現。

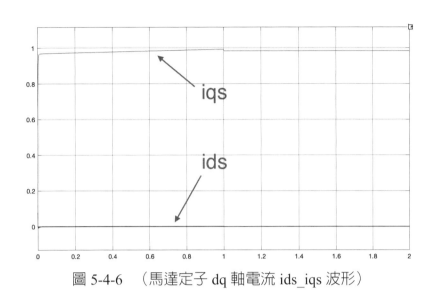

圖 5-4-6 （馬達定子 dq 軸電流 ids_iqs 波形）

5.4.3　結論

➤ 本節所介紹的標幺化推導流程為電機標幺化的標準作法，各位可以應用它來將其它類型的馬達系統標幺化。

➤ 使用標幺化馬達模型所設計的控制回路參數與使用 MKS 馬達模型所設計的參數並非完全一樣，建議使用標幺化模型重新進行控制回路設計以確保控制性能。

➤ 使用標幺化模型進行系統設計可以方便對不同額定功率、電壓與頻率的電機設計通用型控制算法，並且容易以計算機實現。

5.5　控制器設計

5.5.1　控制回路 PI 控制器設計

在 3.1 與 3.2 節，我們使用極零點對消的方法來設計馬達的電流 PI 控制器[2]，並且藉由調整增益的大小來設計控制回路的頻寬，在本節筆者將把此設計流程標準化並將其化成一般通式讓各位可以應用在其它控制系統的回路設計上。

　　在此以馬達的電流控制回路為例，對於一個馬達電樞繞組（說明：即電流受控廠）的閉回路控制系統方塊圖可以表示如圖 5-5-1（說明：對於直流馬達而言，$k = 1$）。

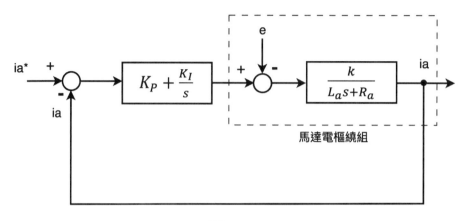

圖 5-5-1

　　在此我們先忽略馬達內部反電動勢 e 的影響，若我們想要設計 PI 控制器讓閉回路系統的頻寬為 ω_c，則 PI 控制器參數可以設計成

$$K_P = \frac{1}{k} \times \omega_c \times L_a \qquad (5.5.1)$$

$$K_I = \frac{1}{k} \times \omega_c \times R_a \qquad (5.5.2)$$

系統的開回路轉移函數為

$$G_{open}(s) = \frac{\frac{1}{k}\omega_c(L_a s + R_a)}{s} \times \frac{k}{L_a s + R_a} = \frac{\omega_c}{s} \qquad (5.5.3)$$

系統的閉回路轉移函數為

$$G_{close}(s) = \frac{G_{open}(s)}{1 + G_{open}(s)} = \frac{\omega_c}{s + \omega_c} = \frac{1}{T_c s + 1} \qquad (5.5.4)$$

其中，ω_c 為閉回路系統頻寬，$T_c = \dfrac{1}{\omega_c}$ 為閉回路系統時間常數。

在此以 3.2 節的永磁同步馬達 d 軸電流控制回路為例，馬達相電阻 $R_s = 1.2$，d 軸電感 $L_d = 0.0057$，$k = L_d$（說明：3.2 節的永磁同步馬達 d 軸電流受控廠轉移函數為 $1/\left(s + \dfrac{R_s}{L_d}\right) = L_d/(L_d s + R_s)$，可得 $k = L_d$）。

假設我們想要將 d 軸電流回路的頻寬 ω_c 設計為 6283（rad/s），則

$$K_P = \frac{1}{0.0057} \times 6283 \times 0.0057 = 6283 \qquad (5.5.5)$$

$$K_I = \frac{1}{0.0057} \times 6283 \times 1.2 = 1322736 \qquad (5.5.6)$$

各位可以發現，所得到的參數與 3.2 節的設計結果非常接近。（說明：誤差來自於 MATLAB 數值計算與四捨五入進位所產生）

> **說明：**
> 由於 MATLAB 預設數值只顯示 5 位，在 3.2 節計算 d 軸電流受控廠轉移函數時，MATLAB 計算 $\dfrac{L_d}{R_s}$ 的結果為 0.0048（事實上為 0.00475，MATLAB 將其四捨五入），若使用 0.00475 進行計算的話，就會與（5.5.5）式與（5.5.6）式完全一致。

5.5.2　抗積分飽合 PI 控制器設計

在控制系統中所有物理量都應該被限制在一個合理的範圍，以馬達驅動系統為例，驅動系統的輸出的電壓會被 PWM Inverter 的直流鏈電壓 V_{dc} 所限制，當 PWM Inverter 的輸出電壓達到極限時，此時無論控制器的輸出再怎麼增加，PWM Inverter 的輸出電壓都不會再增加，此時若存在穩態誤差，積分器就會持續累積數值，積分值可能會增長到非常大，此現象稱為積分器飽合，當誤差最終滿足要求後，控制回路需要長時間來洩放積分器，結果是積分器飽合將會使控制系統的響應變得緩慢、振盪甚至會失去控制，若要防止這種情況

發生，我們需要加入抗積分飽合的機制到 PI 控制器當中 [2]。

■抗積分飽合 PI 控制器 SIMULINK 模擬

STEP 1：

在此以 3.2 節的永磁同步馬達 d 軸電流控制器作示範，請開啟範例程式（pm_id_model_PI.slx），開啟後如圖 5-5-2 所示。

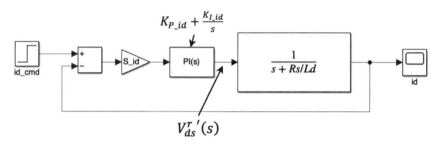

圖 5-5-2 　（範例程式：pm_id_model_PI.slx）

STEP 2：

請使用 MATLAB 載入馬達參數值：R_s = 1.2，L_d = 0.0057，PI 控制器參數 K_{P_id} = 0.0048, K_{I_id} = 1，S_id=50000。

STEP 3：

請將電流命令幅值設為 1，模擬時間設成 2 秒，按下「Run」執行系統模擬。模擬完成後，雙擊 id 示波器方塊觀察電流響應波形，如圖 5-5-3，可以看到 d 軸電流響應的穩態值與命令值一致，沒有穩態誤差。

STEP 4：

接著請使用示波器方塊觀察 PI 控制器的輸出電壓，如圖 5-5-4 所示，我們可以看到控制器的輸出電壓的穩態值約為 210（V）。

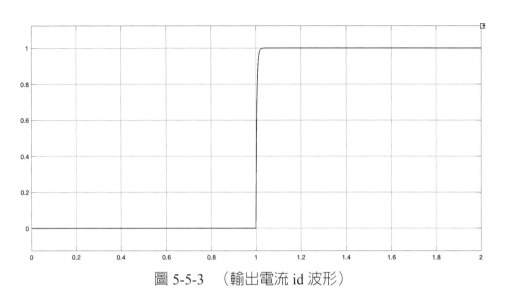

圖 5-5-3 　（輸出電流 id 波形）

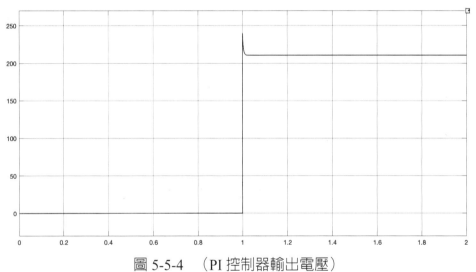

圖 5-5-4 　（PI 控制器輸出電壓）

STEP 5：

　　為了模擬積分飽合的情形，我們特意加入飽合元件到 PI 控制器的輸出端，並將飽合元件的上下限設置成 ±150，設置完成後如圖 5-5-5。

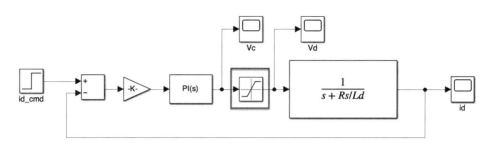

圖 5-5-5　（範例程式：pm_id_model_PI_anti_windup.slx）

STEP 6：

　　設置完成後，再執行一次系統模擬。模擬完成後，雙擊 id 示波器方塊觀察電流響應波形，如圖 5-5-6，可以看到 d 軸電流響應的穩態值約為 0.7，與命令值存在約 0.3（A）的穩態誤差。

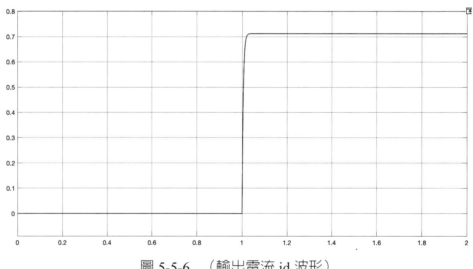

圖 5-5-6　（輸出電流 id 波形）

STEP 7：

　　再雙擊 Vd 與 Vc 示波器方塊觀察實際的輸出電壓與控制器的輸出電壓，如圖 5-5-7 與 5-5-8，從波形可以得知，實際的輸出電壓被限制在 150（V），而控制器的輸出電壓則由於積分器的持續作用，數值不斷累積，發生積分飽合的現象。

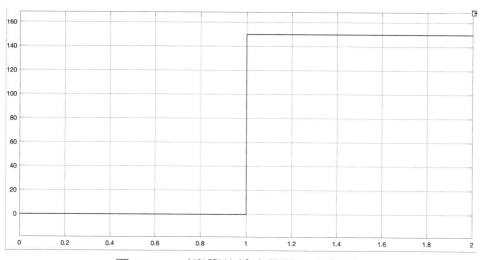

圖 5-5-7　（實際的輸出電壓 Vd 波形）

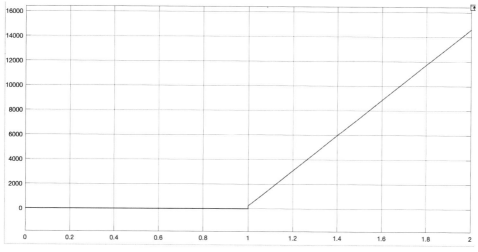

圖 5-5-8　（未加入「抗積分飽合」的控制器輸出電壓 Vc 波形）

STEP 8：

接下來我們將 PI 控制器加入「抗積分飽合」機制，將原來的 PI 控制器參數保持不變，但加入了抗積分飽合回路，修改後的系統方塊圖如圖 5-5-9 所示（說明：可以將抗積分飽合增益設置成 1/Kp，應該可以得到不錯的性能，各位也可以自行設置抗積分飽合增益值）。

抗積分飽合增益
可以設成1/Kp

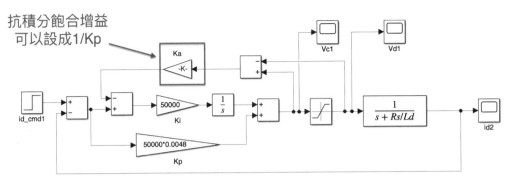

圖 5-5-9　（範例程式：pm_id_model_PI_anti_windup.slx）

STEP 9：

　　設置完成後，再執行一次系統模擬。模擬完成後，雙擊 id2 示波器方塊觀察電流響應波形，如圖 5-5-10，可以看到 d 軸電流響應仍存在約 0.3（A）的穩態誤差。

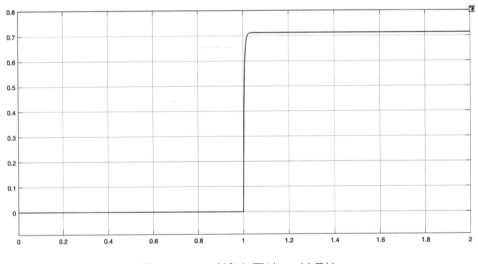

圖 5-5-10　（輸出電流 id 波形）

STEP 10：

　　請再雙擊 Vd1 與 Vc1 示波器方塊觀察實際的輸出電壓與控制器的輸出電壓，如圖 5-5-11 與 5-5-12，從波形可以得知，實際的輸出電壓被限制在 150

（V），而控制器的輸出電壓則由於「抗積分飽合」回路的作用，將控制器的輸出值限制在約 220（V）左右，解決了「積分飽合」的問題。

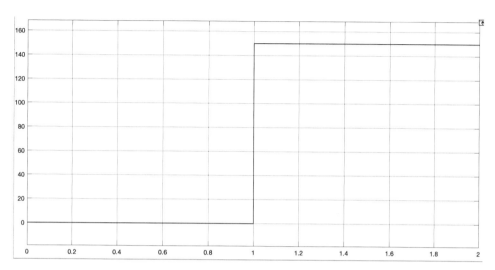

圖 5-5-11　（實際的輸出電壓 Vd1 波形）

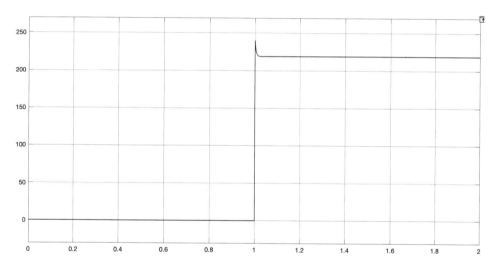

圖 5-5-12　（加入「抗積分飽合」後的控制器輸出電壓 Vc 波形）

5.5.3　速度回路 PI、IP 控制器設計

在 3.1 與 3.2 節我們分別爲感應馬達與永磁同步馬達設計控制回路，設計的原則如下：

➤ 由內而外：先設計內回路，再設計外回路。

➤ 內回路頻寬需高於外回路頻寬至少 5 倍以上。（說明：當內回路頻寬設計成高於外回路頻寬 5 倍以上時，當設計外回路控制器參數時，可以假設內回路轉移函數爲 1，以簡化設計）

實際上，使用極零點對消的方法設計完成的電流回路可被等效爲一階低通濾波器 [2]

$$G_c = \frac{\omega_{cc}}{1 + \omega_{cc}} \tag{5.5.7}$$

其中，ω_{cc} 爲電流回路頻寬。

當頻率 ω 低於電流回路頻寬 ω_{cc} 時，可以將電流回路轉移函數近似爲 1，即

$$G_c = \frac{\omega_{cc}}{1 + \omega_{cc}} \cong 1 \tag{5.5.8}$$

因此當設計速度回路時，我們將內回路（即 q 軸電流回路）的轉移函數近似爲單位增益 1，在此以感應馬達速度回路爲例，其速度控制回路可以化成如圖 5-5-13 的系統方塊圖。

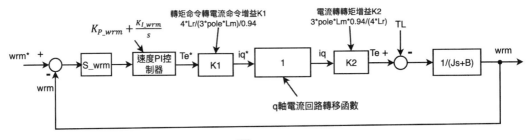

圖 5-5-13

> **說明：**
> 各位也可以自行畫出永磁同步馬達的速度控制回路，將會發現除了增益 K1
> 與 K2 之外，其餘控制方塊與感應馬達速度回路一模一樣。

在此使用的轉子磁通命令 Φ_r^* 為 0.94（Wb），圖 5-5-13 中的增益 K1 為轉矩命令轉電流命令增益，大小為 $\dfrac{4L_r}{3PL_m\Phi_r^*}$，q 軸電流回路轉移函式可以簡化為單位增益 1（說明：若 q 軸電流回路頻寬為速度回路頻寬 5 倍以上，可作此簡化），而 q 軸電流乘上增益 K2 則為電磁轉矩 $T_e(s)$，K2 增益大小為 $\dfrac{3PL_m\Phi_r}{4L_r}$，假設轉子磁通 Φ_r 處於穩態，即 $\Phi_r = 0.94$（Wb），而 K1 與 K2 乘積正好為 1。

■ 使用極零點對消法來設計速度控制器

馬達機械方程式轉移函數 $G_m(s)$ 可以表示成

$$G_m(s) = \frac{1}{Js+B} = \frac{1/B}{\left(\dfrac{J}{B}\right)s+1} \tag{5.5.9}$$

輸出轉速 ω_{rm} 與速度命令 ω_{rm}^* 之間的轉移函數可以表示成

$$\frac{\omega_{rm}}{\omega_{rm}^*} = \frac{\dfrac{(1/B)S_{wrm}\,(K_{P\_wrm}\,s + K_{I\_wrm})}{s\left[\left(\dfrac{J}{B}\right)s+1\right]}}{1 + \dfrac{(1/B)S_{wrm}\,(K_{P\_wrm}\,s + K_{I\_wrm})}{s\left[\left(\dfrac{J}{B}\right)s+1\right]}} \tag{5.5.9}$$

在 3.1 節中，我們使用極零點對消的方法來設計速度控制器，因此選擇的 PI 控制器參數為

$$K_{P\_wrm} = \frac{J}{B}, \quad K_{I\_wrm} = 1 \tag{5.5.10}$$

將（5.5.10）式代入（5.5.9）式，可以將轉移函數整理成

$$
\frac{\omega_{rm}}{\omega_{rm}^*} = \frac{\dfrac{(1/B)S_{wrm}\,(K_{P\_wrm}\,s + K_{I\_wrm})}{s\left[\left(\dfrac{J}{B}\right)s+1\right]}}{1 + \dfrac{(1/B)S_{wrm}\,(K_{P\_wrm}\,s + K_{I\_wrm})}{s\left[\left(\dfrac{J}{B}\right)s+1\right]}} = \frac{\dfrac{(1/B)S_{wrm}}{s}}{1 + \dfrac{(1/B)S_{wrm}}{s}} = \frac{(1/B)S_{wrm}}{s+(1/B)S_{wrm}} \tag{5.5.11}
$$

從（5.5.11）式可以得知，若使用極零點對消的方法來設計速度 PI 控制器，可以將輸出轉速 ω_{rm} 與速度命令 ω_{rm}^* 之間的轉移函數化簡成一階低通濾波器，速度頻寬 ω_{sc} 為 $(1/B)S_{wrm}$，在 3.1 節我們使用 $S_{wrm} = 2.59$，而 $\dfrac{1}{B} = \dfrac{1}{0.00825} = 121.2$，因此得到的速度回路的頻寬 ω_{sc} 為 313（rad/s），與 3.1 節所設計的速度回路頻寬值吻合。

■ 未使用極零點對消法來設計速度控制器

$$
\frac{\omega_{rm}}{\omega_{rm}^*} = \frac{\dfrac{(1/B)S_{wrm}\,(K_{P\_wrm}\,s + K_{I\_wrm})}{s\left[\left(\dfrac{J}{B}\right)s+1\right]}}{1 + \dfrac{(1/B)S_{wrm}\,(K_{P\_wrm}\,s + K_{I\_wrm})}{s\left[\left(\dfrac{J}{B}\right)s+1\right]}} = \frac{\dfrac{1}{J}\left[(S_{wrm}K_{P_{wrm}}+B)\,s + S_{wrm}K_{I\_wrm}\right]}{s^2 + \dfrac{1}{J}\left[(S_{wrm}K_{P_{wrm}}+B)\,s + S_{wrm}K_{I\_wrm}\right]} \tag{5.5.12}
$$

若能得到精確的馬達機械參數 J（慣量）與 B（摩擦係數），則可以使用極零點對消的方法將（5.5.12）式降為一階轉移函式，但是若無法精確得到馬達機械參數時，此時的輸出轉速 ω_{rm} 與速度命令 ω_{rm}^* 之間的轉移函數就如（5.5.12）式所示為一個二階系統，並且分子有一個零點（Zero），當輸入為步階命令時，這個零點會讓速度響應產生振盪，在某些應用中可能會造成問題，為了解決速度響應振盪的問題，接下來我們將介紹另一種速度控制器型式：IP 控制器 [2]。

■ 速度 IP 控制器

在此依然使用感應馬達速度回路作例子，一個使用速度 IP 控制器的感應

馬達速度回路可以畫成如圖 5-5-14 的系統方塊圖。

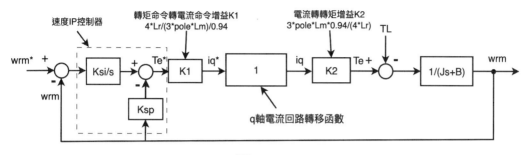

圖 5-5-14

圖 5-5-14 中輸出轉速 ω_{rm} 與速度命令 ω_{rm}^* 之間的轉移函數為

$$\frac{\omega_{rm}}{\omega_{rm}^*}=\frac{\frac{1}{J}\times K_{si}}{s^2+\frac{1}{J}[(K_{sp}+B)\,s+K_{si}]}\qquad(5.5.13)$$

　　從（5.5.13）式可以發現，輸出轉速 ω_{rm}^* 與速度命令 ω_{rm} 轉移函數的零點消除了，同時可以透過調整控制器參數 K_{sp} 來改變系統的阻尼係數（Damping coefficient）。

　　為了讓各位對 IP 控制器有更深刻的物理上的理解，我們可以將圖 5-5-14 的控制系統方塊進行等效轉換[2]，如圖 5-5-15 所示。

　　從圖 5-5-15 可知，速度 IP 控制器進行等效替換後，最後可以化成二個控制系統方塊，分別是 G1(s) 與 G2(s)，其中 G1(s) 是一個低通濾波器，負責對命令進行低通濾波，其截止頻率為 $\frac{K_{si}}{K_{sp}}$；而 G2(s) 則是一個 PI 控制器，因此 IP 控制器可以看成是一個 PI 控制器與一個低通濾波器的組合，由於 IP 控制器除了具備 PI 控制器的功能外，還會對輸入命令進行低通濾波，因此又被稱作「雙自由度控制器」[2]，當輸入命令為步階命令時，相較於單純的 PI 控制器，IP 控制器所具備的低通濾波功能可以有效解決響應振盪的問題。

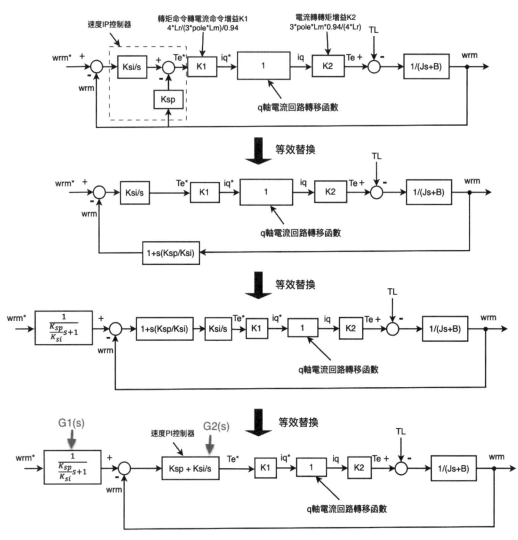

圖 5-5-15　（IP 控制器的等效替換）

■ PI、IP 控制器的抗干擾性能

一般來說，負載轉矩 T_L 可以視為速度迴路的外部擾動輸入，可以從圖 5-5-13 推導出當使用 PI 控制器時，輸出轉速 ω_{rm} 與負載轉矩 T_L 之間的轉移函數 [2]

$$\frac{\omega_{rm}}{T_L} = \frac{s}{Js^2 + (K_{P\_wrm} + B)s + K_{I\_wrm}} \tag{5.5.14}$$

我們也可以從圖 5-5-14 推導使用 IP 控制器時輸出轉速 ω_{rm} 與負載轉矩 T_L 之間的轉移函數[2]

$$\frac{\omega_{rm}}{T_L} = \frac{s}{Js^2 + (K_{sp} + B)s + K_{si}} \tag{5.5.15}$$

從（5.5.14）與（5.5.15）式可知 PI 控制器與 IP 控制器的輸出轉速 ω_{rm} 與負載轉矩 T_L 之間的轉移函數是相同的，因此二者的抗干擾性能是相同的[2]。

■PI、IP 控制器的特性比較

①PI 控制器的輸出轉速 ω_{rm} 與速度命令 ω_{rm}^* 之間的轉移函數的分子有一個零點，當輸入速度步階命令時，這個零點會讓速度響應產生振盪。

②相較於 PI 控制器，IP 控制器中的比例增益 K_{sp} 能提供阻尼以增加系統的穩定性，因此對於步階命令的響應就比較平滑（說明：也可以這樣理解，IP控制器除了具備 PI 控制器的功能外，還會對輸入命令進行低通濾波，以此增加系統的穩定性，消除步階命令所產生的振盪問題）。

③在同樣的步階輸入情況下，相較於 PI 控制器，IP 控制器的響應較慢，控制器的輸出量較小，且積分器較不容易飽合。若對二者的輸出限制為同一數值的話，IP 控制器的頻寬會高於 PI 控制器。

④PI 與 IP 控制器的輸出轉速 ω_{rm} 與負載轉矩 T_L 之間的轉移函數是相同的，因此二者的抗干擾性能相同。

■速度回路 PI、IP 控制器的 SIMULINK 模擬與比較

STEP 1：

在此使用 3.1 節的感應馬達磁場導向控制系統進行 PI、IP 控制器的模擬與性能比較，首先開啓圖 3-1-31 的應馬達磁場導向控制系統方塊圖（範例程

式：im_foc_models.slx），爲了模擬無法精確得到馬達機械參數的情況（說明：無法進行極零點對消），在此不使用 3.1 節所推導的速度控制器參數，故意將速度 PI 控制器的參數設成如下，讓輸出轉速 ω_{rm} 與速度命令 ω_{rm}^* 之間的轉移函數成爲如（5.5.12）式的二階系統（說明：其它控制回路參數與 3.1 節所推導的控制器參數保持一致）：

$$K_{sp} = 3,\ K_{si} = 20$$

並輸入 1000（rpm）的速度步階命令與 8（Nm）的負載轉矩，如圖 5-5-16。

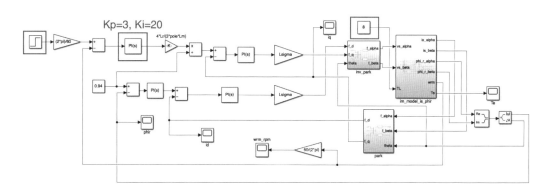

圖 5-5-16　（範例程式：im_foc_models_PI.slx）

STEP 2：

將圖 5-5-16 的系統方塊設置完成後，將模擬時間設成 2 秒，按下「Run」執行系統模擬（說明：模擬前請先執行 im_params.m，載入馬達參數），模擬完成後請雙擊 wrm_rpm 示波器方塊觀察速度響應波形，如圖 5-5-17。

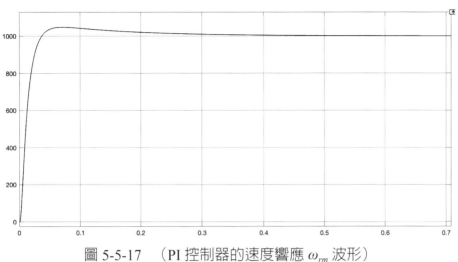

圖 5-5-17　（PI 控制器的速度響應 ω_{rm} 波形）

STEP 3：

從圖 5-5-17 的速度響應波形可以看出，速度步階命令造成轉速響應暫態產生振盪，速度的最大超越量（Overshoot）約為 48（rpm）。

STEP 4：

接著我們使用 IP 控制器進行模擬，請將圖 5-5-16 的速度 PI 控制器修改成 IP 控制器，修改完成後如圖 5-5-18。

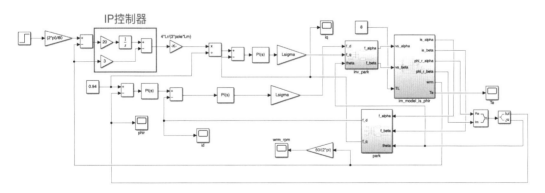

圖 5-5-18　（範例程式：im_foc_models_IP.slx）

STEP 5：

　　將圖 5-5-18 的系統方塊設置完成後，將模擬時間設成 2 秒，按下「Run」執行系統模擬（說明：模擬前請先執行 im_params.m，載入馬達參數），模擬完成後請雙擊 wrm_rpm 示波器方塊觀察速度響應波形，如圖 5-5-19。

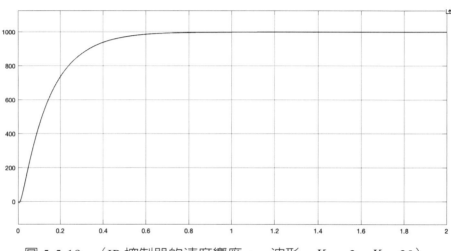

圖 5-5-19　（IP 控制器的速度響應 ω_{rm} 波形，$K_{sp} = 3$，$K_i = 20$）

STEP 6：

　　從圖 5-5-19 的 IP 速度控制器響應波形可以發現，若使用與 PI 控制器相同的參數，IP 控制器需要比 PI 控制器更長的時間才能到達穩態（約 0.8 秒進入穩態），爲了改善 IP 控制器的暫態響應，請將 IP 控制器的積分增益 K_{si} 設爲原來 3 倍：

$$K_{si} = 3 \times 20 = 60$$

　　參數修改完成後，再執行一次模擬，模擬完成後雙擊 wrm_rpm 示波器方塊觀察速度響應波形，如圖 5-5-20。

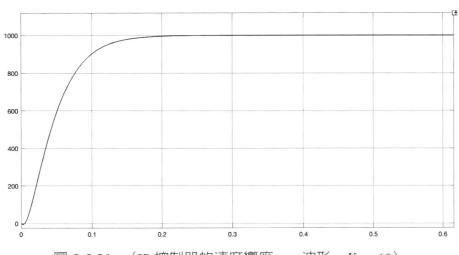

圖 5-5-20　（IP 控制器的速度響應 ω_{rm} 波形，$K_{si} = 60$）

STEP 7：

從圖 5-5-20 的速度響應波形可以發現，相較於先前 0.8 秒的穩態時間，將 IP 控制器的積分增益 K_{si} 設為原來的 3 倍後，IP 控制器的暫態性能被顯著改善，只需約 0.2 秒就可進入穩態，這是因為當我們將其積分增益 K_{si} 設為原來 3 倍時，轉速命令的低通濾波器頻寬也增大為原來的 3 倍，因此可以明顯改善速度響應速度。

STEP 8：

接下來我們對 PI 與 IP 控制器的輸出同時加入 ±24（Nm）的轉矩限制，速度 PI 控制器修改完成後如圖 5-5-21 所示（說明：PI 控制器參數：$K_{sp} = 3$，$K_{si} = 20$）。

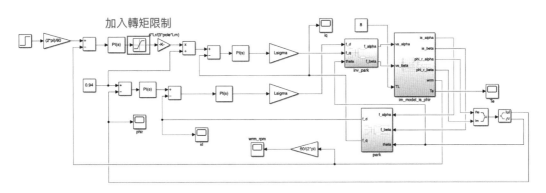

圖 5-5-21　（範例程式：im_foc_models_PI.slx）

STEP 9：

　　將圖 5-5-21 的系統方塊設置完成後，將模擬時間設成 2 秒，按下「Run」執行系統模擬，模擬完成後請雙擊 wrm_rpm 示波器方塊觀察速度響應波形，如圖 5-5-22。

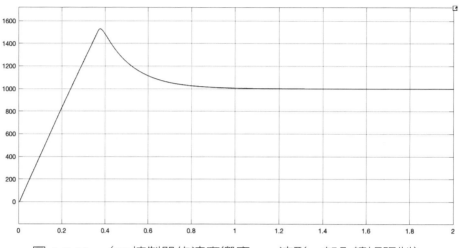

圖 5-5-22　（PI 控制器的速度響應 ω_{rm} 波形，加入轉矩限制）

STEP 10：

　　從圖 5-5-22 的速度 PI 控制器響應波形可以發現，加入轉矩限制後，PI 控制器產生更大的最大超越量（說明：這是因為相比於 IP 控制器，PI 控制器所產生的控制量更大，若加入輸出限制，則 PI 控制器容易發生積分飽合的現象），同時需要更長的時間（約 1 秒）才能進入穩態

STEP 11：

　　接下來我們對 IP 控制器的輸出加入 ±24（Nm）的轉矩限制，速度 IP 控制器修改完成後如圖 5-5-23 所示（說明：IP 控制器參數：$K_{sp} = 3$，$K_{si} = 20$）。

STEP 12：

　　將圖 5-5-23 的系統方塊設置完成後，將模擬時間設成 2 秒，按下「Run」執行系統模擬，模擬完成後請雙擊 wrm_rpm 示波器方塊觀察速度響應波形，如圖 5-5-24。

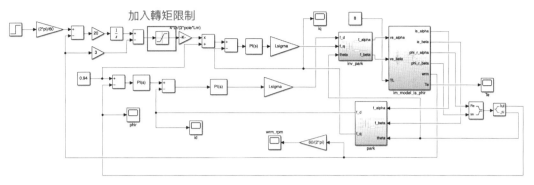

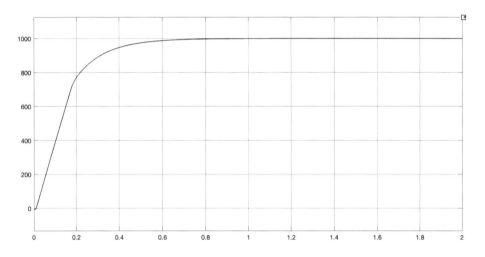

圖 5-5-23　（範例程式：im_foc_models_IP.slx）

圖 5-5-24　（IP 控制器的速度響應 ω_{rm} 波形，加入 ±24（Nm）轉矩限制）

STEP 13：

　　從圖 5-5-24 的速度響應波形可以發現，加入轉矩限制後，IP 控制器仍只需要約 0.8 秒就可進入穩態，從模擬結果可以發現，若加入相同的轉矩限制，IP 控制器的暫態性能優於 PI 控制器。

STEP 14：

　　接下來進行抗擾動性能的驗證，請加入一個步階負載轉矩（說明：Step time 設為 2 秒，Final value 設為 8 Nm），設置完成後如圖 5-5-25（說明：PI 控制器參數：$K_{sp} = 3$，$K_{si} = 20$）。

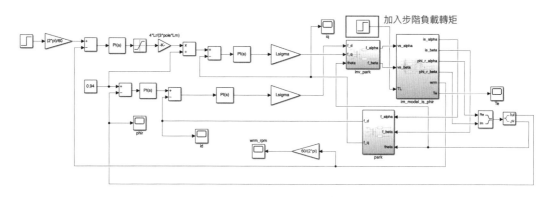

圖 5-5-25 （範例程式：im_foc_models_PI.slx）

STEP 15：

　　將圖 5-5-25 的系統方塊設置完成後，將模擬時間設成 4 秒，按下「Run」執行系統模擬，模擬完成後請雙擊 wrm_rpm 示波器方塊觀察速度響應波形，請將第 2 秒左右的速度響應放大觀察，如圖 5-5-26。

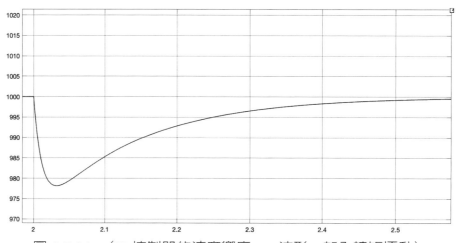

圖 5-5-26 （PI 控制器的速度響應 ω_{rm} 波形，加入轉矩擾動）

STEP 16：

　　從圖 5-5-26 的速度響應波形可以發現，當第 2 秒加入 8（Nm）的負載轉矩後，PI 控制器約有 23（rpm）的速度降幅，並需要約 0.5 秒重新進入穩態。

STEP 17：

　　接下來進行 IP 的控制器的抗擾動性能驗證，請在圖 5-5-23 的系統中加入步階負載轉矩（說明：Step time 設為 2 秒，Final value 設為 8 Nm），設置完成後如圖 5-5-27（說明：IP 控制器參數：$K_{sp} = 3$，$K_{si} = 20$）。

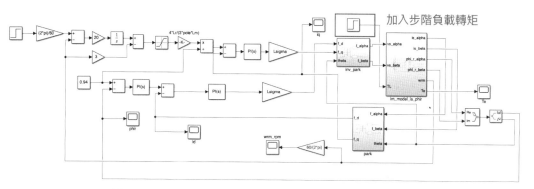

圖 5-5-27　（範例程式：im_foc_models_IP.slx）

STEP 18：

　　將圖 5-5-27 的系統方塊設置完成後，將模擬時間設成 4 秒，按下「Run」執行系統模擬，模擬完成後請雙擊 wrm_rpm 示波器方塊觀察速度響應波形，請將第 2 秒左右的速度響應放大觀察，如圖 5-5-28。

STEP 19：

　　從圖 5-5-28 的速度 IP 控制器的響應波形可以發現，當第 2 秒加入 8（Nm）的負載轉矩後，IP 控制器約有 23（rpm）的速度降幅，並需要約 0.5 秒就可重新進入穩態，因此驗證了 IP 控制器與 PI 控制器二者的抗干擾性能是一致的。

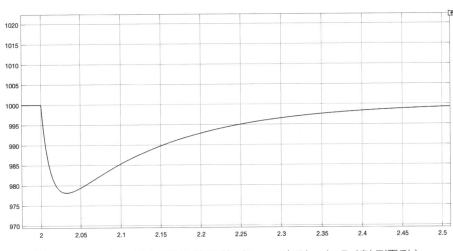

圖 5-5-28 　（IP 控制器的速度響應 ω_{rm} 波形，加入轉矩擾動）

5.5.4 　結論

➤ 本節所介紹的控制器設計觀念與方法可用於其它馬達系統，如感應馬達、永磁同步馬達、直流無刷馬達與直流馬達的控制回路設計上。

➤ 5.5.2 節所介紹的抗積分飽合 PI 控制器設計也可應用於其它控制回路，如速度控制回路。

➤ 5.5.3 節所介紹的速度回路 PI、IP 控制器設計中，筆者是以感應馬達速度控制回路為例進行推導與模擬，各位讀者也可以自行畫出永磁同步馬達的速度控制回路，將會發現除了增益 K1 與 K2 之外，其餘控制方塊與感應馬達速度回路一模一樣。

5.6 單電阻三相電流重建技術

5.6.1 　單電阻三相電流重建原理

　　一般來說若要達到交流馬達的高性能驅動，搭配高性能的電流感測器是最基本的要求（說明：三相交流馬達驅動器至少需要配備二個電流感測器），因

爲磁場導向的控制性能取決於磁場與轉矩是否能被解耦合獨立控制，而磁場與轉矩的解耦合則需仰賴精確的定子電流回授資訊。

　　但對於中低階馬達驅動器市場而言，高性能可能並非主要考量，「成本」可能才是考量的重點，一般來說電流感測器占了馬達驅動器整體成本相當大的部分，若能省下電流感測器的硬體成本，馬達驅動器的價格競爭力勢必有相當大的提升，因此本節筆者將爲各位介紹「單電阻三相電流的技術」[11, 12]，此技術可以取代實體電流感測器的功能，藉由設置在 PWM Inverter 直流鏈上的單顆電阻（DC shunt）來重建每個 PWM 週期的三相電流，本技術考慮不同的 PWM 的切換狀態，能在每個 PWM 週期取回至少二相電流值，來完成交流馬達的磁場導向控制。搭配單電阻（DC shunt）的三相 PWM Inverter 架構如圖 5-6-1 所示。

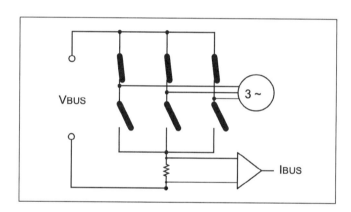

圖 5-6-1　（資料來源：MICROCHIP AN1299 Application Note）

　　設置在 PWM Inverter 直流鏈上的電阻需搭配一個差動放大器將流經電阻所產生的電壓訊號取回，如圖 5-6-2。

　　當 PWM Inverter 開關狀態爲 100 時，此時馬達 a 相電流 I_A 會流經電阻，電流方向爲正（說明：電流方向爲正代表流入馬達），如圖 5-6-3 所示。

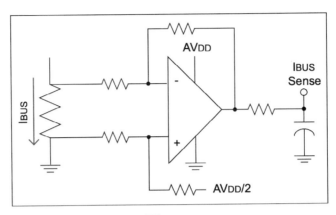

圖 5-6-2

（資料來源：MICROCHIP AN1299 Application Note）

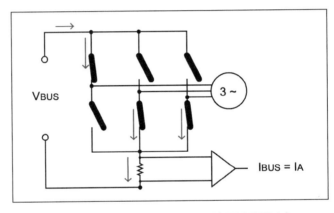

圖 5-6-3　（開關狀態 100 的電阻電流）

（資料來源：MICROCHIP AN1299 Application Note）

　　當 PWM Inverter 開關訊號為 101 時，此時馬達 b 相電流 I_B 會流經電阻，電流方向為負（說明：電流方向為負代表流出馬達），如圖 5-6-4 所示。

　　當切換狀態為 000 時，電阻沒有電流流過，如圖 5-6-5 所示（說明：切換狀態 111 也是同樣情形）。

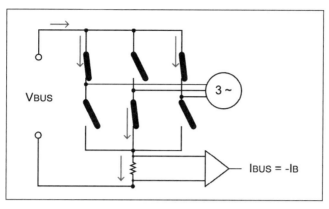

圖 5-6-4　（開關狀態 101 的電阻電流）

（資料來源：MICROCHIP AN1299 Application Note）

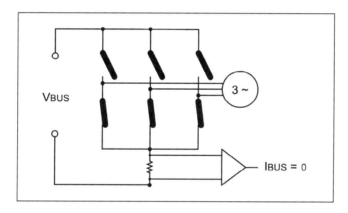

圖 5-6-5　（開關狀態 000 的電阻電流）

（資料來源：MICROCHIP AN1299 Application Note）

因此表5-6-1列出PWM Inverter的8個開關切換狀態所對應的單電阻電流。

表 5-6-1

開關切換狀態	單電阻電流
101	$-I_B$
100	I_A
110	$-I_C$
010	I_B

開關切換狀態	單電阻電流
011	$-I_A$
001	I_C

　　根據空間向量調變的觀念，每個電壓向量都是由相鄰二個主電壓向量所合成的，因此在每個 PWM 週期，都可以取得二組不同的開關狀態以取得二相電流資訊，而取不到的第三相電流可以經由三相平衡條件（即 $I_A + I_B + I_C = 0$）計算得到。

　　我們標注出空間向量六個扇區分別可以取得的二相電流訊號，如圖 5-6-6。

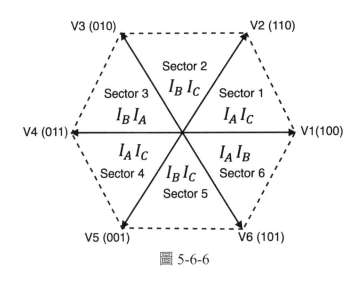

圖 5-6-6

5.6.2　單電阻三相電流重建技術的難點與解決方法

　　我們已經知道空間向量的每個扇區都能取得二相電流訊號，而取不到的第三相電流可以經由三相平衡條件計算得到，看起來似乎相當簡單就能使用單電阻來重建三相電流，但情況並非如此，在空間向量平面上存在二個盲區，如圖 5-6-7。

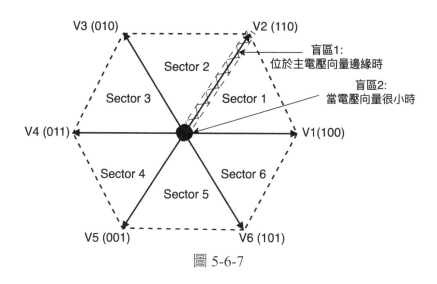

圖 5-6-7

■盲區 1：當電壓向量位於主電壓向量邊緣時

假設當電壓向量位於主電壓向量的邊緣時，在此以主電壓向量 V1 邊緣為例，此時的 PWM 調變訊號可能類似圖 5-6-8。

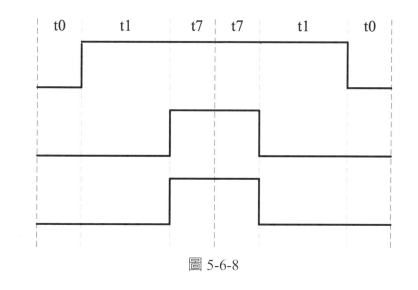

圖 5-6-8

在此需要特別說明的是，當進行單電阻電流取樣時，電流會有暫態效應，因此根據硬體不同，所需的最小取樣時間也不同，假設硬體的最小取樣時

間爲 t_{min}，圖 5-6-8 所示的 PWM 切換訊號顯示，PWM 週期大部分的時間都由主電壓向量 100 所占據，假設電壓向量位於 Sector 1，若主電壓向量 110 的作用時間低於最小取樣時間爲 t_{min}，則在該 PWM 週期內我們只能取回 a 相電流訊號，而無法取回切換狀態 110 所對應的 c 相電流。

　　爲了解決此問題，我們需要進行 PWM 移相的動作，如圖 5-6-9 所示，可將 c 相的 PWM 訊號往左移動 t_{min} 的時間，移相後的 PWM 訊號顯示，主電壓向量 110 的作用時間 t_{min} 已足夠我們取樣 c 相電流，而多餘產生的主電壓向量 101 則會抵消掉主電壓向量 110 的作用，讓整個 PWM 週期所合成的電壓向量不變。

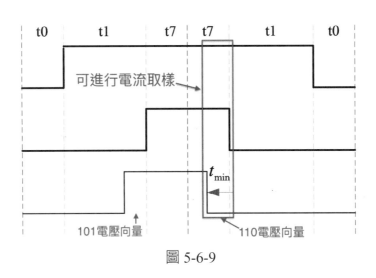

圖 5-6-9

■盲區 2：當電壓向量很小時

　　當電壓向量很小時，這種情況常發生在馬達低速區與啓動狀態，當電壓向量很小，此時的 PWM 調變訊號可能類似圖 5-6-10。

　　從圖 5-6-10 的 PWM 訊號可以發現，幾乎沒有主電壓向量的作用時間，這也意謂著無法取得任何電流訊號，爲了解決這個問題，我們依然可以將 PWM 訊號移相，移相後的 PWM 訊號如圖 5-6-11 所示。

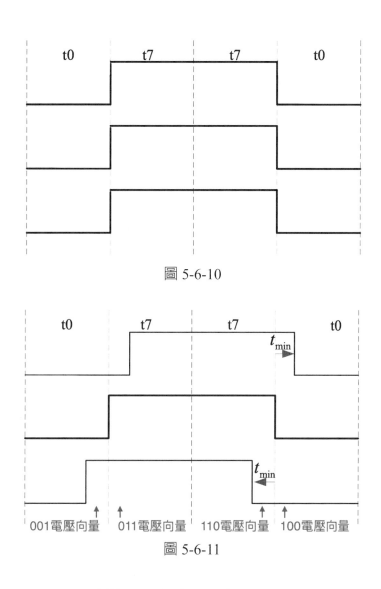

圖 5-6-10

圖 5-6-11

　　如圖 5-6-11 所示，我們可以對 a 相與 c 相 PWM 訊號分別進行右移與左移的操作，移相時間爲硬體的最小取樣時間 t_{min}，移相過後，在後半週期可以創造出二個主電壓向量（110 與 100）的作用時間，因此可以分別取回 a 相與 c 相的電流訊號，同樣的，因移相而產生的主電壓向量 110 與 100 會抵消掉另外二個主電壓向量001 與 011 的作用，讓整個PWM週期所合成的電壓向量不變。

CHAPTER 5

> 說明：
> 本節使用空間向量的觀念來解釋單電阻重建三相電流的原理，但並非必須使用空間向量調變才能實現單電阻重建三相電流技術，使用 SPWM 一樣能實現此技術。

▌5.6.3　結論

> 一般交流馬達驅動所使用的三相電流感測器可以完全實現以下四種主要功能：
> - 過載保護（Overload Protection）
> - 漏電保護（Ground-Fault Protection）
> - 直流鏈短路保護（Short-Circuit Protection of DC-Link）
> - 三相電流回授資訊（Three-Phase Current Information）
> 一般來說，位於直流鏈的單電阻除了用於重建三相電流外，也會負責直流鏈的短路保護（Short-Circuit Protection of DC-Link），當應用單電阻重建三相電流技術於實際的交流馬達驅動器產品時，需完整考慮驅動器整體的電流保護機制 [11, 12]。

參考文獻

[1] H. Kubota, K. Matsuse and T. Nakano, "DSP-based Speed Adaptive Flux Observer of Induction Motor," IEEE Trans. Ind. Appl., vol. 29, no. 2, pp. 344-348, Mar./Apr. 1993.

[2] （韓）薛承基，電機傳動系統控制，北京：機械工業出版社，2013。

[3] Haitham Abu-Rub, Atif Iqbal and Jaroslaw Guzinski, High Performance Control of AC Drives with MATLAB/SIMULINK, John Wiley & Sons, Ltd, UK, 2021.

[4] R. Krishnan, Electric Motor Drives: Modeling, Analysis and Control, Pren-

tice Hall, New Jersey, 2001.

[5] Jung-Ik Ha and Seung-Ki Sul, "Sensorless Field-Orientation Control of an Induction Machine by High-Frequency Signal Injection," IEEE Trans. Ind. Appli., vol. 35, no. 1, Jan./Feb. 1999.

[6] Ryoji Mizutani, Takaharu and Nobuyuki Matsui, "Current Model-Based Sensorless Drives of Salient-Pole PMSM at Low Speed and Standstill," IEEE Trans. Ind. Appli., vol. 34, no. 4, Jul./Aug. 1998.

[7] Jang-Mok Kim and Seung-Ki Sul, "Speed Control of interior permanent magnet synchronous motor drive for the flux weakening operation," IEEE Trans. Ind. Appli., vol. 33, no. 1, 1997.

[8] 劉昌煥，交流電機控制：向量控制與直接轉矩控制原理，台北：東華書局，2001。

[9] R. Krishnan, Permanent Magnet Synchronous and Brushless DC Motor Drives, CRC Press, Boca Raton, Florida, 2010.

[10] Jong-Woo Choi and Seung-Ki Sul, "Inverter Output Voltage Synthesis Using Novel Dead Time Compensation," IEEE Trans. Power Electronics, vol. 11, no. 2, Mar. 1996.

[11] Frede. Blaabjerg, John K. Pedersen, Ulrik Jaeger and Paul Thoegersen, "Single Current Sensor Technique in the DC Link of Three-Phase PWM-VSI Inverters: A Review and a Novel Solution," IEEE Trans. Ind. Appl., vol. 33, no. 5, pp. 1241-1253, Sept./Oct. 1997.

[12] Frede. Blaabjerg and John K. Pedersen, "A New Low-Cost, Fully Fault-Protected PWM-VSI Inverter with True Phase-Current Information," IEEE Trans. Power Electronics, vol. 12, no. 1, pp. 187-197, Jan. 1997.

CHAPTER 5

CHAPTER 6

直流無刷馬達（BLDC）控制技術

非淡泊無以明志，非寧靜無以致遠。

—— 諸葛亮

6.1 直流無刷馬達控制原理

本章將爲各位介紹直流無刷馬達（BLDC）的控制技術，在結構上它跟永磁同步馬達（PMSM）非常相似的，二者的唯一差別在於反電動勢的波形，永磁同步馬達（PMSM）的反電動勢波形是弦波，而直流無刷馬達（BLDC）的反電動勢則爲梯形波[1]，如圖 6-1-1。

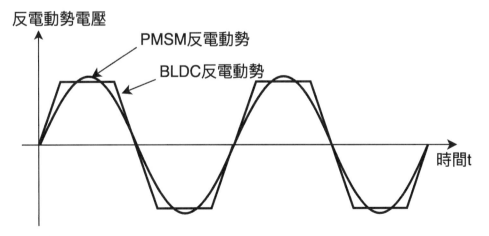

圖 6-1-1　PMSM 與 BLDC 反電動勢波形比較

　　馬達的氣隙磁通是造成反電動勢波形差異的主要原因，馬達設計者可以利用有限元素分析（Finite Element Analysis）軟體來設計不同的氣隙磁通波形，以 PMSM 來說，由於它的氣隙磁通是弦波，使其反電勢也是弦波，因此適合使用磁場導向（FOC）控制方法[1-3]；但對於 BLDC 來說，由於它的氣隙磁通並不是弦波，因此無法推導空間向量與 dq 軸模型，但也得益於它的梯形波反電動勢，讓 BLDC 可以使用比傳統磁場導向更加簡單的方式來進行控制。

> **說明：**
> 推導交流電機的空間向量模型的前提是氣隙磁通須爲弦波分布。

■ 直流無刷馬達（BLDC）數學模型

　　在第二章有提到，對於三相交流馬達（永磁同步馬達或感應馬達）來說，若使用傳統的狀態變數法所得到的馬達模型是時變的，很難發展出磁場與轉矩的解耦合控制法則，因此在第二章我們引入空間向量的觀念，將三相的弦波物理量（電壓、電流、磁通鏈）合成爲空間向量，再依據得到的馬達空間向量模型推導出磁場導向控制法則。但對於 BLDC 來說，它的氣隙磁通並非弦波分布，因此不滿足空間向量模型的推導條件，因此我們須使用傳統的狀態空間法來推導它的數學模型，一個典型的三相永磁無刷馬達的狀態空間模型可以表示如下[1]：

$$\begin{bmatrix} v_{as} \\ v_{bs} \\ v_{cs} \end{bmatrix} = \begin{bmatrix} R_s & 0 & 0 \\ 0 & R_s & 0 \\ 0 & 0 & R_s \end{bmatrix} \begin{bmatrix} i_{as} \\ i_{bs} \\ i_{cs} \end{bmatrix} + \frac{d}{dt} \begin{bmatrix} L_{aa} & L_{ab} & L_{ac} \\ L_{ba} & L_{bb} & L_{bc} \\ L_{ca} & L_{cb} & L_{cc} \end{bmatrix} \begin{bmatrix} i_{as} \\ i_{bs} \\ i_{cs} \end{bmatrix} + \begin{bmatrix} e_{as} \\ e_{bs} \\ e_{cs} \end{bmatrix} \tag{6.1.1}$$

其中，R_s 爲定子繞組的相電阻，v_{as}、v_{bs}、v_{cs} 爲每相輸入的相電壓，i_{as}、i_{bs}、i_{cs} 爲每相的相電流，e_{as}、e_{bs}、e_{cs} 爲每相的反電動勢（back-EMF）電壓，反電動勢電壓的峰值可以表示爲

$$E_{peak} = N\,(Blr)\omega_m = N\phi_a\omega_m = \lambda_p\omega_m \qquad（6.1.1）$$

其中，

N 為每相串聯的導體數，

B 為導體所處的磁通密度（B 為轉子磁鐵所發出）

l 為導體長度（單位：m）

r 為轉子孔徑（單位：m）

ω_m 為轉子機械轉速（單位：rad/s）

　　而 $\phi_a = Blr$ 則為定子導體所處的磁通量，它與氣隙磁通量 ϕ_g 有一比例關係，即 $\phi_a = \phi_a / \pi$。

　　$\lambda_p = N\phi_a$ 為定子導體所處的磁通量與定子繞組交互的磁通鏈值，為一常數值，又稱為（機械）反電動勢常數。

　　（馬達的電機反電動勢常數 K_b 乘上馬達極對數即為 λ_p）

　　L_{aa} 為定子 a 相繞組的自感，L_{ab} 為定子 b 相繞組對定子 a 相繞組的互感，L_{ac} 為定子 c 相繞組對定子 a 相繞組的互感。

　　L_{bb} 為定子 b 相繞組的自感，L_{ba} 為定子 a 相繞組對定子 b 相繞組的互感，L_{bc} 為定子 c 相繞組對定子 b 相繞組的互感。

　　L_{cc} 為定子 c 相繞組的自感，L_{ca} 為定子 a 相繞組對定子 c 相繞組的互感，L_{cb} 為定子 b 相繞組對定子 c 相繞組的互感。

　　假設轉子磁阻（rotor reluctance）不隨角度而改變，並且定子為平衡三相繞組，則三相繞組的自感值與互感值可以表示如下

$$L_{aa} = L_{bb} = L_{cc} = L$$
$$L_{ab} = L_{ba} = L_{ac} = L_{ca} = L_{bc} = L_{cb} = M \qquad（6.1.2）$$

其中，L 為自感值，M 為互感值。

　　將（6.1.2）式代入（6.1.1）式，可以得到

$$\begin{bmatrix} v_{as} \\ v_{bs} \\ v_{cs} \end{bmatrix} = \begin{bmatrix} R_s & 0 & 0 \\ 0 & R_s & 0 \\ 0 & 0 & R_s \end{bmatrix} \begin{bmatrix} i_{as} \\ i_{bs} \\ i_{cs} \end{bmatrix} + \frac{d}{dt} \begin{bmatrix} L & M & M \\ M & L & M \\ M & M & L \end{bmatrix} \begin{bmatrix} i_{as} \\ i_{bs} \\ i_{cs} \end{bmatrix} + \begin{bmatrix} e_{as} \\ e_{bs} \\ e_{cs} \end{bmatrix} \quad (6.1.3)$$

接著對定子電流施加三相平衡電流的條件，即

$$i_{as} + i_{bs} + i_{cs} = 0 \quad (6.1.4)$$

再將（6.1.4）式代入（6.1.3）式，可以整理成

$$\begin{bmatrix} v_{as} \\ v_{bs} \\ v_{cs} \end{bmatrix} = \begin{bmatrix} R_s & 0 & 0 \\ 0 & R_s & 0 \\ 0 & 0 & R_s \end{bmatrix} \begin{bmatrix} i_{as} \\ i_{bs} \\ i_{cs} \end{bmatrix} + \frac{d}{dt} \begin{bmatrix} L-M & 0 & 0 \\ 0 & L-M & 0 \\ 0 & 0 & L-M \end{bmatrix} \begin{bmatrix} i_{as} \\ i_{bs} \\ i_{cs} \end{bmatrix} + \begin{bmatrix} e_{as} \\ e_{bs} \\ e_{cs} \end{bmatrix} \quad (6.1.5)$$

從（6.1.4）與（6.1.5）式可以看出，若定子電流滿足三相平衡條件，則直流無刷馬達的數學模型跟傳統的直流馬達非常相似，這也是直流無刷馬達（BLDC）的名稱中有「直流」二個字的原因，相較於傳統的直流馬達，直流無刷馬達（BLDC）沒有電刷〔說明：BLDC 名稱中有 Brushless（無刷）一字〕，因此不會有傳統直流馬達的電刷因為損耗而需要更換的問題。

直流無刷馬達（BLDC）的電磁轉矩可以表示成

$$T_e = \frac{e_{as}i_{as} + e_{bs}i_{bs} + e_{cs}i_{cs}}{\omega_m} \quad (6.1.6)$$

其中，反電動勢可以表示成

$$e_{as} = f_{as}(\theta_r)\lambda_p\omega_m \quad (6.1.7)$$

$$e_{bs} = f_{bs}(\theta_r)\lambda_p\omega_m \quad (6.1.8)$$

$$e_{cs} = f_{cs}(\theta_r)\lambda_p\omega_m \quad (6.1.9)$$

其中，$f_{as}(\theta_r)$、$f_{bs}(\theta_r)$、$f_{cs}(\theta_r)$ 為最大值為 ± 1 的梯形波，如圖 6-1-2。

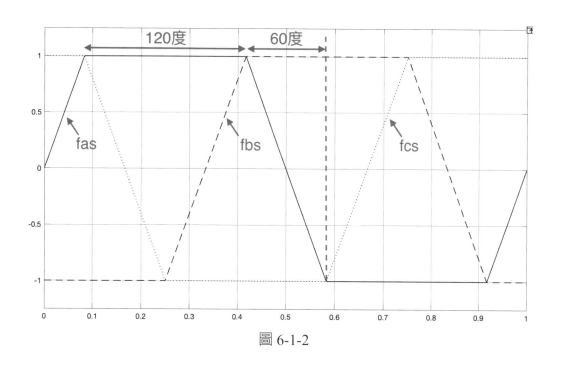

圖 6-1-2

　　圖 6-1-2 顯示的是永磁無刷馬達反電勢的梯形波波形，實線爲 a 相反電動勢波形 $f_{as}(\theta_r)$，點線爲 b 相反電動勢波形 $f_{bs}(\theta_r)$，虛線爲 c 相反電動勢波形 $f_{cs}(\theta_r)$，它們的最大與最小值爲 + 1 與 –1（說明：實際的反電勢的最大與最小值爲 $\pm\lambda_p\omega_m$）。

　　三個梯形波彼此相距 120 度相位差，每個梯形波的正負平坦區都保持 120 度（說明：正平坦區 120 度，負正平坦區 120 度），並且都有正負交變的過渡區 120 度（說明：負變正過渡區 60 度＋正變負過渡區 60 度）。

　　若將每個永磁無刷馬達的反電勢都設計成如圖 6-1-2 所示的梯形波，則控制方法就可以被簡化成，當偵測到每相的反電動勢處於平坦區時，才對該相繞組進行激磁，換句話說，當反電動勢處於正平坦區時，就對該相輸入正電流；而當反電動勢處於負平坦區時，就對該相輸入負電流，當輸入電流與反電動勢同相時，根據（6.1.6）式，馬達可以輸出正轉矩帶動負載旋轉。爲了產生平穩的轉矩，與反電動勢相乘的輸入電流爲直流而非交流，這也是永磁無刷馬達被歸類成直流馬達而非交流馬達的原因。

> **說明：**
> 在簡單的應用中，基於成本考量，較少使用編碼器來偵測永磁無刷馬達的轉子位置，而是使用三顆霍爾元件（Hall Sensor）來偵測轉子位置，經由霍爾元件所輸出的數位訊號來判斷反電動勢的平坦區，再依序對三相繞組進行激磁的動作，然而由於霍爾元件的溫度耐受值不可超過攝氏 120 度，因此在某些高溫的嚴苛環境下，會使用硬體電路偵測馬達端點的反電動勢來進行繞組的激磁，這樣的控制方式又稱作永磁無刷馬達位置無感測器控制技術[4]。

我們可以將（6.1.7）～（6.1.9）式代入（6.1.6）式，可得

$$T_e = \lambda_p \left[f_{as}(\theta_r) i_{as} + f_{bs}(\theta_r) i_{bs} + f_{cs}(\theta_r) i_{cs} \right] \tag{6.1.10}$$

馬達機械方程式為

$$T_e = J \frac{d\omega_m}{dt} + B\omega_m + T_L \tag{6.1.11}$$

其中，J 為總轉動慣量，單位為 kg·m²；B 為摩擦係數，單位為 N·m/(rad/s)；T_L 為負載轉矩，單位為 N·m。注意：永磁無刷馬達模型中所使用的 ω_m 為馬達的機械轉速，它與轉子電氣角 θ_r 的關係為

$$\frac{d\theta_r}{dt} = \frac{P}{2} \omega_m \tag{6.1.12}$$

其中，P 為馬達極數。

　　以上所推導的（6.1.5）、（6.1.10）、（6.1.11）與（6.1.12）式即構成完整的永磁無刷馬達狀態空間數學模型（特別說明：並非空間向量模型）。

■ 直流無刷馬達 120 度控制法

　　從（6.1.10）式可知，針對直流無刷馬達梯形反電動勢的平坦區進行繞組激磁，可以使馬達產生平穩的轉矩輸出，由於直流無刷馬達梯形反電動勢的平

坦區為 120 度，因此這種控制方法又被稱為直流無刷馬達的 120 度控制法。

如圖 6-1-3 所示，以 a 相反電動勢波形 $f_{as}(\theta_r)$ 為基準，可以將一個電氣週期分成 6 個切換狀態（S1～S6），每個切換狀態都對應著三相反電動勢波形的平坦區域，如表 6-1-1 所示。

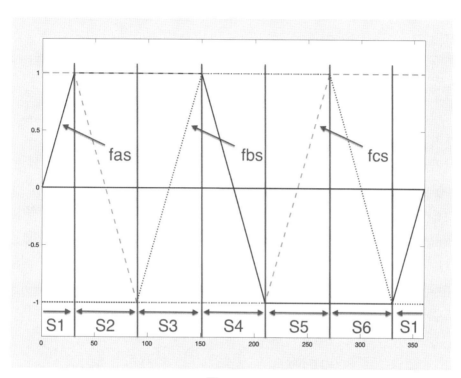

圖 6-1-3

圖 6-1-3 中，

表 6-1-1

切換狀態	對應的反電動勢平坦區	對應的激磁方式
S1	f_{cs} 正平坦區，f_{bs} 負平坦區	c 相接正電壓，b 相接負電壓
S2	f_{as} 正平坦區，f_{bs} 負平坦區	a 相接正電壓，b 相接負電壓
S3	f_{as} 正平坦區，f_{cs} 負平坦區	a 相接正電壓，c 相接負電壓
S4	f_{bs} 正平坦區，f_{cs} 負平坦區	b 相接正電壓，c 相接負電壓

切換狀態	對應的反電動勢平坦區	對應的激磁方式
S5	f_{bs} 正平坦區，f_{as} 負平坦區	b 相接正電壓，a 相接負電壓
S6	f_{cs} 正平坦區，f_{as} 負平坦區	c 相接正電壓，a 相接負電壓

　　舉例來說，當偵測到反電動勢位於 S2 區時，此時對應到 a 相反電動勢的正平坦區與 c 相反電動勢的負平坦區，因此我們需要將 a 相繞組輸入正電流（說明：電流流入繞組方向定義爲正，反之，爲負），c 相繞組輸入負電流（即流出電流），因此對應到的激磁方式爲，馬達 a 相繞組接正電壓，馬達 c 相繞組接負電壓，因此當馬達定子繞組依 S1～S6 順序重複激磁時，將產生平穩的輸出轉矩使馬達運轉。

　　一個典型的直流無刷馬達驅動系統如圖 6-1-4 所示，通常會使用一個 BLDC 驅動器（BLDC drive）來驅動直流無刷馬達（BLDC），圖中的 BLDC 定子繞組爲 Y 接，BLDC 驅動器的硬體結構又可稱爲 Inverter（變頻器），每個電晶體開關（T1、T1'、T2、T2'、T3、T3'）的驅動訊號會由微控制器（MCU）所提供，微控制器會根據 Hall 元件或反電動勢等回授訊號判斷目前所處的反電動勢狀態，再根據切換表（表 6-1-1）驅動電晶體開關依序對定子繞組激磁，讓直流電流能輸入馬達繞組產生平穩的轉矩輸出。

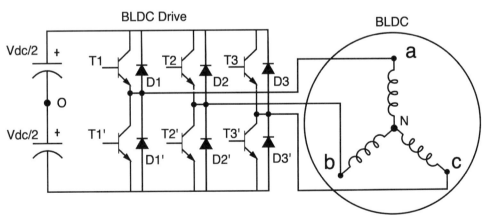

圖 6-1-4　（在此省略馬達相電阻）

　　以下筆者將使用圖 6-1-4 說明當狀態從 S3 切換到 S4 時馬達電流的動態

行為，當位於切換狀態 S3 時，此時開關 T1 與 T3' 為 ON，馬達端點 a 電壓為 Vdc/2，馬達端點 c 電壓為 -Vdc/2，由於馬達定子繞組為 Y 接，我們可將馬達定子繞組中性點 N 與 BLDC drive 的 O 點視為等電位，因此 a 相繞組電壓 $v_{aN} = V_{dc}/2$，c 相繞組的電壓 $v_{cN} = -V_{dc}/2$，此時電流將從 a 點流入，從 c 點流出。

說明：

當馬達定子繞組為 Y 接時，以狀態 S3 為例，此時 PWM Inverter 與馬達 a、c 相繞組形成回路，此時的馬達中性點 N 電壓可以表示為 $v_N = \dfrac{V_{dc} - e_a - e_c}{2} = \dfrac{V_{dc}}{2}$，其中 e_a 與 e_c 為馬達 a 相與 c 相的反電動勢，正好與 PWM Inverter 的 O 點電位相同，因此我們可將馬達中性點 N 與 PWM Inverter 的 O 點視為等電位，但實際上馬達中性點 N 並非完全與 O 點電位相同，它會含有馬達反電動勢的 3 次諧波成分 [4]。

當控制狀態從 S3 轉換到 S4 時，此時開關 T3' 仍保持為 ON，但開關 T1 為 OFF，而開關 T2 為 ON，因此馬達端點 b 電壓為 Vdc/2，此時電流將從 b 點流入，從 c 點流出，但值得注意的是，在狀態 S3 時，馬達 a 相繞組的電流在開關 T1 關閉後仍需續流，因此在狀態 S4 時，二極體 D1' 會幫助 a 相繞組的電流續流到零，此時由於二極體 D1' 導通，馬達端點 a 電壓會變為 –Vdc/2，有了這個負電壓幫助，可以加快讓 a 相繞組的電流降為零，當 a 相繞組的電流降為零後，則 a 點與驅動器之間處於開路狀態。

以上筆者詳細的描述 BLDC 的相電流在狀態 S3 轉換到 S4 時的動態行為，這樣的分析方式同樣適用於其它的切換狀態，為何要如此清楚的描述呢？原因是接下來我們將會根據以上所描述的事實建構完整的直流無刷馬達驅動系統的 SIMULINK 模擬程式。

■ **直流無刷馬達（BLDC）轉速控制系統**

綜合以上內容，我們可以建構一個直流無刷馬達的轉速控制系統 [1] 如圖 6-1-5 所示。

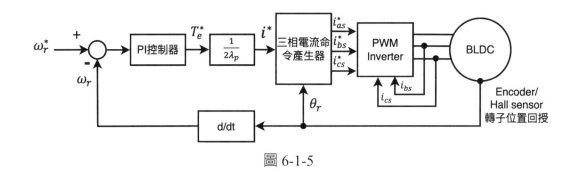

圖 6-1-5

　　圖 6-1-5 為一個典型的 BLDC 速度控制系統，控制目標為轉速，因此需要使用編碼器或 Hall sensor 等位置回授資訊來計算轉速回授資訊，再將命令轉速減去回授轉速的速度誤差值輸入給 PI 控制器進行閉回路控制（說明：一般來說，PI 控制器的輸出我們會加入一個轉矩限制器，此限制器的大小為正負兩倍的馬達額定轉矩），而 PI 控制器的輸出為轉矩命令 T_e^*，要如何將轉矩命令轉換成電流命令呢？我們可以參考（6.1.10）式，由於我們使用 120 度控制模式，因此每個切換狀態都只有二相繞組被激磁，因此參考（6.1.10）式，轉矩命令可以寫成

$$T_e^* = 2\lambda_p i^* \qquad (6.1.13)$$

其中，i^* 為電流命令，因此電流命令 i^* 可以表示成

$$i^* = \frac{T_e^*}{2\lambda_p} \qquad (6.1.14)$$

　　產生的電流命令 i^* 會經過三相電流產生器產生三相電流命令，邏輯很簡單，就是根據回授的位置資訊判斷所處的反電動勢狀態（切換狀態），再根據表 6-1-2 產生對應的三相電流命令值。

表 6-1-2

切換狀態	對應的反電動勢平坦區	對應的三相電流命令
S1	f_{cs} 正平坦區，f_{bs} 負平坦區	$i_{as}^* = 0$，$i_{bs}^* = -i^*$，$i_{cs}^* = i^*$
S2	f_{as} 正平坦區，f_{bs} 負平坦區	$i_{as}^* = i^*$，$i_{bs}^* = -i^*$，$i_{cs}^* = 0$
S3	f_{as} 正平坦區，f_{cs} 負平坦區	$i_{as}^* = i^*$，$i_{bs}^* = 0$，$i_{cs}^* = -i^*$
S4	f_{bs} 正平坦區，f_{cs} 負平坦區	$i_{as}^* = 0$，$i_{bs}^* = i^*$，$i_{cs}^* = -i^*$
S5	f_{bs} 正平坦區，f_{as} 負平坦區	$i_{as}^* = -i^*$，$i_{bs}^* = i^*$，$i_{cs}^* = 0$
S6	f_{cs} 正平坦區，f_{as} 負平坦區	$i_{as}^* = -i^*$，$i_{bs}^* = 0$，$i_{cs}^* = i^*$

　　產生的三相電流命令會進入 PWM Inverter，每個三相電流命令都會與各自的回授電流相減，再乘上一個增益來產生控制命令與 PWM 高頻載波作比較來產生 Inverter 開關的驅動訊號來激磁 BLDC 的三相繞組，如圖 6-1-6 所示，以上就完成了使用 120 度控制法對直流無刷馬達進行速度閉回路控制的原理說明。

説明：
因為 120 度控制法滿足（6.1.4）式的三相電流和為零的條件，因此使用二相電流回授即可，第三相電流可以利用（6.1.4）式算出。

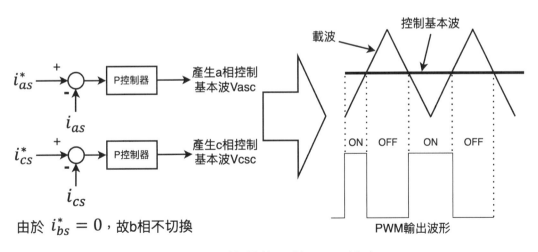

由於 $i_{bs}^* = 0$，故b相不切換

S3切換狀態下的PWM輸出

圖 6-1-6

6.2　直流無刷馬達控制系統模擬

以上已經為各位完整介紹了直流無刷馬達的 120 度控制法的閉回路控制架構，接下來我們將使用 MATLAB/SIMULINK 來建立直流無刷馬達的控制系統模型，首先我們須建立直流無刷馬達模型，

STEP 1：

在建立 SIMULINK 直流無刷馬達模型之前，請先使用 MATLAB 執行範例程式 bldc_params.m，載入直流無刷馬達參數，如表 6-2-1。

表 6-2-1　直流無刷馬達參數

馬達參數	值
定子電阻Rs	0.7（Ω）
極數P	4
電機反電動勢常數K_b	0.0523（V/rad/sec）
機械反電動勢常數 $\lambda_p = K_b \times (P/2)$	0.1046（V/rad/sec）
電感 L-M	0.0052（H）
轉動慣量J	0.0002（N・m・sec^2/rad）
摩擦係數B	0.0005（N・m・sec/rad）
額定轉矩T_{rate}	1.78（N・m）
額定電流I_{rate}	8.5（A）
額定轉速ω_{rate}	4000（rpm）

MATLAB m-file 範例程式 bldc_params.m：

```
Rs = 0.7;
Kb = 0.0523;
Ls_Lm = 5.21e-3;
pole = 4;
J = 0.0002;
B = 0.0005;
```

```
Lamda_p = Kb * pole/2;
T_rate = 1.78;
I_rate = 8.5;
```

STEP 2：

　　將 BLDC 馬達參數載入 MATLAB 環境後，接下來，請使用 SIMULINK 建立如圖 6-2-1 的 Subsystem 模型。

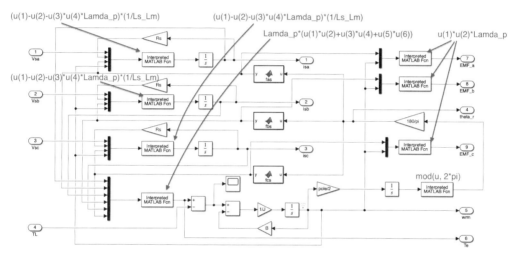

圖 6-2-1　　（範例程式：BLDC_model.slx）

　　圖 6-2-1 所示為一個完整的直流無刷馬達數學模型，包含了馬達電機方程式（6.1.5）、轉矩方程式（6.1.10）、機械方程式（6.1.11）、角度關係式（6.1.12）與其它角度轉換式（rad to degree），此直流無刷馬達模型的輸入有 4 個，分別是三相繞組電壓（Vsa、Vsb、Vsc）與負載轉矩（TL），輸出有 9 個，分別是馬達三相電流（isa、isb、isc）、馬達三相反電動勢（EMF_a、EMF_b、EMF_c）、馬達轉子電機角度（theta_r）與馬達機械轉速（wrm）與馬達的電磁轉矩（Te）。

　　除此之外，圖 6-2-1 還包含了三個 Matlab Function 方塊（fas、fbs、fcs），它們會根據馬達轉子電機角度（theta_r）來模擬三相繞組所產生的梯

型波反電動勢，以下分別列出三個 Matlab Function 方塊（fas、fbs、fcs）的程式內容。

Matlab Function 方塊 fas（a 相反電動勢梯形波）程式：

```
function y = fas(u)
    if ((u>=0) && (u<30))
        y = u/30;
    elseif ((u>=30) && (u<150))
        y = 1;
    elseif ((u>=150) && (u<210))
        y = -u/30 + 6;
    elseif ((u>=210) && (u<330))
        y = -1;
    elseif ((u>=330) && (u<=360))
        y = u/30 - 12;
    else
        y = 0;
    end
```

Matlab Function 方塊 fbs（b 相反電動勢梯形波）程式：

```
function y = fbs(u)
    if ((u>=0) && (u<90))
        y = -1;
    elseif ((u>=90) && (u<150))
        y = u/30 - 4;
    elseif ((u>=150) && (u<270))
        y = 1;
    elseif ((u>=270) && (u<330))
        y = -u/30 + 10;
```

```
    elseif ((u>=330) && (u<=360))
        y = -1;
    else
        y = 0;
    end
```

Matlab Function 方塊 fcs（c 相反電動勢梯形波）程式：

```
function y = fcs(u)
    if ((u>=0) && (u<30))
        y = 1;
    elseif ((u>=30) && (u<90))
        y = -u/30 + 2;
    elseif ((u>=90) && (u<210))
        y = -1;
    elseif ((u>=210) && (u<270))
        y = u/30 - 8;
    elseif ((u>=270) && (u<=360))
        y = 1;
    else
        y = 0;
    end
```

CHAPTER

6

STEP 3：

　　將三個 Matlab Function 方塊（fas、fbs、fcs）的程式內容設置完成後，可以先行測試 Matlab Function 運作是否正確，使用 SIMULINK 開啓一個新的模擬檔案，將設置完成的三個 Matlab Function 方塊（fas、fbs、fcs）拷貝過去，並將程式方塊設計成圖 6-2-2。

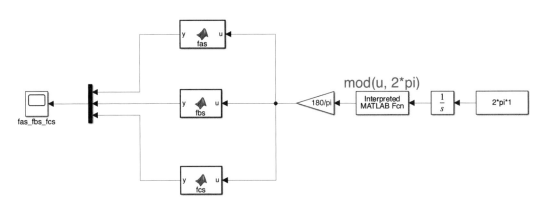

圖 6-2-2 　（範例程式：test_fas_fbs_fcs.slx）

在圖 6-2-2 的 SIMULINK 程式中，使用 1Hz 的角頻率，即 1（Hz）= 2×π×1（rad/s），積分產生徑度值（rad），並將其轉換成角度值（degree），再將角度資訊輸入到三個 Matlab Function 方塊（fas、fbs、fcs）中，最後再使用示波器觀看它們輸出的梯形波是否正確。

STEP 4：

請將模擬時間設成 1 秒，這樣正好可以觀看一個電氣週期（0～360 度）的梯形波輸出，按下「Run」執行系統模擬。

STEP 5：

模擬完成後，請打開 fas_fbs_fcs 示波器方塊，可以看到如圖 6-2-3 的波形，從圖 6-2-3 的波形資訊可知三個 Matlab Function 方塊（fas、fbs、fcs）的運作正常，可以根據輸入角度來輸出相位差 120 度的三相梯形波反電動勢。

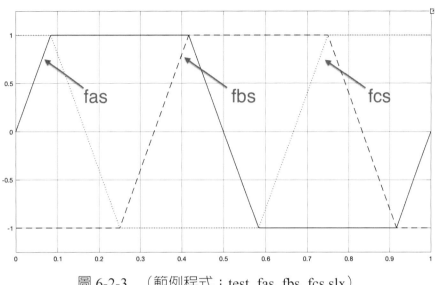

圖 6-2-3　（範例程式：test_fas_fbs_fcs.slx）

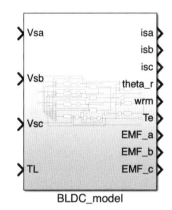

圖 6-2-4　（範例程式：BLDC_model.slx）

STEP 6：

　　完成 Matlab Function 的功能驗證後，請回到直流無刷馬達模型 Subsystem，請選取所有方塊（可以使用 CTRL ＋ A），按滑鼠右鍵並選擇「Create Subsystem from Selection」，即可建立單一 Subsystem 元件，如圖 6-2-4 所示，將其取名為「BLDC_model」後將其存檔，即完成了直流無刷馬達 SIMULINK 模型的建立。

STEP 7：

　　根據圖 6-1-5，我們還需要建立二個功能方塊，分別是「三相電流命令產生器」與「PWM Inverter」，我們先建立「三相電流命令產生器」，請開啓一個新的 SIMULINK 檔案，將 MATLAB Function 元件拉入程式區，再雙擊之，輸入以下程式內容。

Matlab Function 方塊 iCmd（三相電流命令產生器）程式：

```
function [ias_cmd, ibs_cmd, ics_cmd, mode] = iCmd(thetar_deg, i_cmd)
    if ((((thetar_deg>=0) && (thetar_deg<30))||((thetar_deg>=330) && (thetar_deg<=360)))
        mode = 1;
        ias_cmd = 0;
        ibs_cmd = -i_cmd;
        ics_cmd = i_cmd;
    elseif ((thetar_deg>=30) && (thetar_deg<90))
        mode = 2;
        ias_cmd = i_cmd;
        ibs_cmd = -i_cmd;
        ics_cmd = 0;
    elseif ((thetar_deg>=90) && (thetar_deg<150))
        mode = 3;
        ias_cmd = i_cmd;
        ibs_cmd = 0;
        ics_cmd = -i_cmd;
    elseif ((thetar_deg>=150) && (thetar_deg<210))
        mode = 4;
        ias_cmd = 0;
        ibs_cmd = i_cmd;
        ics_cmd = -i_cmd;
```

```
elseif ((thetar_deg>=210) && (thetar_deg<270))
    mode = 5;
    ias_cmd = -i_cmd;
    ibs_cmd = i_cmd;
    ics_cmd = 0;
elseif ((thetar_deg>=270) && (thetar_deg<330))
    mode = 6;
    ias_cmd = -i_cmd;
    ibs_cmd = 0;
    ics_cmd = i_cmd;
else
    mode = 0;
    ias_cmd = 0;
    ibs_cmd = 0;
    ics_cmd = 0;
end
```

「三相電流命令產生器」的 MATLAB Funtion 的函式名稱為「iCmd」，它有二個輸入，分別是 thetar_deg 與 i_cmd，thetar_deg 會接收來自於轉子的角度資訊，「iCmd」會根據轉子的角度判斷所處的反動電勢狀態（即切換狀態），再根據表 6-1-2 產生三相電流命令；而輸入 i_cmd 則來自於控制器產生的電流命令。

「三相電流命令產生器」的輸出有 4 個，除了會將三相電流命令（ias_cmd、ibs_cmd、ics_cmd）值傳給「PWM Inverter」作為 PWM 調變的輸入之外（如圖 6-1-6），還會將目前的切換狀態（mode）也傳給「PWM Inverter」，「PWM Inverter」再根據目前的切換狀態（mode）與表 6-1-2 進行相應的 PWM 調變工作。以上即完成了「三相電流命令產生器」功能方塊的建立。

STEP 8：

接下來我們要建立「PWM Inverter」功能方塊，請開啓一個新的 SIMU-

LINK 檔案，將 MATLAB Function 元件拉入程式區，再雙擊之，輸入以下程
式內容。

Matlab Function 方塊 PWM_inverter（PWM Inverter）程式：

```
function [vas, vbs, vcs] = PWM_inverter(ias_cmd, ibs_cmd, ics_cmd, ias, ibs,
ics, mode, tri, EMF_a, EMF_b, EMF_c)
    kp_i = 100; vc_lim_p = 9; vc_lim_n = -9;
    vdc = 160; vas = 0; vbs = 0; vcs = 0;
    if ((mode~=1)&&(mode~=4))
        vasc = kp_i*(ias_cmd-ias);
        if (vasc > vc_lim_p)
            vasc = vc_lim_p;
        elseif (vasc < vc_lim_n)
            vasc = vc_lim_n;
        end
        if (vasc >= tri)
            vas = vdc/2;
    else
            vas = -vdc/2;
        end
    elseif (mode==4)
        if (ias > 0)
            vas = -vdc/2;
        else
            vas = EMF_a;
        end
    elseif (mode==1)
        if (ias<0)
            vas = vdc/2;
```

```
            else
                vas = EMF_a;
            end
        else
                vas = 0;
        end
% for B phase control
if ((mode~=3)&&(mode~=6))
        vbsc = kp_i*(ibs_cmd-ibs);
        if (vbsc > vc_lim_p)
            vbsc = vc_lim_p;
        elseif (vbsc < vc_lim_n)
            vbsc = vc_lim_n;
        end
        if (vbsc >= tri)
            vbs = vdc/2;
        else
            vbs = -vdc/2;
        end
elseif (mode==6)
        if (ibs>0)
            vbs = -vdc/2;
        else
            vbs = EMF_b;
        end
elseif (mode==3)
        if (ibs<0)
            vbs = vdc/2;
        else
```

```matlab
            vbs = EMF_b;
        end
    else
        vbs = 0;
    end
    % for C phase control
    if ((mode~=5)&&(mode~=2))
        vcsc = kp_i*(ics_cmd-ics);
        if (vcsc > vc_lim_p)
            vcsc = vc_lim_p;
        elseif (vcsc < vc_lim_n)
            vcsc = vc_lim_n;
        end
        if (vcsc >= tri)
            vcs = vdc/2;
        else
            vcs = -vdc/2;
        end
    elseif (mode==2)
        if (ics>0)
            vcs = -vdc/2;
        else
            vcs = EMF_c;
        end
    elseif (mode==5)
        if (ics<0)
            vcs = vdc/2;
        else
            vcs = EMF_c;
```

```
        end
    else
        vcs = 0;
    end
```

　　「PWM Inverter」的 MATLAB Funtion 的函式名稱為「PWM_invert-er」，它有 11 個輸入，以下分別介紹各個輸入的功能：

➢ 電流命令（ias_cmd、ibs_cmd、ics_cmd）、電流回授（ias、ibs、ics）、切換狀態（mode）與載波輸入（tri）：「PWM Inverter」會根據目前的切換狀態（mode）與表 6-1-2 進行相應的 PWM 調變工作（如圖 6-1-6，需要電流命令、電流回授與載波輸入進行 PWM 調變）。

➢ 三相反電動勢輸入（EMF_a, EMF_b, EMF_c）：一般來說，「PWM In-verter」並不需要知道三相反電動勢，但由於我們自行建立一個具體而微的「PWM Inverter」，因此需要親自處理在不同切換狀態之間的二極體續流的動態行為，以狀態 S3 切換到狀態 S4 為例，如同前面所提及的，在狀態 S3時，馬達 a 相繞組的電流在開關 T1 關閉後仍需續流，因此在狀態 S4 時，二極體 D1' 會幫助 a 相繞組的電流續流到零，此時由於二極體 D1' 導通，馬達端點 a 電壓會變為 –Vdc/2，因此加入相應的程式碼（處理二極體續流）如下：

節錄自 PWM_inverter（PWM Inverter）程式：

處理 S3 切換到 S4，a 相繞組的電流利用二極體 D1' 進行續流

```
elseif (mode==4)
        if (ias > 0)
                vas = -vdc/2;
        else
                vas = EMF_a;
        end
```

由於「PWM Inverter」的輸出即爲馬達的三相電壓輸入，以狀態 S3 切換到狀態 S4 爲例，此時 a 相電流爲正，因此二極體 D1' 導通，此時的 a 相端電壓爲 –Vdc/2，而當電流續流到零時，此時 a 相端電壓應該爲斷路狀態，要如何模擬這樣的斷路狀態呢？就需要將 a 相端電壓設爲與 a 相反電動勢一致，如此在 BLDC model 中的輸入電壓與反電動勢就可以互相抵消模擬斷路狀態，此爲「PWM Inverter」需要輸入三相反電動勢的主要原因。在 PWM_inverter（PWM Inverter）的範例程式中已經完整的處理每個切換狀態的二極體續流的動態行爲。以上即完成了「PWM Inverter」功能方塊的建立。

STEP 9：

以上成功建立了 SIMULINK 模擬程式的三大功能方塊：BLDC 模型、三相電流命令產生器、PWM Inverter，它們涵蓋了直流無刷馬達的模型與 120 度控制方法，接下來我們要將所建立的功能方塊連接成如圖 6-1-5 的速度閉回路控制系統，請開啓一個新的 SIMULINK 模擬檔案，請將控制方塊連接成如圖 6-2-5。

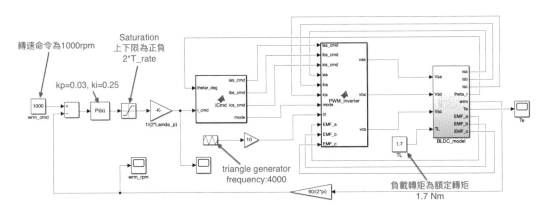

圖 6-2-5　（範例程式：BLDC_120degree_speed_control.slx）

說明：
圖 6-2-5 的模擬程式並未考慮 PWM Inverter 上下臂開關切換的死區時間與 PWM Inverter 開關與二極體的導通壓降，各位可以自行修改程式加入想要的非線性特性讓模擬結果更貼近現實狀態。

STEP 10：

　　將圖 6-2-5 的 SIMULINK 方塊建立完成後，將模擬求解器設成「Variable-step」的 auto，將最小步距（Min step size）設成 0.000001，將總模擬時間設爲 0.5 秒，按下「Run」執行系統模擬（注意：模擬前請先執行 bldc_params.m 檔案，否則會欠缺直流無刷馬達參數，無法模擬）。

STEP 11：

　　若順利完成模擬，請先雙擊 wrm_rpm 示波器方塊觀察馬達的轉速響應，如圖 6-2-6 所示，由於本模擬程式所使用的 PI 控制器參數已經過筆者校調過，因此從波形可以看到，雖然我們施加轉速的步階命令，但直流無刷馬達的轉速仍迅速跟隨轉速命令。

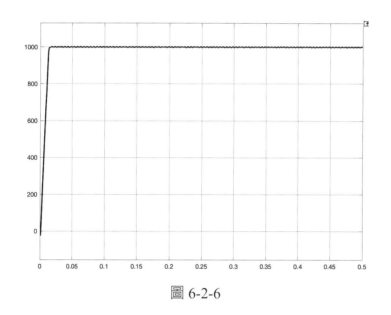

圖 6-2-6

STEP 12：

　　接下來使用示波器方塊觀察馬達的三相電流（ias、ibs、ics）輸出波形，如圖 6-2-7 所示，從波形可知，三相繞組依據表 6-1-2 被依序激磁而產生規律的電流響應輸出，而每相穩態的電流值約在 8.3（A）到 9.4（A）之間作變化，整體來說平均值約爲 9（A），而相電流的大小主要取決於三相電流命令產生

器所接收到的電流命令值。

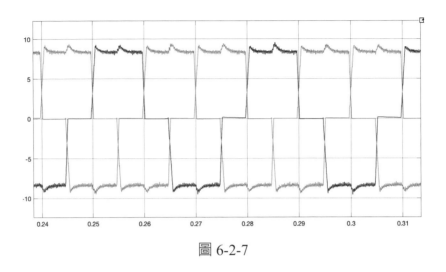

圖 6-2-7

STEP 13：

接著使用示波器觀看控制回路所輸出的電流命令值，如圖 6-2-8，從電流命令波形可以看出，電流命令值約在 8.3 到 9.4 之間作變化，與實際的相電流的變化相吻合。

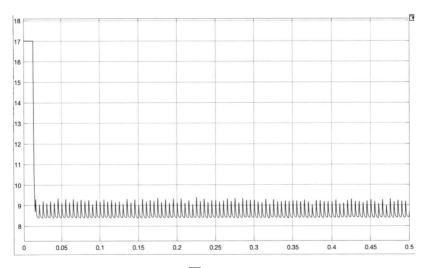

圖 6-2-8

STEP 14：

接著觀察 a 相端電壓（Vsa）與 a 相電流（isa）的波形，如圖 6-2-9 所示，圖上顯示當狀態從 S3 切換到 S4 時的 a 相端電壓（Vsa）與 a 相電流（isa）的變化情形，可以看到，在狀態 S4 時，二極體 D1' 會幫助 a 相繞組的電流續流到零，此時由於二極體 D1' 導通，馬達 a 相電壓會變為 –Vdc/2（說明：在程式中設定 Vdc 為 160 伏，因此 -Vdc/2 為 -80 伏），當電流續流到零，則 a 相繞組應與 PWM Inverter 呈現斷路狀態，模擬程式可完全將電壓與電流的過渡狀態忠實呈現出來。

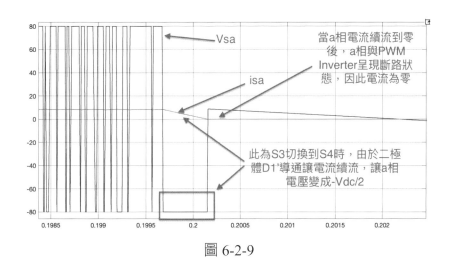

圖 6-2-9

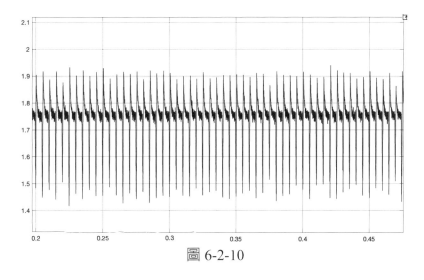

圖 6-2-10

STEP 15：

　　接下來請打開 Te 示波器方塊觀察馬達的輸出轉矩，如圖 6-2-10 所示，圖中顯示穩態時的馬達輸出轉矩，由於所設定的負載轉矩為 1.7Nm（馬達的額定轉矩），為了克服摩擦力，轉矩的平均值會略高於 1.7Nm。

　　另外，由於在狀態切換時，相電流在切換的過渡期間由於電感的作用，電流下降的速度會根據時間常數（無法瞬間降到零，如圖 6-2-9 中的 isa），因此根據轉矩公式（6.1.10），切換過渡期間的暫態電流會產生暫態轉矩（轉矩漣波），如圖 6-2-10 所示，約有 ±0.2Nm 的轉矩漣波存在。

■ 驗證 PWM duty 全開下的相電流動態行為

STEP 1：

　　接下來我們將圖 6-2-5 的轉速命令設定為 4000（說明：設定成此直流無刷馬達的額定轉速），並將 PWM 載波的峰值設定成 ±9（說明：將 PWM 載波的峰值設定成與控制電壓一致，則 PWM 的 duty 可以達到 100% 的全開狀態），如圖 6-2-6。

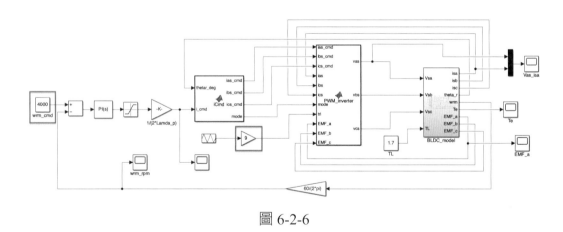

圖 6-2-6

STEP 2：

　　設定完成後，按下「Run」執行系統模擬。若順利完成模擬，請先雙擊 wrm_rpm 示波器方塊觀察馬達的轉速響應，如圖 6-2-7 所示。

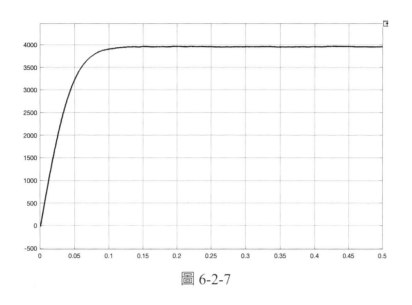

圖 6-2-7

STEP 3：

　　從圖 6-2-7 的速度波形可知，馬達的穩態轉速接近命令值 4000（rpm）但仍存在約 50（rpm）左右的轉速誤差，這是因為在「PWM_inverter」的程式中我們使用 160（V）的 Vdc 電壓已經無法將轉速提升至更高，此時我們可以觀察一下在切換狀態 S3 的 a 相電壓與 a 相電流的波形，如圖 6-2-8 所示。

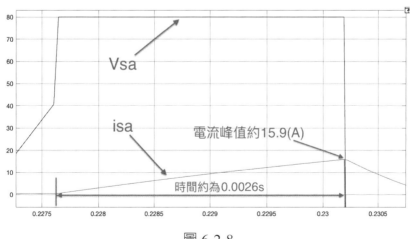

圖 6-2-8

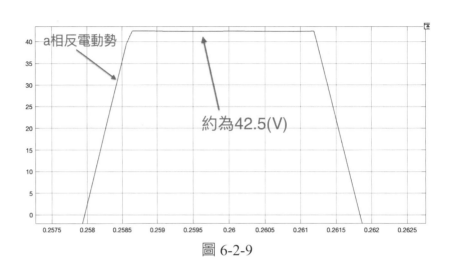

圖 6-2-9

STEP 4：

　　從圖 6-2-8 的波形可知，「PWM Inverter」已將電晶體開關 T1 完全打開（PWM duty=100%）讓 a 相電壓等於 80（V）（即 Vdc/2），此時的 a 相反電動勢電壓約為 42.5（V），如圖 6-2-9，此時的 a 相電流約從 0（A）開始，在 0.0026 秒內爬升至峰值 15.9（A），我們可將 a 相電流的轉移函式寫出

$$i_{sa}(s) = (v_{sa} - EMF_a) \times \frac{1}{R_s + (L - M)s} = (80 - 42.5) \times \frac{1}{0.7 + 0.00521s}$$

其中，$R_s = 0.7$, $L - M = 0.00521$，我們可以使用一個一階轉移函數的步階響應來模擬 a 相電流行為，如圖 6-2-10。

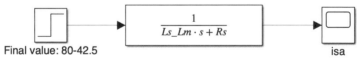

Final value: 80-42.5

圖 6-2-10　（範例程式：isa_model.slx）

　　將圖 6-2-10 中的步階輸入的 Final value 設成 80-42.5，Step time 設成 0，將模擬時間設為 0.0026 秒，設定完成後，按下「Run」執行系統模擬。若順利完成模擬，請先雙擊 isa 示波器方塊，可以觀察 a 相電流響應，如圖 6-2-11。

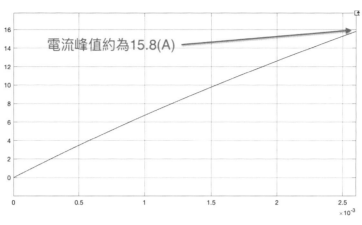

圖 6-2-11　（範例程式：isa_model.slx）

　　從圖 6-2-11 的波形得知，a 相電流在 0.0026 秒內從 0 升至 15.8（A），與圖 6-2-8 的模擬結果相當接近，因此我們完成了在 PWM duty 全開下的相電流動態行為的理論與模擬驗證。

6.3　直流無刷馬達弱磁控制技術

　　在上一節我們使用了 MATLAB/SIMULINK 建構了完整的直流無刷馬達 120 度閉回路速度控制系統，並完成了「PWM Inverter」與直流無刷馬達之間電流與電壓交互作用下，電流動態行為的理論與模擬驗證，本節筆者將教各位如何控制直流無刷馬達超過其額定轉速運轉，因此需要使用直流無刷馬達的弱磁控制技術，一般來說，當馬達運轉超過額定轉速時，若不加大「PWM Inverter」的直流鏈電壓（V_{dc}），則馬達的線對線電壓（v_{ab}、v_{bc}、v_{ca}）將會逼近甚至超過直流鏈電壓（V_{dc}），當馬達的線對線電壓超過「PWM Inverter」的直流鏈電壓（V_{dc}）時，此時「PWM Inverter」將無法輸出能量至馬達端，此時馬達的電流將會流經「PWM Inverter」的二極體進行續流，因此電流將下降連帶也使馬達轉矩下降〔根據（6.1.10）式〕，馬達轉矩下降也會使轉速下降，最終「PWM Inverter」與馬達之間的能量交換會達到一個平衡點，此時的轉速會在馬達的額定轉速附近，若不改變控制方法，則馬達將無法超過額定轉速運轉。

　　以直流無刷馬達來說，若使用 120 度控制模式，以切換狀態 S3 為例，當馬達操作超過額定轉速，此時馬達線間電壓 v_{ac} 可能超過 Vdc，因此「PWM Inverter」無法再提供電流給馬達，因此就算根據表 6-1-2 進行「PWM Inverter」的開關切換也無法再提升馬達轉速。

　　因此，若要將直流無刷馬達運轉超過其額定轉速，則需要使用「超前角技術（Advance Angle）」[1]，如圖 6-3-1，在 120 度控制模式下，可將控制觸發點超前一個 θ_a（即圖 6-3-1 中的 theta_a），此時由於 a 相反電動勢仍處於爬升狀態因此馬達線間電壓可能低於 Vdc，可以讓「PWM Inverter」傳送能量至馬達，讓馬達產生瞬時轉矩以超過其額定轉速運轉。

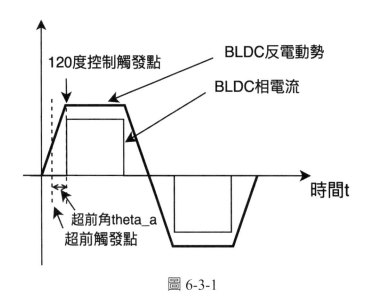

圖 6-3-1

　　假設圖 6-3-1 中的 BLDC 相電流為理想的 a 相電流 i_{as}，我們對它進行傳立葉級數展開如下 [1]。

$$i_{as}(\theta_r) = \frac{4\sqrt{3}I_P}{2\pi}\left[\sin\theta_r + \frac{1}{5}\sin 5\theta_r + \cdots\right] \tag{6.3.1}$$

其中，I_P 為 a 相電流最大值。

　　直流無刷馬達 a 相的理想磁通鏈波形可以表示為

$$\lambda_a(\theta_r) = \frac{24\lambda_P}{\pi^2}\left[\frac{1}{2}\sin\theta_r + \frac{1}{9}\sin 3\theta_r + \frac{1}{2}\cdot\frac{1}{25}\sin 5\theta_r + \cdots\right] \tag{6.3.2}$$

其中，λ_P 為 a 相磁通鏈最大值。

我們將超前角 θ_a 加入 a 相電流，（6.3.1）式可以表示為

$$i_{as}(\theta_r + \theta_a) = \frac{4\sqrt{3}I_P}{2\pi}\left[\sin(\theta_r + \theta_a) + \frac{1}{5}\sin 5(\theta_r + \theta_a) + \cdots\right] \tag{6.3.3}$$

同樣的，我們也將超前角 θ_a 加入 b 相與 c 相電流，可以得到

$$i_{bs}(\theta_r + \theta_a) = \frac{4\sqrt{3}I_P}{2\pi}\left[\sin\left(\theta_r - \frac{2\pi}{3} + \theta_a\right) + \frac{1}{5}\sin 5\left(\theta_r - \frac{2\pi}{3} + \theta_a\right) + \cdots\right] \tag{6.3.4}$$

$$i_{cs}(\theta_r + \theta_a) = \frac{4\sqrt{3}I_P}{2\pi}\left[\sin\left(\theta_r + \frac{2\pi}{3} + \theta_a\right) + \frac{1}{5}\sin 5\left(\theta_r + \frac{2\pi}{3} + \theta_a\right) + \cdots\right] \tag{6.3.5}$$

同樣的，b 相與 c 相的理想磁通鏈波形可以表示為

$$\lambda_b(\theta_r) = \frac{24\lambda_P}{\pi^2}\left[\frac{1}{2}\sin\left(\theta_r - \frac{2\pi}{3}\right) + \frac{1}{9}\sin 3\left(\theta_r - \frac{2\pi}{3}\right) + \frac{1}{2}\cdot\frac{1}{25}\sin 5\left(\theta_r - \frac{2\pi}{3}\right) + \cdots\right] \tag{6.3.6}$$

$$\lambda_c(\theta_r) = \frac{24\lambda_P}{\pi^2}\left[\frac{1}{2}\sin\left(\theta_r + \frac{2\pi}{3}\right) + \frac{1}{9}\sin 3\left(\theta_r + \frac{2\pi}{3}\right) + \frac{1}{2}\cdot\frac{1}{25}\sin 5\left(\theta_r + \frac{2\pi}{3}\right) + \cdots\right] \tag{6.3.7}$$

我們將（6.3.3）～（6.3.5）式的電流基本波成分與各自的磁通鏈基本波成分相乘可以得到基本波轉矩 T_{e1}。

$$\begin{aligned}
T_{e1} &= \lambda_{a1}(\theta_r)i_{as1}(\theta_r + \theta_a) + \lambda_{b1}(\theta_r)i_{bs1}(\theta_r + \theta_a) + \lambda_{c1}(\theta_r)i_{cs1}(\theta_r + \theta_a) \\
&= \frac{96\sqrt{3}}{4\pi^3}\lambda_P I_P\left[\sin\theta_r\sin(\theta_r + \theta_a) + \sin\left(\theta_r - \frac{2\pi}{3}\right)\sin\left(\theta_r - \frac{2\pi}{3} + \theta_a\right)\right. \\
&\quad\left. + \sin\left(\theta_r + \frac{2\pi}{3}\right)\sin\left(\theta_r + \frac{2\pi}{3} + \theta_a\right)\right] = 2.0085\lambda_P I_P\cos\theta_a
\end{aligned} \tag{6.3.8}$$

當轉速未超過額定時，不需使用超前角 θ_a，即 $\theta_a = 0$，馬達基本波的轉矩為

$$T_{e1} = 2.0085\lambda_P I_P = T_{rate}$$

此時的馬達基本波轉矩 T_{e1} 又被稱爲馬達的額定轉矩 T_{rate}。

　　當我們想讓直流無刷馬達超過額定轉速運轉時，則需要設定超前角 θ_a，從（6.3.8）式可以知道，當使用超前角，馬達的基本波轉矩會低於額定轉矩，因此當超過馬達額定轉速時，在不過載條件下，會進入馬達的定功率區，此時馬達的轉速會被提升，但同時轉矩也等比例下降，而轉速與轉矩的乘積會維持定值（即爲額定功率）。

■ 直流無刷馬達超前角控制方法

STEP 1：

　　上一節我們成功驗證了 PWM duty 全開下的相電流動態行爲，那時設定的馬達轉速爲馬達的額定轉速 4000（rpm），但馬達的輸出轉速的穩態值只有約 3950（rpm）左右，如圖 6-3-2。

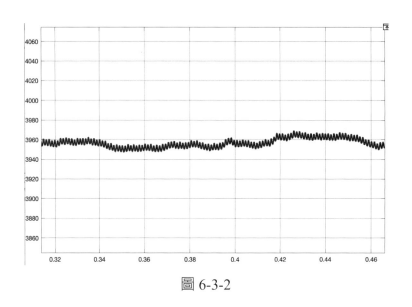

圖 6-3-2

　　接下來我們要使用超前角控制讓馬達超過額定轉速運轉，但我們要如何將其實作在模擬系統中呢？在模擬程式中，原始的 120 度控制程式是寫在「三相電流命令產生器」這個 MATLAB Function 元件中，如下所示：

Matlab Function 方塊 iCmd（三相電流命令產生器）程式：

```
function [ias_cmd, ibs_cmd, ics_cmd, mode] = iCmd(thetar_deg, i_cmd)
    if ((((thetar_deg>=0) && (thetar_deg<30))||((thetar_deg>=330) && (thetar_deg<=360)))
        mode = 1;
        ias_cmd = 0;
        ibs_cmd = -i_cmd;
        ics_cmd = i_cmd;
    elseif ((thetar_deg>=30) && (thetar_deg<90))
        mode = 2;
        ias_cmd = i_cmd;
        ibs_cmd = -i_cmd;
        ics_cmd = 0;
    elseif ((thetar_deg>=90) && (thetar_deg<150))
        mode = 3;
        ias_cmd = i_cmd;
        ibs_cmd = 0;
        ics_cmd = -i_cmd;
    elseif ((thetar_deg>=150) && (thetar_deg<210))
        mode = 4;
        ias_cmd = 0;
        ibs_cmd = i_cmd;
        ics_cmd = -i_cmd;
    elseif ((thetar_deg>=210) && (thetar_deg<270))
        mode = 5;
        ias_cmd = -i_cmd;
        ibs_cmd = i_cmd;
        ics_cmd = 0;
    elseif ((thetar_deg>=270) && (thetar_deg<330))
```

```
            mode = 6;
            ias_cmd = -i_cmd;
            ibs_cmd = 0;
            ics_cmd = i_cmd;
        else
            mode = 0;
            ias_cmd = 0;
            ibs_cmd = 0;
            ics_cmd = 0;
        end
```

STEP 2：

　　由於我們有馬達角度的回授資訊（thetar_deg），因此我們只需要將程式中的 6 個角度判斷式中的角度提前一個超前角 θ_a 即可，在此我們將超前角 θ_a 設定成 20 度，請將「三相電流命令產生器」MATLAB Function 元件中的程式修改如下：

Matlab Function 方塊 iCmd（三相電流命令產生器 - 加入 20 度超前角）程式：

```
function [ias_cmd, ibs_cmd, ics_cmd, mode] = iCmd(thetar_deg, i_cmd)
    if (((thetar_deg>=0) && (thetar_deg<10))||((thetar_deg>=310) && (thetar_deg<=360)))
        mode = 1;
        ias_cmd = 0;
        ibs_cmd = -i_cmd;
        ics_cmd = i_cmd;
    elseif ((thetar_deg>=10) && (thetar_deg<70))
        mode = 2;
        ias_cmd = i_cmd;
```

```
        ibs_cmd = -i_cmd;
        ics_cmd = 0;
    elseif ((thetar_deg>=70) && (thetar_deg<130))
        mode = 3;
        ias_cmd = i_cmd;
        ibs_cmd = 0;
        ics_cmd = -i_cmd;
    elseif ((thetar_deg>=130) && (thetar_deg<190))
        mode = 4;
        ias_cmd = 0;
        ibs_cmd = i_cmd;
        ics_cmd = -i_cmd;
    elseif ((thetar_deg>=190) && (thetar_deg<250))
        mode = 5;
        ias_cmd = -i_cmd;
        ibs_cmd = i_cmd;
        ics_cmd = 0;
    elseif ((thetar_deg>=250) && (thetar_deg<310))
        mode = 6;
        ias_cmd = -i_cmd;
        ibs_cmd = 0;
        ics_cmd = i_cmd;
    else
        mode = 0;
        ias_cmd = 0;
        ibs_cmd = 0;
        ics_cmd = 0;
    end
```

STEP 3：

　　將「三相電流命令產生器」的程式修改完成後，請將轉速命令設定成 4000（rpm），如圖 6-3-3，但為了改善速度響應以加速收斂，請將轉速 PI 控制器的參數設定如下：

$$K_P = 0.01,\ K_I = 0.02$$

　　按下「Run」執行系統模擬。若順利完成模擬，請先雙擊 wrm_rpm 示波器方塊，可以觀察速度響應波形，如圖 6-3-4。

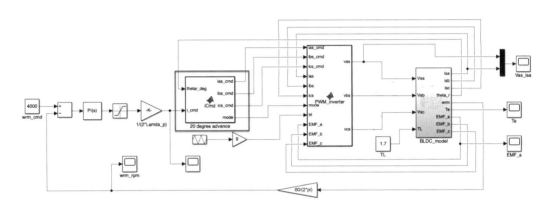

圖 6-3-3　（範例程式：BLDC_adcance_angle_control.slx）

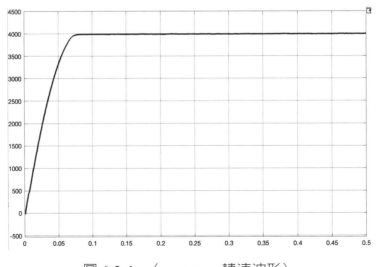

圖 6-3-4　（wrm_rpm 轉速波形）

STEP 4：

　　從波形可知超前角控制有效的將馬達轉速提升至 4000（rpm），此時各位可以思考一下，我們所設定的 20 度超前角到底可以將直流無刷馬達的轉速提升到多少呢？我們可以使用（6.3.8）式計算一下使用 20 度超前角的轉矩大小

$$T_{e1}\,(\theta_a = 20°) = 2.0085\lambda_P I_P \cos 20° = 0.9397 \times T_{rate}$$

　　假設馬達操作在定功率區，由於 20 度超前角讓輸出轉矩只有額定轉矩的 0.9397 倍，因此轉速可被提升至額定轉速的 1/0.9397 倍，即 1.0642 倍，以 4000（rpm）的額定轉速計算，轉速可被提升至 4000×1.0642 = 4256（rpm）。

　　此時我們可將圖 6-3-3 中的轉速命令設定成 4256（rpm），按下「Run」執行系統模擬。若順利完成模擬，請先雙擊 wrm_rpm 示波器方塊，可以觀察速度響應波形，將波形的穩態放大，如圖 6-3-5。

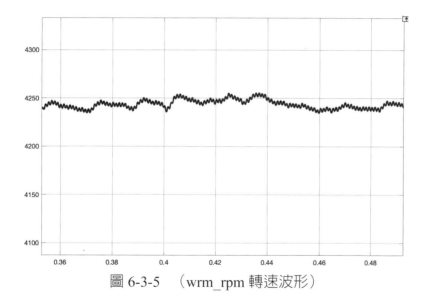

圖 6-3-5　（wrm_rpm 轉速波形）

STEP 5：

　　由圖 6-3-5 可知，雖然仍存在轉速誤差約 5（rpm）左右，但已經相當接近理論計算值（4256 rpm）。

STEP 6：

　　接著故意將圖 6-3-3 中的轉速命令設定成 4500（rpm），按下「Run」執行系統模擬。若順利完成模擬，請先雙擊 wrm_rpm 示波器方塊，可以觀察速度響應波形，將波形的穩態放大，如圖 6-3-6。

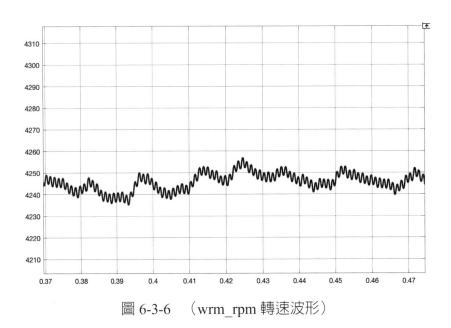

圖 6-3-6　（wrm_rpm 轉速波形）

　　圖 6-3-6 的轉速響應的穩態值與圖 6-3-5 幾乎一致，代表轉速已無法再被提升，代表速度已經達到 20 度超前角能夠達到的極限。

6.4　分離電源轉換器 BLDC 驅動架構

　　最後，為各位介紹一種簡化版的 BLDC 的驅動器電路架構，名為「Split Supply Converter Topology（分離電源轉換器架構）」[1]，圖 6-4-1 為完整的 BLDC 分離電源轉換器架構（使用此架構可能需要改變馬達繞組接線），它是由 Krishnan Ramu 所提出，並於 2004 年申請專利，相較於傳統三臂的「PWM Inverter」架構（圖 6-1-4），「Split Supply Converter Topology」可以節省 3 個電晶體開關與 3 個二極體，可有效降低 BLDC 驅動器的成本，但也由於它

的簡化架構，每次只能激磁馬達的一相繞組，並且只能允許單方向的馬達相電流通過，因此會產生較大的轉矩漣波。

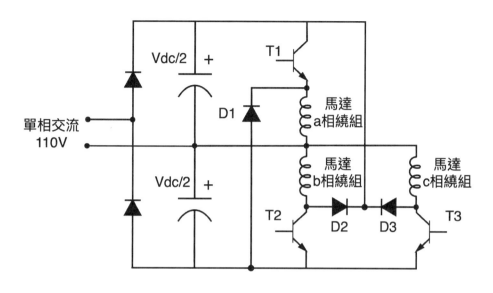

圖 6-4-1　　（分離電源轉換器架構）

■BLDC 分離電源轉換器架構動作原理

　　為了解說方便，我們將 BLDC 的三相反電動勢圖重新繪出，如圖 6-4-2，以狀態 S3 為例，此時由於 a 相反電動勢處於正平坦區，圖 6-4-1 中的開關 T1 會導通，使 a 相繞組的電壓為 Vdc/2，電流會流進 a 相繞組產生正轉矩，此時 T2 與 T3 皆為關閉狀態，當切換到狀態 S4 時，此時應該激磁 b 相繞組，因為 b 相反電動勢處於正平坦區，因此開關 T1 會關閉，開關 T2 會導通，但由於 a 相電流需要續流，因此二極體 D1 會導通，a 相電流會流經直流鏈下方電容，而對 b 相而言，此時 b 相電壓為 Vdc/2，電流會流入 b 相繞組產生正轉矩，依此動作原理可類推到其它切換狀態。

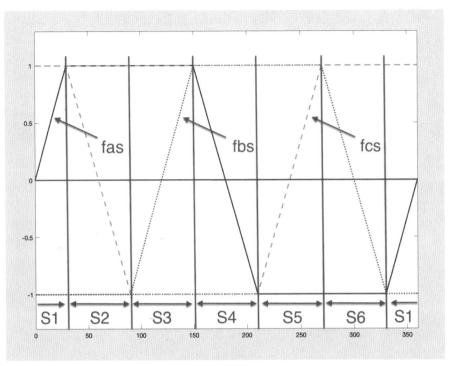

圖 6-4-2

■BLDC 分離電源轉換器架構系統模擬

STEP 1：

　　從 BLDC 分離電源轉換器架構的動作原理可知，在每個切換狀態只能允許處於正平坦區反電動勢的相繞組流過正電流，因此若要成功模擬此控制架構，我們需先將圖 6-1-11 中的「三相電流產生器」iCmd 方塊中每個狀態的負電流命令設為零，程式修改後如下：

Matlab Function 方塊 iCmd（三相電流命令產生器 - 分離電源轉換器架構）
程式：
function [ias_cmd, ibs_cmd, ics_cmd, mode] = iCmd(thetar_deg, i_cmd)
　　if (((thetar_deg>=0) && (thetar_deg<30))||(((thetar_deg>=330) && (thetar_deg<=360)))

```
        mode = 1;
        ias_cmd = 0;
        ibs_cmd = 0;
        ics_cmd = i_cmd;
    elseif ((thetar_deg>=30) && (thetar_deg<90))
        mode = 2;
        ias_cmd = i_cmd;
        ibs_cmd = 0;
        ics_cmd = 0;
    elseif ((thetar_deg>=90) && (thetar_deg<150))
        mode = 3;
        ias_cmd = i_cmd;
        ibs_cmd = 0;
        ics_cmd = 0;
    elseif ((thetar_deg>=150) && (thetar_deg<210))
        mode = 4;
        ias_cmd = 0;
        ibs_cmd = i_cmd;
        ics_cmd = 0;
    elseif ((thetar_deg>=210) && (thetar_deg<270))
        mode = 5;
        ias_cmd = 0;
        ibs_cmd = i_cmd;
        ics_cmd = 0;
    elseif ((thetar_deg>=270) && (thetar_deg<330))
        mode = 6;
        ias_cmd = 0;
        ibs_cmd = 0;
        ics_cmd = i_cmd;
```

CHAPTER

6

```
    else
        mode = 0;
        ias_cmd = 0;
        ibs_cmd = 0;
        ics_cmd = 0;
    end
```

STEP 2：

　　將「三相電流產生器」的程式修改完成後，接下來需要修改「PWM In-verter」功能方塊，讓「PWM Inverter」只處理反電動勢的正平坦區，並加入二極體續流的相關程式碼。

Matlab Function 方塊 PWM_inverter（PWM Inverter- 分離電源轉換器架構）程式：

```
function [vas, vbs, vcs] = PWM_inverter(ias_cmd, ibs_cmd, ics_cmd, ias, ibs, ics, mode, tri, EMF_a, EMF_b, EMF_c)
    kp_i = 100; vc_lim_p = 9; vc_lim_n = -9;
    vdc = 160; vas = 0; vbs = 0; vcs = 0;
    if ((mode==2)||(mode==3))
        vasc = kp_i*(ias_cmd-ias);
        if (vasc > vc_lim_p)
            vasc = vc_lim_p;
        elseif (vasc < vc_lim_n)
            vasc = vc_lim_n;
        end
        if (vasc >= tri)
            vas = vdc/2;
        else
            vas = -vdc/2;
```

```
                end
        elseif (mode==4)
                if (ias > 0)
                        vas = -vdc/2;
                else
                        vas = EMF_a;
                end
        else
                vas = EMF_a;
        end
        % for B phase control
        if ((mode==4)||(mode==5))
                vbsc = kp_i*(ibs_cmd-ibs);
                if (vbsc > vc_lim_p)
                        vbsc = vc_lim_p;
                elseif (vbsc < vc_lim_n)
                        vbsc = vc_lim_n;
                end
                if (vbsc >= tri)
                        vbs = vdc/2;
                else
                        vbs = -vdc/2;
                end
        elseif (mode==6)
                if (ibs > 0)
                        vbs = -vdc/2;
                else
                        vbs = EMF_b;
                end
```

```
else
    vbs = EMF_b;
end
% for C phase control
if ((mode==6)||(mode==1))
        vcsc = kp_i*(ics_cmd-ics);
        if (vcsc > vc_lim_p)
                vcsc = vc_lim_p;
        elseif (vcsc < vc_lim_n)
                vcsc = vc_lim_n;
        end
        if (vcsc >= tri)
                vcs = vdc/2;
        else
                vcs = -vdc/2;
        end
elseif (mode==2)
        if (ics > 0)
                vcs = -vdc/2;
        else
                vcs = EMF_c;
        end
else
        vcs = EMF_c;
end
```

STEP 3：

　　將「PWM Inverter」的程式修改完成後，請將轉速命令設定成 1000
（rpm），負載轉矩設成馬達額定轉矩 1.7（Nm），爲了改善速度響應加速收

斂，請將轉速 PI 控制器的參數設定如下：

$$K_P = 0.03,\ K_I = 0.2$$

另外由於本「分離電源轉換器架構」一次只能激磁馬達的一相繞組，根據（6.1.10）式轉矩命令可以寫成

$$T_e^* = \lambda_p i^* \tag{6.4.1}$$

其中，i^* 為電流命令，因此電流命令 i^* 可以表示成

$$i^* = \frac{T_e^*}{\lambda_p} \tag{6.4.2}$$

因此請根據（6.4.2）式修改圖 6-1-11 中的轉矩轉換電流增益值，以上修改完成後，控制方塊如圖 6-4-3 所示（說明：圖中的方框為已修改完成的部分）。

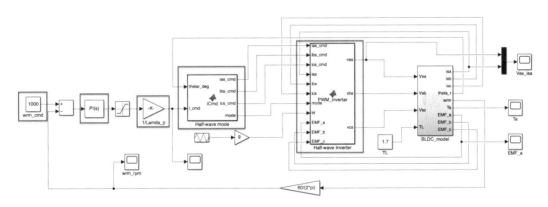

圖 6-4-3　（範例程式：BLDC_120degree_speed_control_half_wave.slx）

STEP 4：

按下「Run」執行系統模擬。若順利完成模擬，請雙擊 wrm_rpm 與 Te 示波器方塊，同時觀察速度與轉矩響應波形，如圖 6-4-4 與圖 6-4-5。

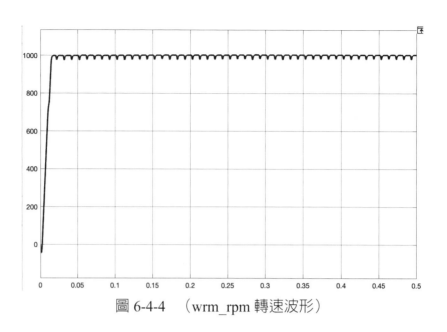

圖 6-4-4　（wrm_rpm 轉速波形）

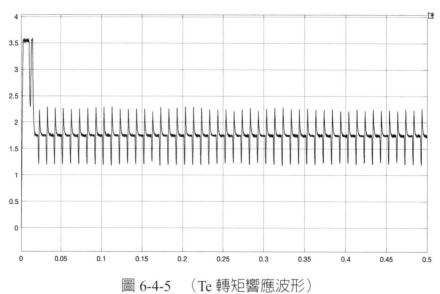

圖 6-4-5　（Te 轉矩響應波形）

STEP 5：

　　由圖 6-4-4 與圖 6-4-5 可知，由於每次只有單相繞組被激磁而產生較大的轉矩漣波（大約 ±0.6 Nm，相較於傳統三臂的 PWM Inverter 架構的轉矩脈動只有約 ±0.2Nm），轉速也被較大的轉矩漣波影響而產生較大的速度脈動（大

約 20 rpm，相較於傳統三臂的 PWM Inverter 架構的速度脈動只有約 4 rpm）。

STEP 6：

　　請打開 Vsa_isa 示波器方塊同時觀察 a 相電壓與 a 相電流波形，如圖 6-4-6 的波形結果可以得知，a 相只有在反電動勢爲正平坦區時才被施加正電流，當二極體續流效應出現，a 相電壓則變成 -Vdc/2，當續流結束，a 相與 Inverter 之間呈現斷路狀態（說明：b 相與 c 相的情形也與 a 相一致，各位可以自行使用示波器方塊觀察）。

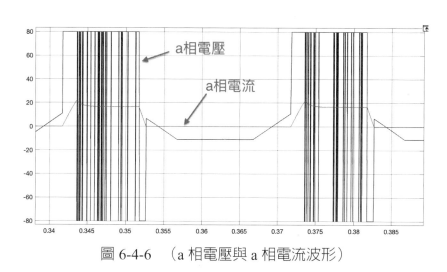

圖 6-4-6　（a 相電壓與 a 相電流波形）

6.5. 結論

➢「提供與反電動勢同相的電流而產生平穩的輸出轉矩」是直流無刷馬達 120 控制法的中心思想。

➢ 由於馬達電感的存在，馬達電流需要時間爬升至命令值，所以實務上不可能產生完美的方波電流，因此在換向時會產生相當大的轉矩漣波（約爲額定轉矩的 10～15%）。

➢ 在實務上，使用「相位超前技術」將 BLDC 運轉超過額定轉速會產生相當大的轉矩漣波，因此建議利用此技術在小範圍內提升轉速即可。

➤「分離電源轉換器架構」不只能提供正轉矩使馬達加速運轉，也可利用在反電動勢的負平坦區輸入正的相電流提供負轉矩讓馬達減速（剎車），此架構支援完整的四象限運轉（four-quadrant operations）。

參考文獻

[1] R. Krishnan, Permanent Magnet Synchronous and Brushless DC Motor Drives, CRC Press, Boca Raton, Florida, 2010.

[2] （韓）薛承基，電機傳動系統控制，北京：機械工業出版社，2013。

[3] 劉昌煥，交流電機控制：向量控制與直接轉矩控制原理，台北：東華書局，2001。

[4] 孫清華，最新無刷直流馬達，台北：全華科技圖書股份有限公司，2001。

使用 Model Linearizer 自動找出 SIMULINK 控制系統波德圖

使用 Model Linearizer 自動畫出系統波德圖

　　一般來說，若想要評估一個控制系統或濾波器的頻寬，通常會使用波德圖，在 MATLAB 環境下，一般會使用 bode 這個指令，但若要畫出 SIMU-LINK 所建構的控制系統方塊的波德圖，我們可以使用 Model Linearizer 這個強大的工具。

STEP 1：

　　我們以 3.1 節的感應馬達 q 軸電流控制回路作為例子，如圖 1，而 q 軸電流受控廠的轉移函數為

$$G_{iq\_plant} = \frac{1}{s + \dfrac{R_s}{L_\sigma}} = \frac{0.0074}{0.0074s + 1}$$

　　假設我們想要觀看 q 軸電流受控廠的波德圖，則我們需要在 PI 控制器與 q 軸電流受控廠之間的接線上按滑鼠右鍵，選擇「Linear Analysis points」→「Input Perturbation」，將 q 軸電流受控廠的輸入端設為擾動輸入點，並在 q 軸電流受控廠輸出端按滑鼠右鍵，選擇「Linear Analysis points」→「Open-loop Output」，將 q 軸電流受控廠的輸出端設為開路輸出點，如圖 2 所示。

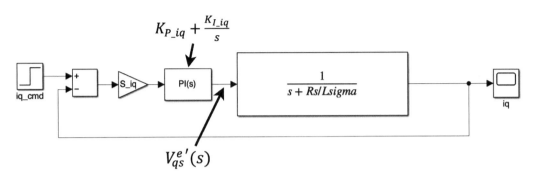

圖 1 　（範例程式：im_iq_model_PI.slx）

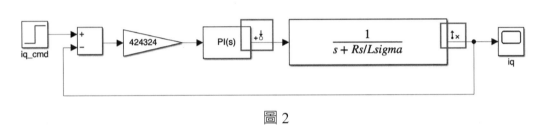

圖 2

STEP 2：

設置完成後，請在 MATLAB 的 APP 面板下啓動「Model Linearier」，啓動完成後，「Model Linearier」程式介面如圖 3 所示，請按下 Bode 按鈕（說明：按下「Bode」按鈕前請先執行範例程式 im_params.m，載入馬達參數）。

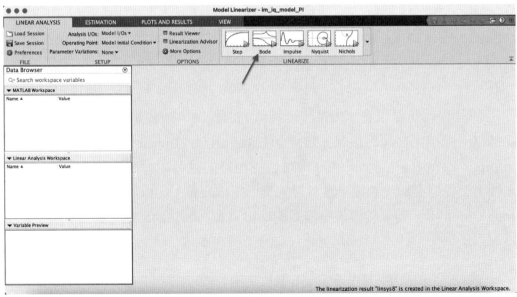

圖 3

STEP 3：

　　程式執行完畢後，「Model Linearier」會自動畫出「Input Perturbation」與「Open-loop Output」二個端點之間的開回路系統波德圖，如圖 4 所示，而此波德圖單純為 q 軸電流受控廠的波德圖。

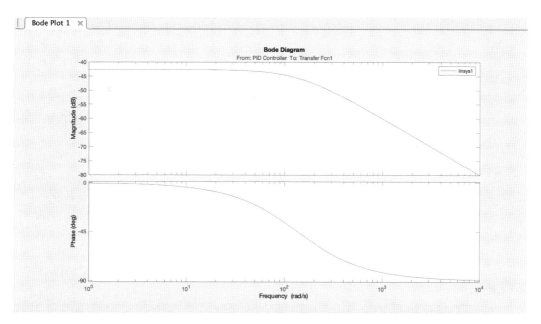

圖 4　（q 軸電流受控廠的波德圖）

STEP 4：

　　請按下「Step」按鈕，可以畫出 q 軸電流受控廠的步階響應，如圖 5 所示，各位可以發現圖 5 的步諧響應與圖 3-1-9 由 SIMULINK 所繪出的步階響應完全一致。

附
錄

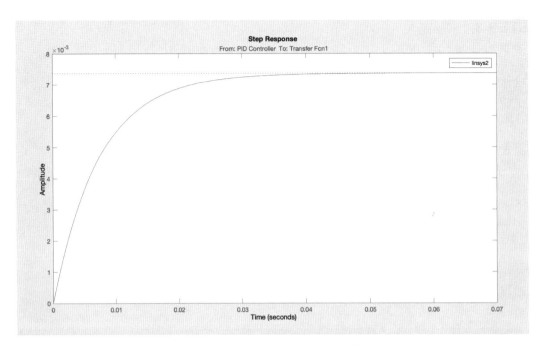

圖 5　（q 軸電流受控廠的步階響應）

STEP 5：

　　若我們想要畫出加入 PI 控制器後的閉回路系統波德圖該怎麼做呢？首先我們先將 q 軸電流受控廠二端的連接線按右鍵取消「Input Perturbation」與「Open-loop Output」的設定，接著在系統的輸入端按滑鼠右鍵，選擇「Linear Analysis points」→「Input Perturbation」，再將 q 軸電流受控廠輸出端按滑鼠右鍵，選擇「Linear Analysis points」→「Output Measurement」，設定完成後如圖 6 所示。

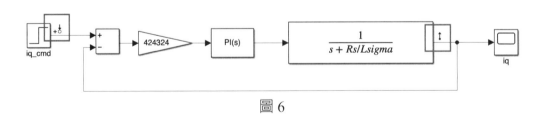

圖 6

STEP 6：

設置完成後，按下「Bode」鈕，「Model Linearier」會自動畫出閉回路系統的波德圖，如圖 7 所示，圖中所顯示的系統頻寬約爲 3120（rad/s），與 3.1 節使用 MATLAB 程式（範例程式 m3_1_2.m）所計算的頻寬值（73.4 rad/s）幾乎一致。

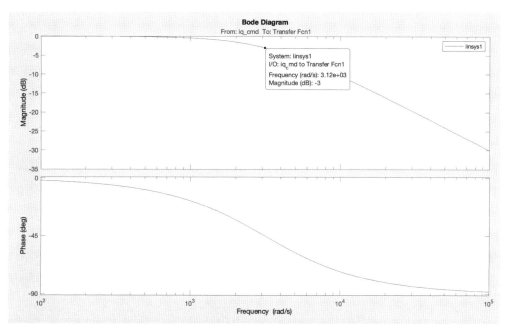

圖 7　（q 軸電流閉回路系統的波德圖）

STEP 7：

請按下「Step」按鈕，可以畫出 q 軸電流回路的步階響應，如圖 8 所示，各位可以發現圖 8 的步諧響應與圖 3-1-11 由 SIMULINK 所繪出的步階響應完全一致。

附
錄

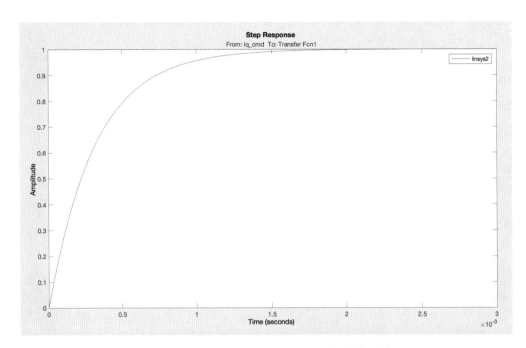

圖 8 　（q 軸電流閉回路系統的步階響應）

說明：

「Model Linearizer」的功能相當強大，本節只示範了部分的功能，關於詳細的「Model Linearizer」功能與用法，可以參考以下網址。

https://ww2.mathworks.cn/help/slcontrol/ug/specify-model-portion-to-linearize.html

附錄

國家圖書館出版品預行編目(CIP)資料

交流電機控制與仿真技術：帶你掌握電動車與
變頻技術核心算法／葉志鈞著.--二版.--臺
北市：五南圖書出版股份有限公司, 2024.04
面； 公分
ISBN 978-626-393-180-0(平裝)

1.CST: 交流發電機 2.CST: 自動控制

448.25   113003421

5DM7

交流電機控制與仿眞技術
帶你掌握電動車與變頻技術核心算法

作　　者 ― 葉志鈞（322.3）

發 行 人 ― 楊榮川

總 經 理 ― 楊士清

總 編 輯 ― 楊秀麗

副總編輯 ― 王正華

責任編輯 ― 張維文

封面設計 ― 封怡彤

出 版 者 ― 五南圖書出版股份有限公司

地　　址：106台北市大安區和平東路二段339號4樓

電　　話：(02)2705-5066　　傳　真：(02)2706-6100

網　　址：https://www.wunan.com.tw

電子郵件：wunan@wunan.com.tw

劃撥帳號：01068953

戶　　名：五南圖書出版股份有限公司

法律顧問　林勝安律師

出版日期　2023年6月初版一刷
　　　　　2024年4月二版一刷

定　　價　新臺幣800元

經典永恆・名著常在

五十週年的獻禮 —— 經典名著文庫

五南，五十年了，半個世紀，人生旅程的一大半，走過來了。

思索著，邁向百年的未來歷程，能為知識界、文化學術界作些什麼？

在速食文化的生態下，有什麼值得讓人雋永品味的？

歷代經典・當今名著，經過時間的洗禮，千錘百鍊，流傳至今，光芒耀人；

不僅使我們能領悟前人的智慧，同時也增深加廣我們思考的深度與視野。

我們決心投入巨資，有計畫的系統梳選，成立「經典名著文庫」，

希望收入古今中外思想性的、充滿睿智與獨見的經典、名著。

這是一項理想性的、永續性的巨大出版工程。

不在意讀者的眾寡，只考慮它的學術價值，力求完整展現先哲思想的軌跡；

為知識界開啟一片智慧之窗，營造一座百花綻放的世界文明公園，

任君遨遊、取菁吸蜜、嘉惠學子！